普通高等教育电子信息类"十三五"课改规划教材

《C/C++程序设计》学习指导

主　编　王永玉

副主编　高　文　原燕东　朱智林

参　编　马加庆　杨　莉　杨福刚　张树粹

U0379655

西安电子科技大学出版社

内 容 简 介

本书是《C/C++ 程序设计》(由西安电子科技大学出版社同时出版)的配套教材,主要讲述了 C/C++ 程序设计的基本原理和基本思想方法,在 C 语言的基础上扩充了 C++ 的运算符重载、函数重载、类和对象的封装性内容,使读者具备面向对象程序设计的能力。全书分为习题解析部分和实验部分。其中,习题解析部分包括主教材中的 9 章习题解析,以及每章精选的各类计算机水平测试进阶的习题和解析。实验部分主要包括 C/C++程序调试初步、认识数据类型、使用运算符与表达式进行计算、顺序结构程序设计、选择结构程序设计、循环结构程序设计、数组及其应用、函数及其应用、指针及其应用、结构体和共用体及其应用、文件操作和 C 编译预处理共计 12 个实验,分析讲解了程序的调试过程和方法。

本书适合作为普通高等院校、高职高专、各类成人教育院校程序设计基础课程的辅助教材,也可作为编程人员和参加计算机考试(C /C++ 模块)人员的参考书。

图书在版编目(CIP)数据

《C/C++ 程序设计》学习指导 / 王永玉主编. —西安:西安电子科技大学出版社,2019.3(2019.5 重印)
ISBN 978-7-5606-5284-9

Ⅰ. ① C… Ⅱ. ① 王… Ⅲ. ① C 语言—程序设计—高等学校—教学参考资料 Ⅳ. ① TP312.8

中国版本图书馆 CIP 数据核字(2019)第 049287 号

策划编辑 万晶晶
责任编辑 王 静
出版发行 西安电子科技大学出版社(西安市太白南路 2 号)
电 话 (029)88242885 88201467 邮 编 710071
网 址 www.xduph.com 电子邮箱 xdupfxb001@163.com
经 销 新华书店
印刷单位 陕西日报社
版 次 2019 年 3 月第 1 版 2019 年 5 月第 2 次印刷
开 本 787 毫米×1092 毫米 1/16 印 张 22.5
字 数 535 千字
印 数 501～2500 册
定 价 52.00 元

ISBN 978-7-5606-5284-9 / TP

XDUP 5586001-2

如有印装问题可调换

前　言

　　本书是根据多年的程序设计语言课教学经验编写而成的，是《C/C++ 程序设计》的配套教材。编者注重 C/C++ 本身的系统性与认知规律的结合，针对初学者的特点，在写法上力求深入浅出、通俗易懂；在结构上力求准确定位、强化实验。本书的实验部分，将程序的调试过程和方法进行了细致的分析讲解，特别是针对编译出现的常见错误给予分析和纠正，对于提高读者的动手能力有很大的帮助。同时，本书针对《C/C++ 程序设计》中的习题进行精辟解析，并采用 VC++ 6.0 编译系统调试成功。另外，本书还提供了补充提高习题，以达到分层次教学的目的。

　　本书的主要特点概括如下：

　　(1) 定位准确，取舍合理。本书是针对高等教育本科及高职高专学校计算机及其相关专业、非计算机专业的程序设计基础课而编写的。根据不同层次的教学要求，本书内容可灵活取舍，而不失其教材内容的科学性与系统性。

　　(2) 精选例题，通俗易懂。为使 C/C++ 程序设计的基本概念、基本理论叙述更加通俗易懂，作者精心选编了书中的所有示例，并采用 Visual C++ 6.0 编译系统调试成功。

　　(3) 合理设计，综合实例。程序设计是一门实践性很强的课程，不仅要讲授程序设计的基本概念和基本理论，而且更要着力培养学生的设计和编程能力。为此，每一章后面都选编了与其教学内容紧密相关的实验题目，方便了教与学。结合数组、函数、自定义类型等章节内容，本书设计了一个综合实例，以利于循序渐进地培养学生的综合应用能力。

　　(4) 循序渐进，为面向对象程序设计打下基础。本书以面向过程程序设计为主，介绍了 C++对 C 的改进，引进了 C++ 的运算符、函数重载，同时，对类和对象的封装性进行了叙述，为面向对象编程打下基础。

　　(5) 重视基础教学的同时，采取分层次教学。本书为有提高编程水平需求的同学提供了补充提高习题，以达到分层次教学的目的。

　　本书编写分工如下：习题解析部分，第 1～3 章由朱智林编写，第 4 章由原燕东编写，第 5 章由高文编写，第 6 章由杨莉和王永玉编写，第 7 章由马加庆编写，第 8 章由杨福刚编写，第 9 章由张树粹编写；实验部分由王永玉编写。全书由王永玉统稿。

　　在本书的编写过程中，编者参考了大量有关 C 语言/C++ 程序设计的书籍和资料，在此对这些参考文献的作者表示最诚挚的谢意!

　　由于水平有限，书中疏漏之处在所难免，请各位读者不吝指正。

编　者

2018 年 12 月

目　　录

习题解析部分

第1章　概述 2

  1.1　教材习题 2

    一、单项选择题 2

    二、填空题 3

    三、分析理解题 4

  1.2　补充提高习题 6

第2章　基本数据类型及运算符 7

  2.1　教材习题 7

    一、单项选择题 7

    二、填空题 8

    三、分析程序运行结果 10

    四、编程题 13

  2.2　补充提高习题 14

    一、单项选择题 14

    二、编程题 23

第3章　程序控制结构 51

  3.1　教材习题 51

    一、单项选择题 51

    二、阅读程序题 53

    三、程序填空题 56

    四、编程题 58

  3.2　补充提高习题 64

    一、单项选择题 64

    二、编程题 80

第4章　数组 104

  4.1　教材习题 104

    一、单项选择题 104

    二、填空题 105

    三、阅读题 106

    四、程序填空题 108

    五、编程题 110

  4.2　补充提高习题 116

    一、单项选择题 116

　　二、编程题 132

第5章　函数 150

　5.1　教材习题 150

　　一、单项选择题 150

　　二、填空题 151

　　三、阅读程序题 152

　　四、程序填空题 155

　　五、编程题 159

　5.2　补充提高习题 169

　　一、单项选择题 169

　　二、编程题 177

第6章　指针 185

　6.1　教材习题 185

　　一、单项选择题 185

　　二、填空题 186

　　三、阅读程序题 187

　　四、程序填空题 189

　　五、编程题 191

　6.2　补充提高习题 197

　　一、单项选择题 197

　　二、编程题 205

第7章　构造数据类型 226

　7.1　教材习题 226

　　一、单项选择题 226

　　二、填空题 228

　　三、分析程序运行结果题 229

　　四、程序填空题 232

　　五、编程题 234

　7.2　补充提高习题 243

　　一、单项选择题 243

　　二、编程题 257

第8章　文件 270

　8.1　教材习题 270

　　一、单项选择题 270

　　二、分析程序，写出以下程序的功能 271

　8.2　补充提高习题 272

　　一、单项选择题 272

　　二、编程题 276

第9章　编译预处理 278

　9.1　教材习题 ……………………………………………………………………………… 278
　　一、单项选择题 …………………………………………………………………………… 278
　　二、写出程序运行结果 …………………………………………………………………… 279
　　三、编程题 ………………………………………………………………………………… 280
　9.2　补充提高习题 ………………………………………………………………………… 281
　　一、单项选择题 …………………………………………………………………………… 281
　　二、编程题 ………………………………………………………………………………… 283

实　验　部　分

实验 1　C/C++ 程序调试初步 …………………………………………………………… 286
　一、实验目的 ……………………………………………………………………………… 286
　二、实验内容 ……………………………………………………………………………… 286
　三、实验范例 ……………………………………………………………………………… 286
实验 2　认识数据类型 ……………………………………………………………………… 297
　一、实验目的 ……………………………………………………………………………… 297
　二、实验内容 ……………………………………………………………………………… 297
　三、实验范例 ……………………………………………………………………………… 297
实验 3　使用运算符与表达式进行计算 …………………………………………………… 301
　一、实验目的 ……………………………………………………………………………… 301
　二、实验内容 ……………………………………………………………………………… 301
　三、实验范例 ……………………………………………………………………………… 301
实验 4　顺序结构程序设计 ………………………………………………………………… 305
　一、实验目的 ……………………………………………………………………………… 305
　二、实验内容 ……………………………………………………………………………… 305
　三、实验范例 ……………………………………………………………………………… 305
实验 5　选择结构程序设计 ………………………………………………………………… 310
　一、实验目的 ……………………………………………………………………………… 310
　二、实验内容 ……………………………………………………………………………… 310
　三、实验范例 ……………………………………………………………………………… 310
实验 6　循环结构程序设计 ………………………………………………………………… 315
　一、实验目的 ……………………………………………………………………………… 315
　二、实验内容 ……………………………………………………………………………… 315
　三、实验范例 ……………………………………………………………………………… 315
实验 7　数组及其应用 ……………………………………………………………………… 320
　一、实验目的 ……………………………………………………………………………… 320
　二、实验内容 ……………………………………………………………………………… 320
　三、实验范例 ……………………………………………………………………………… 320
实验 8　函数及其应用 ……………………………………………………………………… 325
　一、实验目的 ……………………………………………………………………………… 325

二、实验内容 325
三、实验范例 325

实验9 指针及其应用 330
一、实验目的 330
二、实验内容 330
三、实验范例 330

实验10 结构体和共用体及其应用 335
一、实验目的 335
二、实验内容 335
三、实验范例 335

实验11 文件操作 340
一、实验目的 340
二、实验内容 340
三、实验范例 340

实验12 C编译预处理 344
一、实验目的 344
二、实验内容 344
三、实验范例 344

附录A 实验报告参考样本 348
附录B 常见错误信息 349
参考文献 352

习题解析部分

第1章 概　　述

1.1 教 材 习 题

一、单项选择题

1. 二进制语言是属于(　　)。
   A. 面向机器语言　　　　　　　　B. 面向过程语言
   C. 面向问题语言　　　　　　　　D. 面向汇编语言

【分析】　二进制语言又称机器语言，可以被计算机直接执行。

【解答】　A

2. 合法的 C 语言标识符是(　　)。
   A. _a1　　　　　　B. a+b　　　　　　C. 3abc　　　　　　D. AB，CD

【分析】　C 语言规定标识符只能由字母、数字和下划线组成，且第一个字符必须为字母或下划线。

【解答】　A

3. C++ 中 cin 和 cout 是(　　)。
   A. 一个标准的语句　　　　　　　B. 预定义的类
   C. 预定义的函数　　　　　　　　D. 预定义的对象

【分析】　cin 和 cout 是由编译系统预定义的一个提供输入和输出功能的流对象，它不是 C++ 语言的内部语句。

【解答】　D

4. 有以下程序段：

```
int m=0, n=0;

char c;

cin>>m>>c>>n;

cout<<m<<c<<n<<endl;
```

若从键盘上输入：10A10<回车>，则输出结果是(　　)。
   A. 10, A, 10　　　　B. 10, a, 10　　　　C. 10, a, 0　　　　D. 10, A, 0

【分析】　在用 cin 输入时，系统会根据变量的类型从输入流中提取相应长度的字节。

【解答】　A

5. C++ 源程序中，main()函数的位置是(　　)。
   A. 必须在程序开头　　　　　　　B. 必须在系统调用的库函数后
   C. 可以是任意位置　　　　　　　D. 必须在最后

【分析】 C++ 程序中可以有多个函数，main 函数的位置可以在任意位置，程序执行是从 main 函数开始。

【解答】 C

6. 执行下列程序时，输入"12345xyz"，则程序输出的结果是(　　)。

```
int x; char y;
cin>>x>>y;
cout<<x<<","<<y<<endl;
```

　　A. 123, xyz　　　　　B. 12345, x　　　　　C. 123, x　　　　　D. 12345, xyz

【分析】 整型变量 x 从输入流中获取数据时，遇到非法字符"x"停止读取，使得变量 x 的取值为 12345，而将"x"赋给了变量 y。

【解答】 B

7. 若有以下程序：

```
scanf("%d, %d", &i, &j);
printf("i=%d, j=%d\n", i, j);
```

要求，给 i 赋 20，j 赋 10，则应该从键盘输入(　　)。

　　A. 20,10　　　　　B. 2010　　　　　C. 20 10　　　　　D. %d20, %d10

【分析】 在输入函数 scanf 中出现的普通字符串，在输入时要原样输入(普通字符)。

【解答】 A

二、填空题

1. C 源程序文件扩展名是_____；C++ 源程序文件扩展名是_____；经过编译后，生成的文件扩展名是_____；经过连接后，生成的文件扩展名是_____。

【分析】 本题考查 C++ 编程的步骤。对源文件进行编译后得到目标文件(扩展名为 .obj)，再将目标文件连接得到可执行文件(扩展名为 .exe)。

【解答】 .c　　　.cpp　　　.obj　　　.exe

2. 一个 C/C++ 程序是由若干个函数构成的，其中必须有一个_____函数。

【分析】构成 C 程序的基本单位是函数，一个 C 程序中有且只有一个 main 函数，main 函数在程序中没有固定的位置。函数不可以嵌套定义。

【解答】 主或 main

3. 定义 VC++ 基本输入/输出库函数的预处理命令是_____。定义 C 语言基本输入/输出库函数的预处理命令是_____。

【解答】 #include<iostream > using namespace std；　　　#include<stdio.h>

4. 面向过程的结构化程序由_____、_____和_____三种基本结构组成。

【分析】 略。

【解答】 顺序、选择、循环

5. 函数体由符号_____开始，用符号_____结束。函数的前面是_____部分，其后面是_____部分；C++ 函数的数据类型_____省略，因为 C++ 函数没有设置默认值，无需返回值函数使用_____关键字定义。

【分析】　一个完整的函数定义由两部分组成：函数头部和函数体。

【解答】　{　　}　　函数说明　　函数执行　　不能　　void

三、分析理解题

1. 简述 C 程序的组成。

【解答】

(1) 预处理命令。

(2) 函数：所有的可执行语句必须在一个函数中。每一个程序必须包含一个或多个函数，其中必须有且仅有一个 main 函数。

(3) 全局声明：全局变量声明和函数声明(可有可无)。

2. 简述 C 程序中函数是如何构成的。

【解答】　一个函数由两部分组成：

(1) 函数首部，包括函数名、函数类型、函数参数(形参)名、参数类型。

(2) 函数体，包括局部声明部分和执行部分(实现函数的功能语句)。

3. 基本 C 语言语句有哪几种？分别叙述出来。

【解答】　(1) 声明语句，如

```
int   a;
```

(2) 执行语句，执行语句又分为控制语句、函数和流对象调用语句、表达式语句，如：

```
if(x>0) cout<<x ;        //控制语句
sort(x, y, z);           //函数调用语句
cin>>x;                  //流对象调用语句
i=i+1;                   //表达式语句
```

(3) 空语句，即只有一个分号的语句，它什么都不做。

(4) 复合语句，用{ }括起来的语句，如：

```
{
    z=x+y;
    cout<<z<<endl;
}
```

4. 下面哪些是合法的 C 语言一般标识符？

```
std-sex,  Std-num,  2.13,  _2.13,  name,  int,  Int,  var-num
select,  File_name,  _DATA,  define,  a+c,  new,  ok?
```

【分析】　C 语言规定用户标识符只能由字母、数字和下划线组成，且第一个字符必须为字母或下划线，不可以使用系统保留字。

【解答】　合法的 C 标识符：name、Int、select、File_name、_DATA。

5. 如何将 C++ 源程序生成可执行程序？

【解答】　使用文本编辑工具编写 C++ 程序，其文件后缀为 .cpp，这种形式的程序称为源代码(Source Code)，然后用编译器将源代码转换成二进制形式，文件后缀为 .obj，这种形式的程序称为目标代码(Objective Code)，最后将若干目标代码和现有的二进制代码库

经过连接器连接，产生可执行代码(Executable Code)，文件后缀为 .exe，只有 .exe 文件才能运行。

6．C++ 中有几种注释方法，程序中为什么使用注释？

【解答】　C++ 中有 2 中注释方法：// 和 /* */。

"//"是注释行的标志，在一行中从"//"开始到本行末的内容全部作为注释。

"/* */"可进行多行注释。

一个好的、有使用价值的源程序都应加上必要的注释，以增加程序的可读性。

7．分析以下程序输出格式定义中使用控制符的功能，并写出运行结果。

```cpp
#include <iostream>
#include <iomanip>
using namespace std;
void main ( )
{
    double num1= 122.07, num2=-33.7801223, mum3=0.1234567123;
    cout << num1 << endl ;                          //默认格式输出
    cout << setprecision ( 0 ) << num2 << endl      //默认格式输出
         << setprecision ( 2 ) << mum3<< endl        //输出 2 位小数
         << setprecision (4)<<num1<<endl;            //输出 4 位小数
    cout << setiosflags ( ios :: fixed ) ;           //定点格式输出定义
    cout << setprecision ( 8 )<<num2<< endl ;        //输出 8 位小数
}
```

【分析】　此题考查 C++ 中输入/输出流的格式控制符的使用。setiosflags(ios::fixed)是设置浮点数以固定的小数位数显示；setprecision(n)设置浮点数的精度为 n；setiosflags(ios::right)设置数据输出右对齐；setw(n)设置宽度为 n 位。

【程序运行结果】

122.07

−33.7801

0.12

122.1

−33.78012230

8．分析以下程序输出格式定义中使用的控制符的功能，并写出运行结果。

```cpp
#include <iostream>
using namespace std;
void main()
{
    float a, b;
    a=123.678900001;
    b=a+10;
    printf("%f,%10.3f", a, a);
```

```
    printf("%15.3f\n", b);
}
```

【分析】 变量 a 只有 7 位有效数字 123.6789。按格式 %f 输出时最后的两位 "02" 是为了凑足显示位数，而不是变量 a 的实际取值，按格式 %10.3f 输出时，显示的最后一位是四舍五入后的值。

【程序运行结果】

　　123.678902　　　123.679　　　　　133.679

1.2　补充提高习题

1. 以下叙述正确的是(　　)。
   A. 构成 C 程序的基本单位是函数
   B. 可以在函数中定义另一个函数
   C. main 函数必须放在其他函数之前
   D. 所有被调用的函数一定要在调用之前进行定义

【解答】 A

2. 以下关于函数的叙述中，正确的是(　　)。
   A. C 语言程序将从源程序中第一个函数开始执行
   B. 可以在程序中由用户指定任意一个函数作为主函数，程序将从此开始执行
   C. C 语言规定必须用 main 作为主函数名，程序将从此开始执行，在此结束
   D. main 可作为用户标识符，用来定义任意一个函数

【解答】 C

3. 一个完整的 C 源程序是(　　)。
   A. 由一个主函数或一个以上的非主函数构成
   B. 由一个且仅由一个主函数和零个以上的非主函数构成
   C. 由一个主函数和一个以上的非主函数构成
   D. 由一个且只有一个主函数或多个非主函数构成

【解答】 B

4. 关于 C++ 语言和 C 语言的关系的下列描述中，错误的是(　　)。
   A. C 语言是 C++ 语言的一个子集
   B. C++ 语言和 C 语言都是面向对象的语言
   C. C++ 语言与 C 语言兼容
   D. C++ 语言对 C 语言进行了改进

【解答】 B

5. 下列各种高级语言中，(　　)是面向对象的程序设计语言。
   A. BASIC　　　　　B. PASCAL　　　　C. C++　　　　　D. C 语言

【解答】 C

第 2 章 基本数据类型及运算符

2.1 教 材 习 题

一、单项选择题

1. 设 x、y 均为 int 型变量，且 x=1，y=2，则表达式 1.0+x/y 的值为(   )。

    A. 0　　　　　　　B. 1.0　　　　　　　C. 1　　　　　　　D. 0.5

【分析】 此题考查除法运算。进行除法运算时，如果除号"/"两边的操作数都为整数，除法运算结果为整数；如果有一方或两方是浮点数，除法运算结果为浮点数。

【解答】 B

2. 字符串 "ABC" 在内存中占用的字节数为(   )。

    A. 3　　　　　　　B. 4　　　　　　　C. 5　　　　　　　D. 8

【分析】 字符串在内存中存放时，不仅需要存放字符串中的字符，还需要在最后放一个结束字符 '\0'。所以字符串在内存中所占的字节数为字符个数加 1。

【解答】 B

3. char 型常量在内存中存放的是其对应的(   )。

    A. ASCII 值　　　　B. BCD 代码值　　　　C. 内码值　　　　D. 十进制代码值

【分析】 char 型常量在内存中存放的是对应的 ASCII 码。

【解答】 A

4. 当 c 的值为 0 时，在下列选项中能正确将 c 的值赋给变量 a 和 b 的是(   )。

    A. c=b=a　　　　　B. (a=c)||(b=c)　　　　C. (a=c)&&(b=c)　　　　D. a=c=b

【分析】 选项 C 执行 a=c 后，该表达式的值为 0，按照 "&&" 运算的规则，b = c 不被执行，而选项 B 的 "||" 运算恰好与之相反。

【解答】 B

5. 能表示 C 语言实型常量的是(   )。

    A. 0x35　　　　　　B. e0.5　　　　　　C. -4.567e-2　　　　　　D. e-6

【分析】 实型常量有两种不同的方式表示：十进制小数形式(例如 314.56)和指数形式(例如 3.1456e2)。选项 A 是一个十六进制整数，选项 B 和 D 是指数表示形式，但缺少整数部分，不完整。

【解答】 C

6. 若有以下程序段 (n 值是八进制数)：

```
        int m=32767, n=032767;
        printf("%d, %o\n", m, n);
```
执行后输出结果是(　　　)。

　　A．32767, 32767　　　　　　　　　　B．32767, 032767

　　C．32767, 77777　　　　　　　　　　D．32767, 077777

【分析】　n 是八进制数，按照%o 格式输出时，保持原数不变，但数字的前导 0 不输出。

【解答】　A

7．有以下程序定义：short int n=-32768;　 n--;，执行 printf("n=%d\n",n); 语句后，显示的是(　　　)。

　　A．n=-32769　　　　B．n=32767　　　　C．n=32768　　　　D．n=255

【分析】　此题考查 short int 型数据的使用范围。超出此类型能够表示的数的范围，将发生溢出。n 的取值范围是 –32 768～32 767，当执行 n-- 后，n = –32769 表示下界溢出，自动回绕到最大值 32 767。

【解答】　B

8．设 a、b、c、d 均为 0，执行(m=a==b)&&(n=c!=d)后，m 和 n 的值分别是(　　　)。

　　A．0, 0　　　　　　B．0, 1　　　　　　C．1, 0　　　　　　D．1, 1

【分析】执行表达式 m=a==b 后，m 取值为 1，按照"&&"运算规则执行表达式 n=c!=d，则 n=0。

【解答】　C

9．若有以下定义：

```
        char a;    int b;
        float c;   double d;
```
则表达式 a*b+d-c 值的类型是(　　　)。

　　A．float　　　　　　B．int　　　　　　C．char　　　　　　D．double

【分析】　不同类型的数据进行运算之前，要进行类型转换，先转换成同一类型，然后再进行运算。转换规则：低类型转换成高类型。

【解答】　D

10．设 a、b、c 都是整型变量，且 a=3，b=4，c=5，则下面的表达式中值为 0 的是(　　　)。

　　A．'a '&& 'b '　　B．a<=b　　　　C．a||b+c&&b-c　　D．!((a<b)&&!c||1)

【分析】　选项 D 括号中的表达式可以看成((a<b)&&!c)与 1 作"||"运算，所以结果为 1，再执行"!"运算，最后结果为 0。

【解答】　D

二、填空题

1．能表述"20<X<30 或 X<-100"的 C 语言表达式是＿＿＿＿＿＿＿＿＿＿＿＿＿＿＿。

【分析】　此题考查的是用逻辑运算符"&&"、"||"和关系运算符来描述数学表达式。

【解答】　X>20&&X<30||X<-100

2．表达式(x>y)||(a>b)的逻辑值为真时，变量 x、y、a、b 应该至少满足的条件是＿＿＿＿＿＿＿＿＿＿。

【分析】　此题考查逻辑或运算符"||"的运算规则。

【解答】　x>y 或 a>b

3．若已知 a=10，b=20，则表达式 !a<b 的值是 ＿＿＿＿＿＿＿＿＿＿。

【分析】　此题考查逻辑非运算符"！"的运算规则，"！"的优先级高于比较运算符"<"。

【解答】　1

4．C/C++ 中的存储类别包括＿＿＿＿＿、＿＿＿＿＿、＿＿＿＿和＿＿＿＿。

【分析】　在定义变量时所选的存储类型有 4 种。

【解答】　auto　　register　　static　　extern

5．在＿＿＿＿＿定义的变量的作用域局限于该函数。

【分析】　此题考查局部变量和全局变量的作用域。

【解答】　函数体内、形式参数和在复合语句中定义的变量(局限于本程序段)。

6．在 C 程序中，用关键字＿＿＿＿＿定义基本整型变量，用关键字＿＿＿＿定义单精度实型变量，用关键字＿＿＿＿＿定义双精度实型变量。

【分析】　略

【解答】　int　　float　　double

7．在内存中存储 "A" 要占用＿＿＿＿个字节，存储 'A' 要占用＿＿＿＿＿个字节。

【分析】　此题考查字符串和字符变量在内存中的存储机制。字符常量在内存中占一个字节。字符串要使用结束符 \0 '，所以字符串在内存中所占字节数是字符串长度(字符个数)加 1。

【解答】　2　　1

8．逗号运算符的值是＿＿＿＿＿＿＿＿。

【分析】　此题考查逗号表达式的运算规则。

【解答】　最右边表达式的值。

9．字符串 "ab\072cdef" 的长度是＿＿＿＿＿。

【分析】　字符串的长度是串中的有效字符个数(不包括 \0')，'\072' 是转义字符，占 1 个字节。

【解答】　7

10．变量的自增和自减运算有前缀和后缀，它们的运算法则是＿＿＿＿＿＿。

【分析】　略

【解答】　先使用后自增/自减，先自增/自减后使用

11．变量赋值运算的结合性是＿＿＿＿＿＿＿＿。

【分析】　略

【解答】　右结合(自右向左运算)

12．定义变量，是通知编译系统几个数据信息，分别是＿＿＿＿＿。

【分析】　略

【解答】　变量的数据类型、变量的存储类型、变量名

13．%运算符是两个整数求余，通常使用 % 判断两个整数＿＿＿＿＿＿＿。

【分析】　取余运算符"%"，又称模运算符，% 要求两侧均为整型数据。

【解答】　是否整除

14. 静态存储区存储_____和_____，系统赋予默认值。

【分析】 存储区域分为静态存储区和动态存储区。静态存储区存储全局变量和静态局部变量，动态存储区存放自动局部变量。

【解答】 全局变量，静态局部变量

15. C++ 中定义常变量使用_____关键字，常变量在定义时需要指出数据的_____。

【分析】 在定义变量时，加上关键字 const，则变量的值在程序运行期间不能改变，称为常变量。在定义常变量时必须同时对它初始化(指定值)。

【解答】 const　　类型和初始值

三、分析程序运行结果

1.
```cpp
#include <iostream>
using namespace std;
#include <stdio.h>
void main()
{
    int a, b, d=241;
    a=d/100%9;
    b=(-1)&&(-1);
    printf("%d, %d\n", a, b);
}
```

【分析】 此题考查除法"/"、取余"%"、逻辑与"&&"运算符的运算规则。

【解答】 2, 1

2.
```cpp
#include <iostream>
using namespace std;
#include <stdio.h>
void main()
{
    int i, j, x, y;
    i=5;
    j=7;
    x=++i;
    y=j++;
    printf("%d, %d, %d, %d\n", i, j, x, y);
}
```

【分析】 此题考查自增运算符"++"的运算规则。要注意"++变量名"和"变量名++"在表达式中使用的不同。

【解答】 6, 8, 6, 7

3．
```
#include <iostream>
using namespace std;
#include <stdio.h>
void main()
{
    float f=13.8;
    int n;
    n=(int)f%3;
    printf("n=%d\n", n);
}
```

【分析】　此题考查强制类型转换运算(int)f，经转换成整数后再做求余运算。

【解答】　n=1

4．
```
#include <iostream>
using namespace std;
#include <stdio.h>
void main()
{
    int a, b, x;
    x=(a=3, b=7);
    printf("x=%d, a=%d, b=%d\n", x, a, b);
}
```

【分析】　此题考查逗号表达式的运算，注意比较"="和","运算符的优先级。

【解答】　x=7, a=3, b=7

5．
```
#include <iostream>
using namespace std;
void main()
{
    int n=2;
    n+=n-=n*n;
    cout<<"n="<<n<<end;;
}
```

【分析】　此题考查复合赋值表达式的运算规则和结合性(右结合)。

表达式 n+=n-=n*n 的执行可以分为两步：

(1) 先执行 n-=n*n，即 n=n-n*n=2-2*2=-2；

(2) 再执行 n+=n，即 n=n+n=-2+(-2)=-4。

【解答】　n=-4

6．
```
#include <iostream>
using namespace std;
#include <stdio.h>
```

```
void main()
{
    float f1, f2, f3, f4;
    int m1, m2;
    f1=f2=f3=f4=2;
    m1=m2=1;
    printf("%d\n", (m1=f1>=f2)&&(m2=f3<f4));
}
```

【分析】　此题考查逻辑表达式的运算，以及赋值运算符、关系运算符和逻辑运算符的优先级。

【解答】　0

7．
```
#include<iostream>
using namespace std;
#include<stdio.h>
void main()
{
    int a, b;
    a=2147483647;         // C++ 环境 −2 147 483 648～2 147 483 647
    b=a+1;
    printf("%d, %d", a, b);
}
```

【分析】　此题考查 int 型数据在内存中的表示以及表示范围。当超出表示范围时，发生数的溢出。

【解答】　2147483647, -2147483648

8．
```
#include <iostream>
#include <iomanip>
using namespace std;
void main( )
{   int a, b, x, y;
    a=3;
    b=a--;
    y=8%b;
    x=a&&b;
    cout<<setw(8)<<a<<setw(8)<<b;      // 定义以 8 个字符宽度输出数据
    cout<<setw(8)<<x<<setw(8)<<y<<endl;
}
```

【分析】　此题考查赋值、自加、除法和逻辑与运算规则，并以 8 个字符位宽度输出各变量。

【解答】　2　　3　　1　　2

四、编程题

1. 请编一程序，要将"China"译成密码，密码规律是：将原字母用后面第 5 个字母代替(ASCII+5)。例如，字母 A 后面第 5 个是 F，用 F 代替 A。因此，"China"应译为"Hmnsf"。用赋初值的方法使 c1、c2、c3、c4、c5 五个变量的值分别为 'C'、'h'、'i'、'n'、'a'，经过运算(调用系统函数 getchar()函数读入变量的初值，例如：c1=getchar(); c1=c1+5;)，使其分别变为 'H'、'm'、'n'、's'、'f'，并输出。

【程序代码】

```
#include <iostream>
using namespace std;
void main()
{
    char c1, c2, c3, c4, c5;
    c1=getchar();
    c2=getchar();
    c3=getchar();
    c4=getchar();
    c5=getchar();
    c1=c1+5;
    c2=c2+5;
    c3=c3+5;
    c4=c4+5;
    c5=c5+5;
    cout<<c1<<c2<<c3<<c4<<c5<<endl;
}
```

【运行结果】

```
China
Hmnsf
```

2. 输入一个华氏温度，要求输出摄氏温度。转换公式为

$$C = \frac{5}{9}(F-32)$$

要求：设 F=65.3，要求输出结果要有文字说明(原样打印)，并取 2 位小数。

【算法分析】

注意在计算除法时，如果除号两边操作数都为整数，结果为整数；如果有一方或两方是浮点数，结果为浮点数。所以在程序中需要正确处理好 5/9。

【程序代码】

```
#include <iostream>
using namespace std;
void main()
```

```
    {
        float C,F;
        scanf("%f", &F);
        C=(F-32)*5.0/9;
        printf("C=%.2f\n", C);
    }
```

【运行结果】

　　65.3

　　C=18.50

2.2　补充提高习题

一、单项选择题

1．下列选项中，合法的 C 语言标识符是(　　)。

　　A. %a　　　　　　　B. b!　　　　　　　C. a?　　　　　　　D. width

【解答】　D

2．在 Windows 下，程序编译链接后形成的可执行文件是(　　)。

　　A. .o 文件　　　　　B. .exe 文件　　　　C. .obj 文件　　　　D. .c 文件

【解答】　B

3．程序编译链接后显示 " 0 error,0 warning" 代表(　　)。

　　A. 程序中没有语法错误　　　　　　　　B. 程序中有语义错误

　　C. 程序是不正确的　　　　　　　　　　D. 程序中可能存在语法错误

【解答】　A

4．C 语言用 sizeof 计算变量在内存中的字节数，其中 sizeof 是(　　)。

　　A. 一元运算符　　　B. 函数　　　　　　C. 变量　　　　　　D. 语句

【解答】　A

5．#include <stdio.h>是(　　)。

　　A. 编译预处理指令　　　　　　　　　　B. 什么都不是

　　C. 有语法错误　　　　　　　　　　　　D. 函数

【解答】　A

6．程序的开发步骤中不包括(　　)。

　　A. 撰写文档　　　　B. 运行程序　　　　C. 编译链接　　　D. 编辑(编写代码)

【解答】　A

7．下列说法中错误的是(　　)。

　　A. sizeof 是编译时执行的运算符，不会导致额外的运行时间开销

　　B. 内存是按字节编址的

　　C. 编译器按变量定义的类型对不同类型的变量分配不同大小的内存空间

D. int 型在所有的计算机上都占 4 个字节的存储单元

【解答】　D

8. 下列说法正确的是(　　)。

　　A. 一条变量定义语句可定义多个同类型的变量

　　B. 变量在没有初始化的时候，其值都是 0

　　C. 在 C 语言中，所有变量都必须在定义时进行初始化

　　D. 不同类型的变量分配的存储空间大小都是相同的

【解答】　A

9. 用 8 位无符号二进制数能表示的最大十进制数为(　　)。

　　A. 255　　　　　　B. 128　　　　　　C. 127　　　　　　D. 256

【解答】　A

10. 若有定义：int a=8, b=5, c; , 执行语句 c=a/b+0.4; 后，c 的值为(　　)。

　　A. 2.0　　　　　　B. 1　　　　　　　C. 1.4　　　　　　D. 2

【解答】　B

11. 在 C 语言中，字符型数据在内存中以字符的(　　)形式存放。

　　A. 反码　　　　　　B. BCD 码　　　　　C. ASCII 码　　　　D. 国标码

【解答】　C

12. 下列程序的输出结果是(　　)。

```
#include <stdio.h>
int main()
{
    int a=7, b=5;
    printf("%d\n", b/a);
    return 0;
}
```

　　A. 0　　　　　　　B. 5　　　　　　　C. 1　　　　　　　D. 0.7

【解答】　A

13. 以下非法的赋值语句是(　　)。

　　A. j++;　　　　　B. n=++i;　　　　　C. ++(i+1);　　　　D. x=(j--);

【解答】　C

14. 在 C 语言中，要求操作数必须是整型的运算符的是(　　)。

　　A. -　　　　　　　B. +　　　　　　　C. %　　　　　　　D. /

【解答】　C

15. 可以生成 0~9 之间的随机数的语句是(　　)。

　　A. magic=rand()/10;　　　　　　　　B. magic=rand()%10+1;

　　C. magic=rand()%10;　　　　　　　　D. magic=rand()/10+1;

【解答】　C

16. 设 a 和 b 均为 double 型变量，且 a=5.5、b=2.5，则表达式(int)a+b/b 的值是(　　)。

　　A. 5.500000　　　B. 6.500000　　　C. 6.000000　　　　D. 6

【解答】 C

17. 程序运行后的输出结果是( )。
```
#include <stdio.h>
int main()
{
    char a='a';
    printf("%c, ", ++a);
    printf("%c\n", a++);
    return 0;
}
```
　　A. b, b　　　　　　B. a, c　　　　　C. b, c　　　　　D. a, b

【解答】 A

18. 在下面的 C 语言语句中，存在错误的是( )。
　　A. int a=10, b=10;　　　　　　B. int a, b; a=b=10;
　　C. int a=b=10;　　　　　　　D. int a, b; a=10; b=10;

【解答】 C

19. 若有以下定义，则表达式"a * b + d - c"的值的类型为( )。
```
#include <stdio.h>
int main()
{
    char    a;
    int b;
    float   c;
    double d;
    ....
    return 0;
}
```
　　A. float　　　　　B. char　　　　　C. int　　　　　D. double

【解答】 D

20. 在 C 程序中如果要使用数学函数，如 sin(x),log(x)等，需要在程序中加入的语句是( )。
　　A. #include <math.h>　　　　　　B. #define <stdio.h>
　　C. #define <math.h>　　　　　　D. #include <stdio.h>

【解答】 A

21. 已知 int a,b; 并且有 a=5%3; 以及 b=5/3;，则 a 和 b 的值分别是( )。
　　A. 3 和 1　　　　　B. 2 和 1　　　　　C. 3 和 1.67　　　　　D. 0 和 1

【解答】 B

22. 下面程序的运行结果是( )。
```
#include    <stdio.h>
```

```
int main()
{
    int     a = 2, b = 3 ;
    float   x = 3.5, y = 2.5 ;
    printf("%f", (float)(a+b) / 2 + (int)x % (int)y) ;
    return 0;
}
```
　　A. 3.000000　　　　B. 3.5　　　　　　C. 3　　　　　D. 3.500000

【解答】 D

23. 以下程序的运行结果是(　　)。
```
#include <stdio.h>
int main()
{
    int    a = 12, b = 3;
    float   x = 18.5, y = 4.5;
    printf("%f\n", (float)(a * b) / 2);
    printf("%d\n", (int)x %(int)y);
    return 0;
}
```
　　A. 18.000000　　　B. 18　　　　　　C. 18　　　　D. 18.000000
　　　 2.000000　　　　　 2　　　　　　　 2.000000　　　 2

【解答】 D

24. 以下程序的输出结果是(　　)。
```
#include <stdio.h>
int main()
{
    int a=1, b=2;
    a=a+b;
    b=a-b;
    a=a-b;
    printf("%d, %d\n", a, b );
    return 0;
}
```
　　A. 3, 2　　　　　B. 1, 2　　　　　C. 3, 1　　　　　D. 2, 1

【解答】 D

25. 设有语句"int a = 3;"，执行语句"a += a -= a * a;"后，变量 a 的值是(　　)。
　　A. 9　　　　　　B. 0　　　　　　C. -12　　　　　D. 3

【解答】 C

26. 十进制 3 位数整数 x，能正确分离出它的十位上的数字 d 的是(　　)。

A. d=(x-x%10)/10;   B. d=(x-(x/100)*100)/10;

    C. d=x%10;   D. d=x%100;

【解答】 B

27. 下列程序片段执行后，a、b、c 的值分别为(　　　)。

```
int a=1, b=2, c=3;
b=a+3*a+b;
c%=a+b+3;
a=b<c;
```

    A. 1　6　9   B. 0　6　3

    C. 6　6　3   D. 6　6　9

【解答】 B

28. 程序运行后的输出结果是(　　　)。

```
#include <stdio.h>
int main()
{
    int m=3, n=4, x;
    x=m++;
    ++n;
    x=x+8/n;
    printf("%d, %d\n", x, m);
    return 0;
}
```

    A. 4,4   B. 4,3   C. 5,4   D. 5,3

【解答】 A

29. 以下程序的输出结果为(　　　)。

```
#include <stdio.h>
int main()
{
    float a = 1234.567, b = 55.32;
    printf("a = %4.2f, b = %5.1f\n", a, b);
    return 0;
}
```

    A. a =1234.567, b = 55.32   B. a = 1234.57, b = 55.3

    C. a =1234, b =55   D. a = 1234.6, b = 5.32

【解答】 B

30. 程序的运行结果是(　　　)。

程序运行时从键盘输入：

    1<空格>2<回车>

    #include <stdio.h>

```c
int main()
{
    char a,b;
    int s;
    printf("please input a and b:\n");
    a=getchar();
    b=getchar();
    s=a+b;
    printf("a=%c, b=%c", a, b);
    return 0;
}
```

   A. 输出乱码   B. a=1, b=2
   C. a="回车", b=2   D. a=1, b="回车"

【解答】 D

31．若运行以下程序时从键盘上输入：6565, 66<回车>，则输出结果是(   )。

```c
#include <stdio.h>
int main()
{
    int a, b, c, d;
    scanf("%c%c%d, %d", &a, &b, &c, &d);
    printf("%c, %c, %c, %c\n", a, b, c, d);
    return 0;
}
```

   A. 6, 5, 6, 5   B. 6, 5, 6, 6   C. 6, 5, 65, 66   D. 6, 5, A, B

【解答】 D

32．程序运行时从键盘输入：54321<回车>，程序的运行结果是(   )。

```c
#include <stdio.h>
int main()
{
    int a, b, s;
    scanf("%2d%2d", &a, &b);
    s=a/b;
    printf("s=%d", s);
    return 0;
}
```

A. 1   B. 2   C. 1.6875   D. 0

【解答】 A

33．以下程序运行后的输出结果是(   )。

```c
#include <stdio.h>
```

```
int main()
{
    int a;
    int c=10;
    float f=100.0;
    double x;
    a=f/=c*=(x=6.5);
    printf("%d, %d, %3.1f, %3.1f\n", a, c, f, x);
    return 0;
}
```
  A. 2, 65, 1.5, 6.5　　　　　　　　　B. 1, 65, 1.0, 6.5
  C. 1, 65, 1, 6.5　　　　　　　　　　D. 1, 65, 1.5, 6.5

【解答】 D

34. 设有语句 "char c='\72';"，则变量 c(　　)。
  A. 包含 1 个字符　　　　　　　　　B. 包含 2 个字符
  C. 不合法　　　　　　　　　　　　D. 包含 3 个字符

【解答】 A

35. 程序运行时从键盘输入：45-12<回车>，程序的运行结果是(　　)。
```
#include <stdio.h>
int main()
{
    int a, b, sum;
    scanf("%d%*c%d", &a, &b);
    sum=a+b;
    printf("sum=%d", sum);
    return 0;
}
```
  A. 输出一个随机数　　　　B. 33　　　　C. 输出报错　　　　　D. 57

【解答】 D

36. 分析下列程序，程序运行结果是(　　)。
```
#include <stdio.h>
int main()
{
    char c1 = 'a', c2 = 'b', c3 = 'c';
    printf("a%cb%cc%cabc\n", c1, c2, c3);
    return 0;
}
```
  A. aabbccabc　　　B. acbcabc　　　C. acbbcabc　　　D. aabcabc

【解答】 A

37．以下程序的输出结果为(　　)。

```c
#include <stdio.h>
int main()
{
    int a=2, c=5;
    printf("a = %%d, b = %%d\n", a, c);
    return 0;
}
```

　A．a = %%d, b = %%d　　　　　　B．a = 2, b = 5
　C．a = %d, b = %d　　　　　　　D．a = %2, b = %5

【解答】　C

38．有以下程序，运行时若输入为 B，则输出是(　　)。

```c
#include <stdio.h>
int main()
{
    char ch;
    ch=getchar();
    ch=ch+32;
    printf("%c", ch);
    return 0;
}
```

　A．b　　　　　　B．32　　　　　　C．66　　　　　　D．98

【解答】　A

39．程序运行时从键盘输入：1<回车>2+3+1<回车>，程序的运行结果是(　　)。

```c
#include <stdio.h>
int main()
{
    int a, b, c, d;
    char op1, op2, op3;
    int sum;
    printf("please input:a+b+c+d\n");
    scanf("%d%c%d%c%d%c%d", &a, &op1, &b, &op2, &c, &op3, &d);
    sum=a+b+c+d;
    printf("sum=%d", sum);
    return 0;
}
```

　A．6　　　　　　B．1　　　　　　C．3　　　　　　D．7

【解答】　D

40．以下程序运行后的输出结果是(　　)。

```c
#include <stdio.h>
int main()
{
    int a=1, b=2, m=0, n=0, k;
    k=(n=b>a)||(m=a<b);
    printf("%d, %d\n", k, m);
    return 0;
}
```

   A. 1, 0   B. 0, 0   C. 1, 1   D. 0, 1

【解答】 B

41. 以下程序运行后的输出结果是(　　)。

```c
#include <stdio.h>
int main()
{
    int a, b, c;
    a=10;
    b=20;
    c=(a%b<1)||(a/b>1);
    printf("%d, %d, %d", a%b, a/b, c);
    return 0;
}
```

   A. 10, 0, 1   B. 10, 1, 0

   C. 10, 1, 1   D. 10, 0, 0

【解答】 D

42. 下列复合语句中，不能实现两数交换的是(　　)。

   A.   B.

```
{                          {
    t=a;                       b=a*b;
    a=b;                       a=b/a;
    b=t;                       b=b/a;
}                          }
```

   C.   D.

```
{                          {
    a = a + b ;                a=b;
    b = a - b ;                b=a;
    a = a - b;             }
}
```

【解答】 D

43. 若 x 和 y 代表整型数，以下表达式中不能正确表示数学关系 $|x-y|<10$ 的是(　　)。

    A. fabs(x-y)<10　　　　　　　　B. x-y>-10 && x-y<10

    C. (x-y)<-10||!(y-x)>10　　　　　D. (x-y)*(x-y)<100

【解答】C

44. 程序代码如下：

```
#include <stdio.h>
int main()
{
    int a,b;
    printf("please input a and b:\n");
    scanf("%d%d", &a, &b);
    printf("the output data is %d\n", a<b?b:a);
    return 0;
}
```

从键盘输入以下数据：

    2<回车>

    7<回车>

则程序输出为(　　)。

    A. the output data is 2　　　　　B. the output data is 7

    C. the output data is 1　　　　　D. the output data is 0

【解答】B

45. 以下程序运行后的输出结果是(　　)。

```
#include <stdio.h>
int main()
{
    int a=5, b=4, c=3, d;
    d=(a>b>c);
    printf("%d\n", d);
    return 0;
}
```

    A. 4　　　　　B. 3　　　　　C. 1　　　　　D. 0

【解答】D

二、编程题

1. 在屏幕上输出 1 行信息。

题目内容：使用 printf()在屏幕上输出 hello world!

【程序代码】

```
#include <stdio.h>
```

```c
int main()
{
    printf("hello world!\n");
    return 0;
}
```

【运行结果】

hello world!

2. 在屏幕上输出多行信息。

题目内容：使用 printf()函数在屏幕上输出以下多行信息：

hello world!

hello hit!

hello everyone!

【程序代码】

```c
#include <stdio.h>
int main()
{
    printf("hello world!\n");
    printf("hello hit!\n");
    printf("hello everyone!\n");
    return 0;
}
```

【运行结果】

hello world!

hello hit!

hello everyone!

3. 计算半圆弧长及半圆的面积。

题目内容：编程并输出半径 r=5.3 的半圆弧长(提示：半圆弧长不应该加直径的长度)及该半圆弧与直径围成的半圆的面积，π 的取值为 3.141 59。要求半径 r 和 π 必须利用宏常量表示。

【程序代码】

```c
#include <stdio.h>
#define PI 3.14159
#define R 5.3
int main()
{
    printf("Area=%.5f\n" , PI*R*R/2);
    printf("circumference=%.5f\n" , PI*R);
    return 0;
```

```
        }
```

【运行结果】

```
    Area=44.12363
    circumference=16.65043
```

4. 计算长方体体积。

题目内容：编程并输出长 1.2、宽 4.3、高 6.4 的长方体的体积。要求长方体的长、宽、高必须利用 const 常量表示。程序中用到的数据类型均为 double 类型。

【程序代码】

```
    #include <stdio.h>
    int main()
    {
        const double Length = 1.2;
        const double Width = 4.3;
        const double High = 6.4;
        printf("volume=%.3f\n", Length*Width*High);
        return 0;
    }
```

【运行结果】

```
    volume=33.024
```

5. 输出逆序数。

题目内容：从键盘任意输入一个 3 位整数，编程计算并输出它的逆序数(忽略整数前的正负号)。例如，输入-123，则忽略负号，由 123 分离出其百位 1、十位 2、个位 3，然后计算 3*100+2*10+1 = 321，并输出 321。

提示：从键盘输入数据可以使用函数 scanf()。例如，scanf("%d", &x); 表示从键盘输入整数并存入整形变量 x 中。利用取绝对值函数 fabs()忽略输入数据的负号。fabs(x)表示计算变量 x 的绝对值。使用数学函数，需要在程序开头加上编译预处理指令 #include <math.h>。

【程序代码】

```
    #include <stdio.h>
    #include <math.h>
    int main()
    {
        int num=0;
        int x1=0, x2=0, x3=0;    /*分别存放个位、十位、百位数字*/
        printf("Input x:\n");
        scanf("%d", &num);
        num=fabs(num);
        x1=num%10;
        x2=((num-x1)/10)%10;
```

```
            x3=num/100;
            printf("y=%d\n", x1*100+x2*10+x3);
            return 0;
        }
```

【运行结果】
```
    Input x:
    -123↙
    y=321
```

6. 计算总分和平均分。

题目内容：小明本学期共有 5 门课程，分别是英语、语文、数学、历史和音乐。5 科的期中考试成绩分别是 86 分、74 分、92 分、77 分、82 分，期末考试成绩分别是 81 分、87 分、90 分、62 分、88 分。已知期中和期末考试成绩分别占总成绩的 30%和 70%。定义相应的变量存放各科成绩，并计算出小明 5 门课程的总分和平均分。要求平均分输出为两种形式：带 2 位小数的浮点数形式和不带小数的整数形式。要求总分输出为带 2 位小数的浮点数形式。程序中浮点数的数据类型均为 float 类型。

提示：输出不带小数的平均分的整数形式可以使用强制类型转换。

【程序代码】
```c
#include <stdio.h>
int main()
{
    float english,chinese,mathematics,history,music,total,average;
    int mse_en=86, mse_ch=74, mse_ma=92, mse_hi=77, mse_mu=82;
    int final_en=81, final_ch=87, final_ma=90, final_hi=62, final_mu=88;
    english = mse_en*0.3+final_en*0.7;
    chinese = mse_ch*0.3+final_ch*0.7;
    mathematics = mse_ma*0.3+final_ma*0.7;
    history = mse_hi*0.3+final_hi*0.7;
    music = mse_mu*0.3+final_mu*0.7;
    total = english+chinese+mathematics+history+music;
    average = total / 5;
    printf("total=%.2f\n", total);
    printf("average=%.2f\n", average);
    printf("average=%d\n", (int)average);
        return 0;
}
```

【运行结果】
```
    total=408.90
```

```
average=81.78
average=81
```

7. 存款利率计算器 v1.0。

题目内容：设银行定期存款的年利率 rate 为 2.25%，已知存款期为 n 年，存款本金为 capital 元，试编程计算并输出 n 年后的本利之和 deposit。程序中所有浮点数的数据类型均为 double 类型。

提示：① 从键盘输入数据可以使用 scanf()函数。本例中为 scanf("%lf,%d,%lf", &rate, &n, &capital)；② 本程序最终计算的是复利。③ 计算幂的数学函数为 pow(a,n), 代表 a 的 n 次幂。④ 使用数学函数，需要在程序开头加上编译预处理指令 #include <math.h>。

【程序代码】

```c
#include <stdio.h>
#include <math.h>
int main ()
{
    double capital, deposit, rate;
    int n;
    printf("Please enter rate, year, capital:\n");
    scanf("%lf,%d,%lf", &rate, &n, &capital);
    rate = rate +1;
    deposit = capital*pow(rate, n);
    printf("deposit=%.3f\n", deposit);
    return 0;
}
```

【运行结果】　(略)

```
Please enter rate, year, capital:
0.0225，10，1000
deposit=1249.203
```

8. 数位拆分 v1.0。

题目内容：现有一个 4 位数的正整数 n=4321(即 n 是一个已知的数，固定为 4321)，编写程序将其拆分为两个两位数的正整数 43 和 21，计算并输出拆分后的两个数的加、减、乘、除和求余的结果。例如 n=4321，设拆分后的两个整数为 a, b，则 a=43, b=21。除法运算结果要求精确到小数点后 2 位，数据类型为 float。

【程序代码】

```c
#include <stdio.h>
int main ()
{
    int n=4321;
    int first, second;
```

```
        first = n/100;
        second = n%100;
        printf("a=%d, b=%d\n", first, second);
        printf("a+b=%d\n", first+second);
        printf("a-b=%d\n", first-second);
        printf("a*b=%d\n", first*second);
        printf("a/b=%.2f\n", (float)first/second);
        printf("a%%b=%d\n", first%second);
        return 0;
    }
```

【运行结果】

```
    a=43, b=21
    a+b=64
    a-b=22
    a*b=903
    a/b=2.05
    a%b=1
```

9. 求正/负余数。

题目内容：在 C 语言中，如果被除数为负值，则对一个正数求余的时候，求出的余数也是一个负数。在某些场合下，我们需要求出它的正余数，例如：在 C 语言中有(-11)%5=-1，但是有时我们希望得到的余数不是 –1，而是 4。请编写程序计算(-11)%5 的负余数和正余数。

【程序代码】

```
    #include<stdio.h>
    int main()
    {
        int dividend = -11, divisor = 5;
        int remainder, p_remainder;
        remainder = dividend%divisor;
        p_remainder = remainder+divisor;
        printf("negative: %d\n", remainder);
        printf("positive: %d\n", p_remainder);
        return 0;
    }
```

【运行结果】

```
    negative: -1
    positive: 4
```

10. 身高预测。

题目内容：已知小明(男孩)爸爸的身高是 175 厘米，妈妈的身高是 162 厘米。小红(女孩)爸爸的身高是 169 厘米，妈妈的身高是 153 厘米，按照下面公式，预测并输出小明和小红的遗传身高(不考虑后天因素)。

$$男性成人时身高 = (faHeight + moHeight) \times 0.54cm$$

$$女性成人时身高 = (faHeight \times 0.923 + moHeight) / 2cm$$

【程序代码】

```c
#include<stdio.h>
int main()
{
    float xiaohong,xiaoming;
    float faXiaohong = 169, moXiaohong = 153;
    float faXiaoming = 175, moXiaoming = 162;
    printf("Height of xiao ming:%d\n", (int)((faXiaoming+moXiaoming)*0.54));
    printf("Height of xiao hong:%d\n", (int)((faXiaohong*0.923+moXiaohong)/2));
    return 0;
}
```

【运行结果】

```
Height of xiao ming:181
Height of xiao hong:154
```

11. 求一元二次方程的根。

题目内容：根据下面给出的求根公式，计算并输出一元二次方程的两个实根，要求精确到小数点后 4 位。程序中所有浮点数的数据类型均为 float。

提示：① 计算平方根的数学函数为 sqrt()。

② 使用数学函数，需要在程序开头加上编译预处理指令 #include <math.h>。

【程序代码】

```c
#include <stdio.h>
#include <math.h>

int main()
{
    float a=2, b=3, c=1;
    float x1=0, x2=0;
    x1= -(b/(2*a))+(sqrt(b*b-4*a*c)/(2*a));
    x2= -(b/(2*a))-(sqrt(b*b-4*a*c)/(2*a));
    printf("x1=%.4f\n", x1);
    printf("x2=%.4f\n", x2);
    return 0;
}
```

【运行结果】

```
x1=-0.5000
```

```
x2=-1.0000
```

12. 日期显示。

题目内容：编写一个程序，接收用户录入的日期信息并且将其显示出来。其中，输入日期的形式为月/日/年(mm/dd/yy)，输出日期的形式为年月日(yy.mm.dd)。

【程序代码】

```c
#include <stdio.h>
int main()
{
    int month=0, day=0, year=0;
    printf("Enter a date (mm/dd/yy):\n");
    scanf("%d/%d/%d", &month, &day, &year);
    printf("You entered the date: %04d.%02d.%02d\n", year, month, day);
    return 0;
}
```

【运行结果】

```
Enter a date (mm/dd/yy):
12/03/2015✓
You entered the date: 2015.12.03
```

13. 产品信息格式化。

题目内容：编写一个程序，对用户录入的产品信息进行格式化。以下为程序的运行结果示例：

```
Enter item number:
385✓
Enter unit price:
12.5✓
Enter purchase date (mm/dd/yy):
12/03/2015✓
Item        Unit       Purchase
385         $ 12.50       12032015
```

【程序代码】

```c
#include<stdio.h>
int main()
{
    int item=0, year=0, month=0, day=0;
    float price=0;
    printf("Enter item number:\n");
    scanf("%d", &item);
    printf("Enter unit price:\n");
```

```
        scanf("%f", &price);
        printf("Enter purchase date (mm/dd/yy):\n");
        scanf("%d/%d/%d", &month, &day, &year);
        printf("Item        Unit        Purchase\n");
        printf("%-9d$ %-9.2f%02d%02d%02d\n", item, price, month, day, year);
        return 0;
    }
```

【运行结果】

```
    Enter item number:
    385↙
    Enter unit price:
    12.5↙
    Enter purchase date (mm/dd/yy):
    12/03/2015↙
    Item        Unit        Purchase
    385         $ 12.50     12032015
```

14. 计算两个数的平方和。

题目内容：从键盘读入两个实数，编程计算并输出它们的平方和，要求使用数学函数 pow(x, y)计算平方值，输出结果保留 2 位小数。程序中所有浮点数的数据类型均为 float。

提示：使用数学函数，需要在程序中加入编译预处理命令 #include <math.h>。

【程序代码】

```
    #include<stdio.h>
    #include<math.h>
    int main()
    {
        float x=0, y=0, result=0;;
        printf("Please input x and y:\n");
        scanf("%f, %f", &x, &y);
        result = pow(x, 2)+pow(y, 2);
        printf("Result=%.2f\n", result);
        return 0;
    }
```

【运行结果】

```
    Please input x and y:
    1.2,3.4↙
    Result=13.00
```

15. 逆序数的拆分计算。

题目内容：从键盘输入一个 4 位数的整数，编程计算并输出它的逆序数(忽略整数前的正负号)。例如，输入 -1234，忽略负号，由 1234 分离出其千位 1、百位 2、十位 3、个位 4，然后计算 $4 * 1000 + 3 * 100 + 2 * 10 + 1 = 4321$，并输出 4321。再将得到的逆序数 4321 拆分为两个两位数的正整数 43 和 21，计算并输出拆分后的两个数的平方和的结果。

【程序代码】

```c
#include<stdio.h>
#include<math.h>
int main()
{
    int x=0, x1=0, x2=0, x3=0, x4=0;
    int y=0, y1=0, y2=0, yy=0;
    printf("Input x:\n");
    scanf("%d", &x);
    x = fabs(x);
    x1 = x%10;
    x2 = x/10%10;
    x3 = x/100%10;
    x4 = x/1000;
    y = x4+x3*10+x2*100+x1*1000;
    printf("y=%d\n", y);
    y1 = y/100;
    y2 = y%100;
    printf("a=%d, b=%d\n", y1, y2);
    yy = pow(y1, 2)+pow(y2, 2);
    printf("result=%d\n", yy);
    return 0;
}
```

【运行结果】

```
Input x:
-1234↙
y=4321
a=43, b=21
result=2290
```

16. 拆分英文名。

题目内容：从键盘输入某同学的英文名(小写输入，假设学生的英文名只包含 3 个字母。如: tom)，编写程序在屏幕上输出该同学的英文名，且首字母大写(如：Tom)。同时输出组成该英文名的所有英文字符在 26 个英文字母中的序号。

【程序代码】

```c
#include <stdio.h>
```

```
int main()
{
    char ch1,ch2,ch3;
    printf("Input your English name:\n");
    scanf("%c%c%c", &ch1, &ch2, &ch3);
    printf("%c%c%c\n", ch1-32, ch2, ch3);
    printf("%c: %d\n", ch1, ch1-96);
    printf("%c: %d\n", ch2, ch2-96);
    printf("%c: %d\n", ch3, ch3-96);
    return 0;
}
```

【运行结果】

Input your English name:

tom↙

Tom

t:20

o:15

m:13

17. 计算体指数。

题目内容：从键盘输入某人的身高(以厘米为单位，如 174 cm)和体重(以公斤为单位，如 70 公斤)，将身高(以米为单位，如 1.74 m)和体重(以斤为单位，如 140 斤)输出在屏幕上，并按照以下公式计算并输出体指数，要求结果保留到小数点后 2 位。程序中所有浮点数的数据类型均为 float。

假设体重为 w 公斤，身高为 h m，则体指数的计算公式为 $t = w/h^2$。

【程序代码】

```
#include<stdio.h>
#include<math.h>
int main()
{
    int    weight=0, height=0;
    float t=0;
    printf("Input weight, height:\n");
    scanf("%d, %d", &weight, &height);
    printf("weight=%d\n", weight*2);
    printf("height=%.2f\n", (float)height/100);
    printf("t=%.2f\n",(float)weight/pow((float)height/100, 2));
    return 0;
}
```

【运行结果】

```
Input weight, height:
70, 174↙
weight=140
height=1.74
t=23.12
```

18. 分数比较。

题目内容：利用人工方式比较分数大小的最常见方法是：对分数进行通分后比较分子的大小。请编程模拟手工比较两个分数的大小。首先输入两个分数分子、分母的值，例如 "11/13, 17/19"，比较分数大小后输出相应的提示信息。例如，第一个分数 11/13 小于第二个分数 17/19，则输出 "11/13<17/19"。

【程序代码】

```c
#include<stdio.h>
int main()
{
    int a=0, b=0, c=0, d=0;
    printf("Input a/b, c/d:");
    scanf("%d/%d, %d/%d", &a, &b, &c, &d);
    if(a*d>b*c)
        printf("%d/%d>%d/%d\n", a, b, c, d);
    else if(a*d<b*c)
        printf("%d/%d<%d/%d\n", a, b, c, d);
    else
        printf("%d/%d=%d/%d\n", a, b, c, d);
    return 0;
}
```

【运行结果】

程序的运行结果示例 1：

```
Input a/b, c/d: 11/13, 17/19↙
11/13<17/19
```

程序的运行结果示例 2：

```
Input a/b, c/d: 17/19, 23/27↙
17/19>23/27
```

程序的运行结果示例 3：

```
Input a/b, c/d:3/4, 18/24↙
3/4=18/24
```

19. 存款利率计算器 v2.0。

题目内容：设 capital 是最初的存款总额(即本金)，rate 是整存整取的存款年利率，n 是储蓄的年份，deposit 是第 n 年年底账号里的存款总额。已知如下两种本利之和的计算方式：

按复利方式计息的本利之和计算公式为 deposit = capital * (1 + rate) n；

按普通计息方式计算本利之和的公式为 deposit = capital * (1 + rate * n)。

编程从键盘输入存钱的本金、存款期限以及年利率，然后再输入按何种方式计息，最后再计算并输出到期时能从银行得到的本利之和，要求结果保留到小数点后 4 位。

提示：使用数学函数需要加入头文件 <math.h>。

【程序代码】

```c
#include<stdio.h>
#include<math.h>
int main()
{
    int    n=0;
    double rate=0, capital=0, deposit=0;
    char interest;
    printf("Input rate, year, capital:");
    scanf("%lf, %d, %lf", &rate, &n, &capital);
    printf("Compound interest (Y/N)?" );
    scanf(" %c", &interest);
    if(interest =='Y'||interest=='y')
        printf("deposit = %.4f\n", capital*pow(1+rate, n));
    else if(interest=='N'||interest=='n')
        printf("deposit = %.4f\n", capital*(1+rate*n));
    else
        printf("errors");
    return 0;
}
```

【运行结果】

程序的运行结果示例 1：

Input rate, year, capital: 0.0225, 2, 10000↙

Compound interest (Y/N)?Y

deposit = 10455.0625

程序的运行结果示例 2：

Input rate, year, capital: 0.0225, 2, 10000↙

Compound interest (Y/N)?n

deposit = 10450.0000

20. 存款利率计算器 v3.0。

题目内容：设 capital 是最初的存款总额(即本金)，rate 是整存整取的存款年利率，n 是储蓄的年份，deposit 是第 n 年年底账号里的存款总额。已知如下两种本利之和的计算方式：

按复利方式计息的本利之和计算公式为 deposit = capital * (1 + rate) n；

按普通计息方式计算本利之和的公式为 deposit = capital * (1 + rate * n)。

已知银行整存整取不同期限存款的年息利率分别为

存期 1 年，利率为 0.0225

存期 2 年，利率为 0.0243

存期 3 年，利率为 0.0270

存期 5 年，利率为 0.0288

存期 8 年，利率为 0.0300

若输入其他年份，则输出"Error year!"

编程从键盘输入存钱的本金和存款期限，然后再输入按何种方式计息，最后再计算并输出到期时能从银行得到的本利之和，要求结果保留到小数点后 4 位。

【程序代码】

```c
#include<stdio.h>
#include<math.h>
int main()
{
    int    n=0;
    double rate=0, capital=0, deposit=0;
    char answer;
    printf("Input capital, year:");
    scanf("%lf,%d", &capital, &n);
    printf("Compound interest (Y/N)?" );
    scanf("%c", &answer);
    switch(n)
    {
        case 1:
                rate = 0.0225;    break;
        case 2:
                rate = 0.0243;    break;
        case 3:
                rate = 0.0270;    break;
        case 5:
                rate = 0.0288;    break;
        case 8:
                rate = 0.0300;    break;
        default :
                printf("Error year!\n");    return 0;
    }
    if(answer =='Y'||answer=='y')
        printf("rate = %.4f, deposit = %.4f\n", rate, capital*pow(1+rate, n));
```

```
        else if(answer=='N'||answer=='n')
            printf("rate = %.4f, deposit = %.4f\n", rate, capital*(1+rate*n));
        else
            printf("errors");
        return 0;
    }
```

【运行结果】

程序的运行结果示例 1：

    Input capital, year:10000,2✓

    Compound interest (Y/N)?Y✓

    rate = 0.0243, deposit = 10491.9049

程序的运行结果示例 2：

    Input capital, year:10000,2✓

    Compound interest (Y/N)?n✓

    rate = 0.0243, deposit = 10486.0000

程序的运行结果示例 3：

    Input capital, year:1000,4✓

    Compound interest (Y/N)?y✓

    Error year!

21．博弈论之最佳响应(Best Response)。

题目内容：在博弈论中，有一种决策称为 Best Response，通俗的意思就是选择一种策略使得团体利益最大化。C 语言学习成绩的评定方式分为两种，一种是自由刷题模式(compete)，没有固定标准，刷题越多者排名越靠前，其期末分数越高；另一种是规定每个人必须做够多少道题(standard)，达到要求就能取得相应分数。

假设一个班级中的学生分为 A、B 两类，A 类同学学习热情很高，乐于做题，采用 compete 模式可以获得成就感并且在期末拿到高分，compete 模式可以让他们有 10 分的收益；采用 standard 模式他们也可以在期末拿到高分，但不能满足他们的求知欲，standard 模式可以让他们有 8 分的收益。B 类同学仅仅希望期末拿高分，如果采用 compete 模式，他们竞争不过 A 类同学，期末成绩不理想，因此 compete 模式能给他们 6 分的收益；如果采用 standard 模式，他们可以完成规定任务并拿到高分，因此 standard 模式可以让他们有 10 分的收益。

编程输入 A 类和 B 类同学分别占班级总人数的百分比，分别计算并输出采用 compete 和 standard 两种刷题模式下的全班总收益，并输出这个班级在这场博弈中的 Best Response 是哪种模式。

注：程序中使用的数据类型为 float。

【程序代码】

```
#include<stdio.h>
int main()
{
```

```
        float aMode=0, bMode=0, competeResponse = 0, standardResponse = 0, bestResponse=0;
        printf("Input percent of A and B:");
        scanf("%f%f", &aMode, &bMode);
        competeResponse = 10*aMode+6*bMode;
        standardResponse = 8*aMode+10*bMode;
        printf("compete = %.4f\nstandard = %.4f\n", competeResponse,standardResponse);
        if(competeResponse>standardResponse)
            printf("The Best Response is compete!");
        else if(competeResponse<standardResponse)
            printf("The Best Response is standard!");
        else
            printf("Both are the best response!");
        return 0;
    }
```

【运行结果】

程序运行结果示例 1：

　　Input percent of A and B:0.2 0.8✓

　　compete = 6.8000

　　standard = 9.6000

　　The Best Response is standard!

程序运行结果示例 2：

　　Input percent of A and B:0.8 0.2✓

　　compete = 9.2000

　　standard = 8.4000

　　The Best Response is compete!

程序运行结果示例 3：

　　Input percent of A and B:0.5 0.5✓

　　compete = 8.0000

　　standard = 9.0000

　　The Best Response is standard!

22. 检测用户错误输入。

题目内容：根据 scanf()的返回值判断 scanf()是否成功读入了指定的数据项数，使程序在用户输入 123a 时，能输出如下运行结果：

　　123a✓

　　Input error！

【程序代码】

```
    #include <stdio.h>
    int main()
```

```
{
    int a=0,b=0,reback=0;
    reback =scanf("%d %d", &a, &b);
    if(reback == 2)
        printf("a = %d, b = %d\n", a, b);
    else
        printf("Input error!");

    return 0;
}
```

【运行结果】

123a↙

Input error!

23. 闰年判断。

题目内容：从键盘任意输入一个公元年份(大于等于 1)，判断它是否是闰年。若是闰年输出"Yes"，否则输出"No"。要求对输入数据进行合法性判断。

(1) 能被 4 整除，但不能被 100 整除；

(2) 能被 400 整除。

【程序代码】

```
#include<stdio.h>
int main()
{
    int year = 0;
    scanf("%d",&year);
    if(year>=1 )
        if((year%4==0&&year%100!=0)||year%400==0)
            printf("Yes\n");
        else
            printf("No\n");
    else
        printf("Input error!\n");
    return 0;
}
```

【运行结果】

运行结果示例 1：

2015↙

No

运行结果示例 2：

2016✓

Yes

运行结果示例 3：

-123✓

Input error!

运行结果示例 4：

a✓

Input error!

24. 程序改错 v1.0。

题目内容：下面代码的功能是将百分制成绩转换为 5 分制成绩，具体功能是：如果用户输入的是非法字符或者不在合理区间内的数据(例如输入的是 a，或者 102 或 −45 等)，则程序输出 Input error!，否则将其转换为 5 分制输出。目前程序存在错误，请将其修改正确。并按照下面给出的运行示例检查程序。

```c
#include<stdio.h>
int main()
{
    int score;
    char grade;
    printf("Please input   score:");
    scanf("%d", &score);
    if (score < 0 || score > 100)
        printf("Input error!\n");
    else if (score >= 90)
        grade = 'A';
    else if (score >= 80)
        grade = 'B';
    else if (score >= 70)
        grade = 'C';
    else if (score >= 60)
        grade = 'D';
    else
        grade = 'E';
    printf("grade:%c\n", grade);
    return 0;
}
```

程序运行结果示例 1：

Please input score:

-1✓

Input error!
程序运行结果示例 2：
　　　Please input score:
　　　95✓
　　　grade: A
程序运行结果示例 3：
　　　Please input score:
　　　82✓
　　　grade: B
程序运行结果示例 4：
　　　Please input score:
　　　72✓
　　　grade: C
程序运行结果示例 5：
　　　Please input score:
　　　66✓
　　　grade: D
程序运行结果示例 6：
　　　Please input score:
　　　32✓
　　　grade: E
程序运行结果示例 7：
　　　Please input score:
　　　127✓
　　　Input error!
【程序代码】

```c
#include<stdio.h>
int main()
{    int score =0;
    char grade ;
    printf("Please input score:\n");
    scanf("%d", &score);
    if (score < 0 || score > 100)
            printf("Input error!\n");
    else{
        if (score >= 90)
            grade = 'A';
        else if (score >= 80)
            grade = 'B';
```

```
            else if (score >= 70)
                grade = 'C';
            else if (score >= 60)
                grade = 'D';
            else
                grade = 'E';
            printf("grade: %c\n", grade);
        }
        return 0;
    }
```

【运行结果】

程序运行结果示例 1：

Please input score:

-1✓

Input error!

程序运行结果示例 2：

Please input score:

95✓

grade: A

程序运行结果示例 3：

Please input score:

82✓

grade: B

程序运行结果示例 4：

Please input score:

72✓

grade: C

程序运行结果示例 5：

Please input score:

66✓

grade: D

程序运行结果示例 6：

Please input score:

32✓

grade: E

程序运行结果示例 7：

Please input score:

127✓

Input error!

25. 字符类型判断。

题目内容：从键盘键入任意一个字符，判断该字符是英文字母(不区分大、小写)、数字字符还是其他字符。若键入字母，则屏幕显示 It is an English character.；若键入数字则屏幕显示 It is a digit character.；若输入其他字符，则屏幕显示：It is other character.。

【程序代码】

```c
#include<stdio.h>
int main()
{
    char ch;
    printf("Input simple:\n");
    scanf("%c",&ch);
    if(ch>='A' && ch<='z')
        printf("It is an English character.\n");
    else if(ch>='0' && ch <='9')
        printf("It is a digit character.\n");
    else
        printf("It is other character.\n");
    return 0;
}
```

【运行结果】

程序的运行示例 1：

Input simple:

b↙

It is an English character.

程序的运行示例 2：

Input simple:

6↙

It is a digit character.

程序的运行示例 3：

Input simple:

*↙

It is other character.

程序的运行示例 4：

Input simple:

A↙

It is an English character.

26. 快递费用计算。

题目内容：上海市的某快递公司根据投送目的地距离公司的远近，将全国划分成 5 个

区域(见下表):

0 区	1 区	2 区	3 区	4 区
同城	临近两省	1500 km(含)以内	1500～2500 km	2500 km 以上
上海	江苏，浙江	北京，天津，河北，辽宁，河南，安徽，陕西，湖北，江西，湖南，福建，广东，山西	吉林，辽宁，甘肃，四川，重庆，青海，广西，云南，海南，内蒙古，黑龙江，贵州	新疆，西藏

快递费按邮件重量计算，由起重费用、续重费用两部分构成：

(1) 起重(首重)1 kg 按起重资费计算(不足 1 kg，按 1 kg 计算)，超过首重的重量，按公斤(不足 1 kg，按 1 kg 计算)收取续重费；

(2) 同城起重资费 10 元，续重 3 元/kg；

(3) 寄往 1 区(江浙两省)的邮件，起重资费 10 元，续重 4 元；

(4) 寄往其他地区的邮件，起重资费统一为 15 元。而续重部分，不同区域价格不同：2 区的续重为 5 元/kg，3 区的续重为 6.5 元/kg，4 区的续重为 10 元/kg。

编写程序，从键盘输入邮件的目的区域编码和重量，计算并输出运费，计算结果保留 2 位小数。程序中所有浮点数的数据类型均为 float。

提示：续重部分不足 1 kg，按 1 kg 计算。因此，如包裹重量 2.3 kg：1 公斤算起重，剩余的 1.3 kg 算续重，不足 1 kg 按 1 kg 计算，1.3 kg 折合续重为 2 kg。重量应大于 0、区域编号不能超出 0～4 的范围。

【程序代码】

```c
#include<stdio.h>
int main()
{
    int area=0;
    float weight=0, price=0;
    scanf("%d, %f", &area, &weight);
    switch(area)
    {
        case 0:
            price = 10 + (int)weight*3;
            break;
        case 1:
            price = 10 + (int)weight*4;
            break;
        case 2:
            price = 15 + (int)weight*5;
            break;
```

```
        case 3:
            price = 15 + (int)weight*6.5;
            break;
        case 4:
            price = 15 + (int)weight*10;
            break;
    default:
            printf("Error in Area\n");
            price = 0;
    }
    printf("Price: %5.2f\n",price);

    return 0;
}
```

【运行结果】

程序运行结果示例 1：

 4, 4.5✓

 Price: 55.00

程序运行结果示例 2：

 5, 3.2✓

 Error in Area

 Price: 0.00

27. 数位拆分 v2.0。

题目内容：从键盘上输入一个 4 位数的整数 n，编写程序将其拆分为两个两位数的整数 a 和 b，计算并输出拆分后的两个数的加、减、乘、除和求余运算的结果。例如 n=−4321，设拆分后的两个整数为 a，b，则 a=−43，b=−21。除法运算结果要求精确到小数点后 2 位，数据类型为 float。求余和除法运算需要考虑除数为 0 的情况，即如果拆分后 b=0，则输出提示信息 "The second operater is zero!"。

【程序代码】

```
#include<stdio.h>
int main()
{
    int integer=0 , subInteger1 = 0, subInteger2= 0 ;
    int sum = 0, sub = 0,multi = 0, mod = 0;
    float dev=0;
    printf("Please input n:\n");
    scanf("%d", &integer);
    subInteger1 = integer/100;
```

```
        subInteger2 = integer%100 ;
        sum = subInteger1+subInteger2;
        sub = subInteger1-subInteger2;
        multi = subInteger1*subInteger2;
        if(subInteger2 == 0)
        {
            printf("%d,%d\n",subInteger1,subInteger2);
            printf("sum=%d,sub=%d,multi=%d\n",sum,sub,multi);
            printf("The second operator is zero!\n");
        }
        else
        {
            dev =(float)subInteger1/subInteger2;
            mod = subInteger1%subInteger2;
            printf("%d,%d\n", subInteger1, subInteger2);
            printf("sum=%d, sub=%d, multi=%d\n", sum, sub, multi);
            printf("dev=%.2f, mod=%d\n", dev, mod);
        }
        return 0;
    }
```

【运行结果】

程序的运行结果示例 1：

Please input n:

1200↙

12,0

sum=12, sub=12, multi=0

The second operator is zero!

程序的运行结果示例 2：

Please input n:

-2304↙

-23,-4

sum=-27, sub=-19, multi=92

dev=5.75, mod=-3

28. 出租车计价。

题目内容：已知某城市普通出租车收费标准为：起步里程为 3 km，起步费为 8 元，10 km 以内超过起步里程的部分，每千米加收 2 元，超过 10 km 以上的部分加收 50% 的回空补贴费，即每千米 3 元。出租车营运过程中，因堵车和乘客要求临时停车等客的，按每 5 分钟加收 2 元计算，不足 5 分钟的不计费。从键盘任意输入行驶里程(精确到 0.1 km)和等待时间(精确到分钟)，请编程计算并输出乘客应支付的车费，对结果进行四舍五入，精确到元。

【程序代码】

```
#include<stdio.h>
int main()
{
    float mileage = 0, fee = 0;
    int elapsedTime=0;
    printf("Input distance and time:");
    scanf("%f, %d", &mileage, &elapsedTime);
    if(mileage>10)
            fee = 8+7*2+(mileage-10)*3+(elapsedTime/5)*2;
    else if(mileage>3)
            fee = 8+(mileage-3)*2+(elapsedTime/5)*2;
    else
            fee =8+(elapsedTime/5)*2;
    printf("fee = %.0f\n", fee);

    return 0;
}
```

【运行结果】

程序运行结果示例 1：

Input distance and time: 2, 2✓

fee = 8

程序运行结果示例 2：

Input distance and time: 5, 5✓

fee = 14

程序运行结果示例 3：

Input distance and time: 12, 15✓

fee = 34

程序运行结果示例 4：

Input distance and time: 20, 0✓

fee = 52

29. 数据区间判断。

题目内容：从键盘输入一个 int 型的正整数 n(已知：0<n<10 000)，编写程序判断 n 落在哪个区间。如果用户输入的数据不在指定的范围里，程序输出"error!"。例如，输入 265，则该数属于区间 100～999。

【程序代码】

```
#include<stdio.h>
```

```c
int main()
{
    int integer=0;
    printf("Please enter the number:\n");
    scanf("%d", &integer);
    if(integer<=0||integer>10000)
        printf("error!");
    else if(integer>0&&integer<10)
        printf("%d: 0-9\n", integer);
    else if(integer>=10&&integer<100)
        printf("%d: 10-99\n", integer);
    else if(integer>=100&&integer<999)
        printf("%d: 100-999\n", integer);
    else if(integer>=1000&&integer<10000)
        printf("%d: 1000-9999\n", integer);

    return 0;
}
```

【运行结果】

程序运行结果示例 1：

Please enter the number:

2563✓

2563: 1000-9999

程序运行结果示例 2：

Please enter the number:

156✓

156: 100-999

程序运行结果示例 3：

Please enter the number:

36✓

36: 10-99

程序运行结果示例 4：

Please enter the number:

3✓

3: 0-9

程序运行结果示例 5：

Please enter the number:

10923✓

error!

30. 计算一元二次方程的根 v2.0。

题目内容：根据下面给出的求根公式，计算并输出一元二次方程的两个实根，要求精确到小数点后 4 位。其中 a、b、c 的值由用户从键盘输入。如果用户输入的系数不满足求实根的要求，输出错误提示 "error!"。程序中所有的数据类型均为 float。

$$x_{1,2} = \frac{-b \pm \sqrt{b^2 - 4ac}}{2a} = -\frac{b}{2a} \pm \frac{\sqrt{b^2 - 4ac}}{2a}$$

【程序代码】

```
#include<stdio.h>
#include<math.h>
int main()
{
    float a=0, b=0, c=0;
    float x1 =0, x2=0;
    float criterion = 0;
    printf("Please enter the coefficients a, b, c:\n");
    scanf("%f,%f,%f", &a, &b, &c);
    criterion = b*b-4*a*c;
    if(criterion<0)
            printf("error!\n");
    else
    {
        x1 = -b/(2*a)+sqrt(criterion)/(2*a);
        x2 = -b/(2*a)-sqrt(criterion)/(2*a);
    }
    printf("x1=%7.4f, x2=%7.4f\n", x1, x2);
    return 0;
}
```

【运行结果】

Please enter the coefficients a, b, c:

1, 2, 1✓

x1=-1.0000, x2=-1.0000

程序运行结果示例 2：

Please enter the coefficients a,b,c:

2,6,1✓

x1=-0.1771, x2=-2.8229

程序运行结果示例 3：

Please enter the coefficients a, b, c:

2, 1, 6✓

error!

31. 任给一个 3 位数，在屏幕上输出其个位、十位、百位。

【算法分析】　利用除法、取余来实现个、十、百位的获取。

【程序代码】

```cpp
#include <iostream>
using namespace std;
int main()
{
    int n;
    cout<<"请输入一个 3 位数: ";
    cin>>n;
    int ge, shi, bai;
    ge=n%10;           //获取个位
    bai=n/100;         //获取百位
    shi=n/10-bai*10;   //获取十位
    cout<<n<<"的"<<"百位是"<<bai<<", 十位是"<<shi<<", 个位是"<<ge<<endl;
    return 0;
}
```

【运行结果】

请输入一个 3 位数：567

567 的百位是 5，十位是 6，个位是 7

第3章　程序控制结构

3.1　教材习题

一、单项选择题

1. C 语言允许 if-else 语句可以嵌套使用，规定 else 总是与(　　)配对。
   A. 其之前最近的 if
   B. 第一个 if
   C. 缩近位置相同的 if
   D. 其之前最近的且尚未配对的 if

【分析】　if-else 的配对原则是：else 总是与同一层最近的尚未配对的 if 语句配对。

【解答】　D

2. 在循环结构中，先执行循环语句、后判断循环条件的结构是(　　)。
   A. 当型循环结构
   B. 直到型循环结构
   C. 一般型循环结构
   D. 次数循环结构

【分析】　do-while 语句执行原则是"先执行循环语句，后判断循环条件"。

【解答】　B

3. 设有说明语句：int a=1;，则执行以下语句后输出(　　)。

```
switch(a)
{
    case 1: cout<<"你好";
    case 2: cout<<"再见";
    default: cout<<"晚安";
}
```
   A. 你好
   B. 你好再见晚安
   C. 你好　晚安
   D. 你好再见

【分析】　若省略 break 语句，则执行完当前 case 分支后，继续执行其后边的语句组。

【解答】　B

4. 对 break 语句和 continue 语句，下面说法中不正确的是(　　)。
   A. break 语句强制中断当前循环，退出所在层循环
   B. break 语句不仅能用在循环语句中，还可用在 switch 语句中
   C. 在没有循环的情况下，continue 语句能用在 switch 语句中
   D. continue 语句不能退出循环体

【分析】　continue 不能用在 switch 语句中。

【解答】　C

5. 标有/*******/语句的执行次数为(　　)次。

```
int x=10;
while(x++<20)
    x+=2;                    /*******/
```

　　A．10　　　　　　　B．11　　　　　　　C．4　　　　　　　D．3

【分析】 表达式(x++<20)可分解为(x<20; x++)，若 x<20 成立，执行循环体。循环一共执行了 4 次。

【解答】 C

6. 标有/*******的/语句的执行次数为(　　)次。

```
int y=0, x=2;
do{
    y=x*x;                   /*******/
}while(++y<5);
```

　　A．5　　　　　　　　B．4　　　　　　　　C．2　　　　　　　　D．1

【分析】 循环条件(++y<5)可分解为(y=y+1, y<5)，所以 y=x*x 语句只执行了 1 次。

【解答】 D

7. 若执行下面的程序时从键盘输入 5，则输出是(　　)。

```
scanf("%d", &x);
if(x++>5)
    printf("%d\n", x);
else
    printf("%d\n", -x);
```

　　A．-6　　　　　B．6　　　　　　C．5　　　　　　D．-5

【分析】 表达式(x++>5)先判断 x>5，再对 x 自增 1，所以执行 else 分支,向屏幕输出 -6。

【解答】 A

8. 下列程序的输出结果是(　　)。

```
int x=3;
do{
    cout<<x--;
}while(!x);
```

　　A．321　　　　　　　B．3　　　　　　　C．21　　　　　　D．210

【分析】 先执行循环体，向屏幕输出 x 的值 3 后 x 自减 1，然后判断循环条件，所以!x 等价于!2，循环结束。

【解答】 B

9. 以下描述不正确的是(　　)。

　　A．使用 while 和 do-while 循环时，循环变量初始化的操作应在循环语句之前完成

　　B．while 循环是先判断表达式，后执行循环体语句

　　C．do-while 和 for 循环均是先执行循环语句，后判断表达式

　　D．for，while 和 do-while 循环中的循环体均可以由空语句构成

【分析】　for 循环是先判断表达式，后执行循环语句。

【解答】　C

10．下列关于 switch 语句和 break 语句的叙述中，(　　)是正确的。

　　A．break 语句用来结束 switch 语句的执行

　　B．break 语句用于不存在 case 的情况下退出 switch 语句中时使用

　　C．break 语句只能用于循环语句，而不能用于 switch 语句

　　D．break 语句是重复执行 case 语句的

【分析】　break 语句用于跳出 switch 语句。

【解答】　A

二、阅读程序题

分析程序功能、加上注释并写出运行结果。

1．以下程序执行后的输出结果是_____。

```cpp
#include <iostream>
using namespace std;
void main()
{
    int t=1, i=5;              //给变量 t、i 赋初值
    for(; i>0; i--) t*=i;      //循环实现累乘，每循环一次，t=t*i;
    cout<<t;                   //循环结束向屏幕输出 t 的值
}
```

【分析】　程序的功能是，通过循环实现 t=i!。

【解答】　120

2．以下程序执行后的输出结果是_____。

```cpp
#include <iostream>
using namespace std;
void main()
{
    int i, s=0;
    i=1;
    do{                        //循环开始
        if(i%3==0) s+=i;       //满足 i 能被 3 整除的条件时，s 在原来的值上加上加数 i
        i++;                   //i 自增变化
    }while(i<20);              //循环条件：i<20
    cout<<"s="<<s<<endl;       //按格式输出 s 的值
}
```

【分析】　程序的功能是实现：$s = 3 + 6 + 9 + 12 + 15 + 18$。

【解答】　s=63

3．以下程序执行后的输出结果是_____。

```
#include <iostream>
using namespace std;
void main()
{
    int i=0;
    while(i<1000)                  //循环开始，条件为 i<1000
    {
        if(i==5)
            break;                 //当 i 为 5 时跳出循环，否则输出 i 并换行
        else
            cout<<i<<endl;
        i++;                       //i 自增 1，准备下一次循环
    }
    cout<<"the loop break out. \n"<<endl; //输出"the loop break out"
}
```

【分析】程序的功能是通过循环输出变量 i 并换行，循环结束输出"the loop break out"。

【解答】　0
　　　　　1
　　　　　2
　　　　　3
　　　　　4
　　　　　the loop break out.

4. 以下程序运行时输入：100　20　300，执行后的输出结果是＿＿＿＿＿＿＿＿。

```
#include <iostream>
using namespace std;
void main()
{
    int c, s;
    float p, w, d, f;
    cin>>p>>w>>s;              //运行时输入 p、w、s 的值
    if(s>3000)                 //根据 s 的值确定 c 的值
        c=12;
    else
        c=s/250;
    switch(c)                  //根据 c 的值执行相应分支获得变量 d 的值
    {
        case 0: d=0;   break;
        case 1: d=2;   break;
        case 2:
```

```
case 3: d=5;break;
case 4:
case 5:
case 6:
case 7: d=8;break;
case 8:
case 9:
case 10:
case 11: d=10;break;
case 12: d=15;break;
}
f=p*w*s*(1-d/100.0);                      //计算 f 的值
cout<<"freight= "<<f<<endl;               //按格式输出 f
}
```

【分析】 程序的功能是计算运费。货物重量用 w 表示，运费/km 用 p 表示，里程用变量 s 表示。其中根据里程 s 确定折扣率，条件是：若超出 3000 km，折扣率为 12%，折扣封顶；否则按 250 km 一个分段进行折扣。设 d 为折扣率。在 switch(c)中的 c 是分段函数的入口条件，例如，c 为 1 或 2 时，执行 d=5(即折扣率为 5%)。

【解答】 freight= 5880000

5. 以下程序执行后的输出结果是_____。

```
#include <iostream>
using namespace std;
void main()
{
    int i, j, sum, m, n=4;
    sum=0;
    for(i=1; i<=n; i++)                   //循环开始
    {
        m=1;                             //加数 m 赋初值
        for(j=1; j<=i; j++)   m=m*j;     //循环求 m (m = i!)
        sum=sum+m;                       //求累加和 sum
        cout<<"sum= "<<sum<<endl;        //输出 sum
    }
}
```

【分析】 程序的功能是通过双重循环实现 sum = 1! + 2! + … + 4!。外循环执行 4 次，控制变量为 i，做 3 件事：① 通过内循环求 i!。② 再加到 sum 中。③ 输出 sum。内循环计算 i!，控制变量为 j，共执行 i 次，得出 m=1*2*…*i。

【解答】 sum=1
          sum=3

```
        sum=9
        sum=33
```

三、程序填空题

1. 要求在运行程序时输入数据 1，输出结果为 55(即 1～10 的和)。

```cpp
#include <iostream>
using namespace std;
void main()
{
    int sum=1, i;
    cin>>i;
    do
    {
        _____;
        sum+=i;
    }while(_____);
    cout<<sum<<endl;
}
```

【分析】　通过循环实现累加，公式 sum=sum+i 已给，缺少循环条件和加数 i 变化的语句。

【解答】　i++ (或++、i=i+1、i+=1 均可)

i<10 (或 i<=9)

2. 程序的功能是输出 100 以内能被 3 整除的所有整数，请填空。

```cpp
#include <iostream>
using namespace std;
void main()
{
    int i;
    for(i=0; _____;  i++)
    {
        if(_____)
            continue;
        cout<<i<<endl;
    }
}
```

【分析】　for 循环的中止条件应该是 i<100，当 i 不能被 3 整除时执行 continue，进行下次循环操作。

【解答】　i<100(或 i<=100、i<=99 均可)

i%3!=0

3. 从键盘上输入若干学生的成绩，统计并输出最高成绩和最低成绩，当输入负数时结束输入，请填空。

```cpp
#include <iostream>
using namespace std;
void main()
{
    float x, max, min;
    cin>>x;                    //读入第一个学生成绩
    max=x;                     //假设第一个成绩是最高成绩
    min=x;                     //假设第一个成绩是最低成绩
    while(_____)              //对读入的成绩进行判断，看是否是结束标志，若不是则执行循环体
    {
        if(x>max) max=x;       //如果当前成绩比最高成绩高，改变最高成绩
        if(_____) min=x;      //如果当前成绩比最低成绩低，改变最低成绩
        cin>>x;                //读入下一个成绩，准备再次循环
    }
    cout<<"max="<<max<< ","<<"min="<< min<<endl;   //输出最高成绩和最低成绩
}
```

【分析】

当输入负数时结束循环，所以循环的条件应为 x>=0，循环体内比较，找最高成绩的条件为 x>max，找最低成绩的条件为 x<min。

【解答】　x>=0

　　　　　x<min

4．打印以下图形。

```
      *
     ***
    *****
   *******
```

```cpp
#include <iostream>
using namespace std;
void main()
{
    int i, j;
    for(i=1; i<=4; _____ )
    {
        for(j=1; j<= 4-i; j++)
            cout<<"  ";                    //用空格确定第 1 个 * 的位置
        for(j=1; j<= _____ ; j++)
            cout<<"*";                      //打印 * 个数
```

```
        cout<< _____;              //换行，为下一行打印*做准备
    }
}
```

【分析】 图案中一共有 4 行，构成 4 次循环(循环控制变量 i)，每一行应分 3 步：① 输出 4-i 个空格来给本行的第 1 个 "*" 定位，由第 1 个内循环实现。② 输出 2*i-1 个 "*"，由第 2 个内循环实现。③ 换行打印。

【解答】　　i++

2*i-1

endl

5. 输出九九乘法表。

```
#include <iostream>
using namespace std;
void main()
{
    int i, j;
    for(_____; i<=9; i++)
    {
        for(j=1; _____; j++)
            cout<<j<<"*"<<i<<"="<< _____ <<"    ";
        cout<<endl;
    }
}
```

【分析】 九九乘法表的形式为

1*1 = 1

1*2 = 2　2*2 = 4

1*3 = 3　2*3 = 6　3*3 = 9

…　　　…　　　…　　　…

1*9 = 9　2*9 = 18　3*9 = 27　…　9*9 = 81

外循环控制行(循环控制变量 i)，内循环输出每行中的 i 个乘法公式(循环控制变量 j)。

【解答】　i=1　　j<=i　　i*j

四、编程题

1. 输入一个字符，判断它是否是 0～9 之间的阿拉伯数字(ASCII 范围在 48～57)。

【算法分析】

if 语句条件为 ch1>='0'&&ch1<='9'，输出格式未做要求。

【程序代码】

```
#include<iostream>
using namespace std;
void main()
```

```
{
    char ch1;                          //声明字符型变量，变量名自定
    cout<<"请输入一个字符:"<<endl;       //提示
    cin>>ch1;                          //从键盘输入一个字符
    if(ch1>='0'&&ch1<='9')            //判断是否是 0~9 之间的阿拉伯数字
        cout<<"是 0-9 之间的数字"<<endl; //输出
    else
        cout<<"不是 0-9 之间的数字!"<<endl; //输出
}
```

【运行结果】

请输入一个字符：

　　x

不是 0-9 之间的数字！

2. 有一函数 $y = \begin{cases} x, & x < 0 \\ 2x-1, & 0 \le x < 10 \\ 3x-11, & x \ge 10 \end{cases}$ ，根据 x 值，计算出 y 值。

【算法分析】

这是典型的嵌套 if-else 语句，使用多分支结构处理分段函数的计算问题。

【程序代码】

```
#include<iostream>
using namespace std;
void main()
{
    int x,y;              //声明变量 x、y，类型未做要求，也可以是 float 等
    cout<<"请输入 x 的值:"<<endl;
    cin>>x;              //输入 x
    if(x<0)             //根据 x 值计算 y
        y=x;
    else if(x>=10)
        y=3*x-11;
    else
        y=2*x-1;
    cout<<"x="<<x<<", y="<<y<<endl;      //输出 y，格式未要求
}
```

【运行结果】

请输入 x 的值：

　　20

　　x=20, y=49

3. 输入一个英文字符，如果该字符是大写英文字符则输出："这是一个英文大写字符，朋友再见！"；如果是小写英文字符则输出："这是一个小写英文字符，朋友再见！"。要求使用 getchar()函数输入字符，并要求使用条件运算符编写输出语句。

【算法分析】　这是一个二选一条件语句，条件是(ch1>='a'&&ch1<='z') || (ch1 = 'A'&&ch1<= 'Z')，结果是两个字符串之一。如果没有要求使用条件运算符，也可以用 if-else 语句实现。

【程序代码】

```cpp
#include<iostream>
using namespace std;
                    //或用 #include <stdio. h> 替换上面两行
void main()
{
    char ch1;
    printf("请输入一个英文字母:\n");
    ch1=getchar();          //输入英文字母
    printf("%s", (ch1>='a'&&ch1<='z'))? " 这是一个英文小写字符，朋友再见! ":
                "这是一个英文大写字符，朋友再见! ");
}
```

【运行结果】

请输入一个英文字母：

　　a

这是一个英文小写字符，朋友再见！

4. 打印 100～999 之间所有的"水仙花数"。"水仙花数"是一个三位数，其各位数的立方和等于该数本身。

【算法分析】　设变量 n 保存 100～999 之间的数，百、十、个位为 a、b、c。循环检测 n 是否为水仙花数。判断条件 n==a*a*a+b*b*b+c*c*c。

【程序代码】

```cpp
#include<iostream>
using namespace std;
void main()
{
    int n,a,b,c;                    //声明变量 n、a、b、c
    cout<<"100-999 间水仙花数是: "<<endl;
    for(n=100;n<=999;n++)           //循环检测开始
    {
        c=n%10;                 //求个位
        b=n/10%10;              //求十位
        a=n/100;                //求百位
        if(n==a*a*a+b*b*b+c*c*c)     //如果是水仙花数
```

```
        cout<<n<<"    ";              //或 printf("%d    ",n);  输出当前数
    }
}
```

【运行结果】

100～999 间水仙花数是：

　　153　370　371　407

5．输入 4 个整数，要求按由小到大的顺序输出。

【算法分析】 设 4 个整型变量 a、b、c、d，通过 if 条件语句两两比较，最小数交换到前面。

【程序代码】

```
#include<iostream>
using namespace std;
void main()
{
    int a, b, c, d, t;              //设 a、b、c、d 接收 4 个整数，t 作为交换时使用的临时变量
    cout<<"请输入 4 个整数："<<endl;
    cin>>a>>b>>c>>d;     //输入 a、b、c、d，相当于 scanf("%d%d%d%d",&a,&b,&c,&d);
    //下面三条 if 语句将 a 分别与 b、c、d 比较，找出最小数放在 a 中
    if(a>b)
        {t=a; a=b; b=t;} //满足条件，交换数据
    if(a>c)
        {t=a; a=c; c=t;}
    if(a>d)
        {t=a; a=d; d=t;}
    /*下面两条 if 语句将 b 分别与 c、d 比较，找出第二小数放在 b 中*/
    if(b>c)
        {t=b;b=c;c=t;}
    if(b>d)
        {t=b; b=d; d=t;}
    /*下面 if 语句将 c,d 比较，找出小数放在 c 中*/
    if(c>d)
        {t=c; c=d; d=t;}
    cout<<"排序后输出:"<<endl;
    cout<<a<<", "<<b<<", "<<c<<", "<<d<<endl; //输出
    //相当于 printf("%d, %d, %d, %d", a, b, c, d);
}
```

【运行结果】

请输入 4 个整数：

　　30 5 4 3

排序后输出：

　　3, 4, 5, 30

6. 编一个程序，按下列公式计算 e 的值(精度为 10^{-6})，请参考求 π 值的算法。

$$e = 1 + \frac{1}{1!} + \frac{1}{2!} + \frac{1}{3!} + \frac{1}{4!} + \cdots + \frac{1}{n!}$$

【算法分析】

　　这是一个累加求和运算：e=e+k，只要将加数 k 分解达到要求精度为止。作为循环条件，最好使用 while 或 do-while 循环，而不用次数循环 for。

【程序代码】

```cpp
#include<iostream>
#include <cmath>                    // C++ 习惯不使用扩展名，只要在文件名前面加字母 c
using namespace std;
void main()
{
    double e=1.0,t=1,n=1;       //声明变量并赋初值
    while(fabs(1/t)>1e-6)       // fabs()是绝对值函数，包含在 cmath 中
    {
        e=e+1.0/t;             //各项因子进行累加，加数是 1/t
        t=t*n;                 //加数的分母 t 是一个阶乘公式
        n=n+1;                 // n 步长为 1
    }
    cout<<"e="<<e<<endl;
}
```

【运行结果】

　　e=3.71828

7. 输出能被 11 整除且不含有重复数字的所有三位数，并统计其个数。

【算法分析】　设 i 为 100～999 之间的数，a、b、c 分别为分解出来的百、十、个位，n 为计数变量，通过循环查找满足条件的数，条件为 i%11==0&&(a!=b&&b!=c&&c!=a)。

【程序代码】

```cpp
#include<iostream>
using namespace std;
void main()
{
    int   i, a, b, c, n=0;               //声明变量并赋初值
    for(i=100; i<=999; i++)
    {
        c=i%10;                          //先分解出个位、十位和百位
        b=i/10%10;
        a= i/100;
```

```
        if(i%11==0&&(a!=b&&b!=c&&c!=a))        //如果满足条件,输出 i 并计数
        {
            cout<<i<<"   ";
            n+=1;
            if(n%5==0)                           //每输出 5 个数换行
            cout<<endl;
        }
    }
    cout<<endl<<"满足条件的数有"<<n<<"个"<<endl;   //循环结束后输出 n
}
```

【运行结果】

```
132   143   154   165   176
187   198   209   231   253
264   275   286   297   308
319   341   352   374   385
396   407   418   429   451
462   473   495   506   517
528   539   561   572   583
594   605   627   638   649
671   682   693   704   715
726   748   759   781   792
803   814   825   836   847
869   891   902   913   924
935   946   957   968
```

满足条件的数有 64 个。

8. 每个苹果 0.8 元,第一天买 2 个苹果,从第二天开始,每天买前一天的 2 倍,直到当天购买的苹果个数超过到 100 个,问每天平均花多少钱?

【算法分析】 设 d 为购买苹果的天数,a 为当天购买的苹果个数,m 为每天的花费,循环计算总花费 s(s=s+m),当天购买的苹果个数作为循环控制条件：a<=100。循环结束算出每天花费：s/d。

【程序代码】

```
#include<iostream>
using namespace std;
void main()
{
    int d=0, a=2;
    float m, s=0;
    do{                     //循环开始
        a=2*a;              //计算每天买的苹果数
```

```
        m=0.8*a;              //计算每天的花费
        s=s+m;               //计算总花费
        d++;                 //每消费一天，天数加 1
    }while(a<=100);          //循环条件是当天购买苹果个数不超过 100 个
    cout<<"平均每天花费"<<s/d<<"元"<<endl;      //输出平均每天花费
}
```

【运行结果】

    平均每天花费 33.6 元

3.2　补充提高习题

一、单项选择题

1．以下选项中，(　　)是有语法错误的 if 语句。

A．if(3.0);　　　　　　　　B．if(x=y) cout<<x　　else cout<<y;

C．if('a'&&a) x++;　　　　D．if(b) cout<<a;

【解答】　B

2．对于下述程序，属于正确判断的是(　　)。

```
#include<iostream>
using namespace std;
void main()
{
    int x, y;
    cin>>x;
    if(x>=0)
        y=10;   cout<<y;
    else
        y=-10;   cout<<y;
}
```

A．输入数据 1，输出 10　　　　　B．输入数据 −1，输出 −10

C．输入数据 0，输出 10　　　　　D．程序有语法错误，通不过编译

【解答】　D

3．以下程序的输出结果为(　　)。

```
#include<iostream>
using namespace std;
void main()
{
    int a=1, b=2, c=4;
```

```
    if(c=3)
    if(c==b)  a=b=c=10;
    else if(c==3) a=b=c=20;
        else a=b=c=30;
    cout<<a<<b<<c<<endl;
  }
```
　　A．1 2 3　　　B．10 10 10　　　C．20 20 20　　　D．30 30 30

【解答】 C

4．对循环 for(表达式 1；表达式 2；表达式 3)，以下叙述正确的是(　　)。

　　A．for 语句中，三个表达式一个都不能少

　　B．for 语句中的循环体至少要执行一次

　　C．for 语句中的循环体可以是一个复合语句

　　D．for 语句只能用在循环次数确定的情况

【解答】 C

5．以下程序执行后，正确的说法是(　　)。

```
#include<iostream>
using namespace std;
void main()
{
    int x=5;
    while(x>0)
        cout<<x<<endl;
    x--;
}
```
　　A．循环体被执行了 5 次　　　　　　B．循环会无限执行下去

　　C．循环体一次也不执行　　　　　　D．循环体执行了一次

【解答】 B

6．执行完循环语句 for(i=1;i++<10;);后，关于变量 i 的值和循环执行次数叙述正确的是
(　　)。

　　A．i 的值是 8，循环执行了 9 次　　　B．i 的值是 9，循环执行了 10 次

　　C．i 的值是 10，循环执行了 10 次　　D．i 的值是 11，循环执行了 9 次

【解答】 D

7．下列选项中，不是永真循环的是(　　)。

　　A．for(; ;)x++;　　　　　　　　　　B．while(1){ x++; }

　　C．do{x++;}while(x<20);　　　　　　D．while(x=-1) x++;

【解答】 C

8．以下程序执行后，输出的结果是(　　)。

```
#include<iostream>
using namespace std;
```

```
void main()
{
    int i, j, k, x=0;
    for(i=0; i<2; i++)
    {
        x++;
        for(j=0; j<3; i++)
        {
            if(j%2) continue;
            x++;
        }
        x++;
    }
    k=i+j;
    cout<<"x="<<x<<"," ;
    cout<<"k="<<k ;
}
```

　　A．x=4, k=4　　　　B．x=5, k=4　　　　C．x=6, k=5　　　　D．x=8, k=5

【解答】　D

9．以下程序执行后，输出的结果是(　　)。

```
#include<iostream>
using namespace std;
void main()
{
    int i=11,n=0;
    do
    {
        n++;
        switch(i%4)
        {
            case 0: i=i-1;  break;
            case 1: i=i-2;  break;
            case 2: i=i-3;  break;
            case 3: i=i-4;
        }
    } while(i>=0);
    cout<<n<<endl;
}
```

　　A．1　　　　　　　B．2　　　　　　　C．3　　　　　　　D．4

【解答】 C

10. 以下程序执行后，输出的结果是(　　)。

```cpp
#include<iostream>
using namespace std;
void main()
{
    int a=1,b=1,c=1;
    switch (a<1)
    {
        case 0: switch (b==1)
        {
            case 1: c=c+1;   break;
            case 0: c=c+2;   break;
        }
        case 1: switch (c==1)
        {
            case 0: c=c+3;   break;
            case 1: c=c+4;   break;
            default: c=c+5;   break;
        }
            break;
        default: c=c+6;
    }
    cout<<c<<endl;
}
```

A. 5　　　　　　　B. 6　　　　　　　C. 2　　　　　　　D. 1

【解答】 A

11. 以下程序执行后的输出结果是(　　)。

```c
#include <stdio.h>
int main( )
{
    int x=0, y=5, z=3;
    while(z-->0 && ++x<5)
    {
        y=y-1;
    }
    printf("%d, %d, %d\n", x, y, z);
    return 0;
}
```

A. 3, 2, 0 　　　　 B. 4, 3, -1 　　　　 C. 5, -2, -5 　　　　 D. 3, 2, -1

【解答】 D

12. 以下能正确计算 $1 \times 2 \times 3 \times 4 \cdots \times 10$ 的程序段是(　　)。

　　A. i=1;
　　　 s=1;
　　　 do {
　　　　 s=s*i;
　　　　 i++;
　　　 } while(i<=10);

　　B. i=1;
　　　 s=0;
　　　 do {
　　　　 s=s*i;
　　　　 i++;
　　　 } while(i<=10);

　　C. do
　　　 {
　　　　 i=1;
　　　　 s=1;
　　　　 s=s*i;
　　　　 i++;
　　　 } while(i<=10);

　　D. do
　　　 {
　　　　 i=1;
　　　　 s=0;
　　　　 s=s*i;
　　　　 i++;
　　　 } while(i<=10);

【解答】 A

13. 设已定义 i 和 k 为 int 类型变量，则以下 for 循环语句(　　)。

　　for(i=0, k=-1; k=1; i++, k++)
　　　　　　 printf("* * * *\n");

　　A. 循环只执行一次　　　　　　　 B. 判断循环结束的条件不合法
　　C. 是无限循环　　　　　　　　　 D. 循环一次也不执行

【解答】 C

14. 程序执行后的输出结果是(　　)。

```c
#include <stdio.h>
int main( )
{
    int i, s=0;
    for(i=1; i<10; i+=2)
    {
        s+=i+1;
    }
    printf("%d\n", s);
    return 0;
}
```

　　A. 自然数 1~10 中的偶数之和　　　 B. 自然数 1~10 的累加和
　　C. 自然数 1~9 的累加和　　　　　 D. 自然数 1~9 中的奇数之和

【解答】 A

15. 我国古代的《张丘建算经》中有这样一道著名的百鸡问题："鸡翁一，值钱五；鸡母一，值钱三；鸡雏三，值钱一。百钱买百鸡，问鸡翁、母、雏各几何？"其意为：公鸡每只 5 元，母鸡每只 3 元，小鸡 3 只 1 元。用 100 元买 100 只鸡，问公鸡、母鸡和小鸡各能买多少只？

代码如下，按要求在空白处填写适当的表达式或语句，使程序完整并符合题目要求（　　）。

```
#include <stdio.h>
int main()
{
    int x, y, z;
    for (x=0; x<=20; x++)
    {
        for (y=0; _____; y++)
        {
            _____;
            if (_____)
            {
                printf("x=%d, y=%d, z=%d\n", x, y, z);
            }
        }
    }
    return 0;
}
```

A. y<=33
z + y + x = 100
5*x + 3*y + z/3.0 = 100

B. y<=33
z = 100 - x - y
5*x + 3*y + z/3.0 == 100

C. y<33
z = 100 - x - y
5*x + 3*y + z/3.0 <= 100

D. y<=33
z = 100 - x - y
5x + 3y + z/3.0 == 100

【解答】 B

16. 若变量已正确定义，要求程序段完成求 5!的计算，不能完成此操作的程序段是（　　）。

A. for(i=1, p=1; i<=5; i++) p*=i;

B. i=1;
p=1;
do {
　　p*=i;
　　i++;
} while (i<=5);

```
   C. for( i=1; i<=5; i++ )
      {
          p=1;
          p*=i;
      }
   D. i=1;
      p=1;
      while ( i<=5 )
      {
          p*=i;
          i++;
      }
```

【解答】 C

17. 下面程序的输出是(   )。

```
#include <stdio.h>
int main()
{
    int y=9;
    for( ; y>0; y--)
    {
        if(y%3==0)
        {
            printf("%d", --y);
            continue;
        }
    }
    return 0;
}
```

A. 852   B. 741   C. 963   D. 875421

【解答】 A

18. 爱因斯坦数学题。爱因斯坦曾出过这样一道数学题：有一条长阶梯，若每步跨 2 阶，最后剩下 1 阶；若每步跨 3 阶，最后剩下 2 阶；若每步跨 5 阶，最后剩下 4 阶；若每步跨 6 阶，最后剩下 5 阶；只有每步跨 7 阶，最后才正好 1 阶不剩。请问，这条阶梯共有多少阶？

代码如下，按要求在空白处填写适当的表达式或语句，使程序完整并符合题目要求(   )。

```
#include <stdio.h>
int main()
{
```

```
        int    x = 1, find = 0;
        while (_____)
        {
            if (_____)
            {
                printf("x = %d\n", x);
                find = 1;
            }
            x++;
        }
        return 0;
    }
```

　　A. find!=0
　　　　x%2==1 && x%3==2 && x%5==4 && x%6==5 && x%7==0

　　B. !find
　　　　x%2==1 && x%3==2 && x%5==4 && x%6==5 && x%7==0

　　C. find!=1
　　　　x/2==1 && x/3==2 && x/5==4 && x/6==5 && x/7==0

　　D. find==1
　　　　x%2==1 && x%3==2 && x%5==4 && x%6==5 && x%7==0

【解答】　B

19. 鸡兔同笼，共有 98 个头，386 只脚，编程求鸡、兔各多少只。

代码如下，按要求在空白处填写适当的表达式或语句，使程序完整并符合题目要求
(　　)。

```
        #include <stdio.h>
        int main()
        {
            int x, y;
            for (x=1; _____; x++)
            {
                _____;
                if (_____)
                {
                    printf("x = %d, y = %d", x, y);
                }
            }
            return 0;
        }
```

　　A. x<=97   B. x<=97

$$x = 98 - y \qquad\qquad y = 98 - x$$
$$2*x+4*y <= 386 \qquad\qquad 2*x+4*y == 386$$

　　C. x<97　　　　　　　　　　D. x<97
$$x = 98 - y \qquad\qquad y = 98 - x$$
$$2*x+4*y == 386 \qquad\qquad 2x+4y == 386$$

【解答】 B

20. 以下描述正确的是(　　)。

　　A. 在循环体内使用 break 语句或 continue 语句的作用相同

　　B. 只能在循环体内和 switch 语句体内使用 break 语句

　　C. continue 语句可以写在循环体之外

　　D. continue 语句的作用是结束整个循环的执行

【解答】 B

21. 华氏和摄氏温度的转换公式为 C = 5 / 9 × (F−32)。式中，C 表示摄氏温度，F 表示华氏温度。要求：华氏 0℉～300℉，每隔 20℉输出一个华氏温度对应的摄氏温度值。

　　代码如下，按要求在空白处填写适当的表达式或语句，使程序完整并符合题目要求(　　)。

```c
#include <stdio.h>
int main()
{
    int     upper = 300, step = 20;
    float   fahr = 0, celsius;
    while (fahr < upper)
    {
        _____;
        printf("%4.0f\t%6.1f\n", fahr, celsius);
        _____;
    }
    return 0;
}
```

　　A. celsius = 5.0 / 9 * (fahr - 32)　　　B. celsius = 5.0 / 9 * (fahr - 32)
　　　　fahr = fahr + step　　　　　　　　　　fahr = fahr - step
　　C. celsius = 5 / 9 * (fahr - 32)　　　　D. celsius = 5.0 / (9 * (fahr - 32))
　　　　fahr = fahr + step　　　　　　　　　　fahr = fahr + step

【解答】 A

22. 利用泰勒级数：计算 e 的近似值，当最后一项的绝对值小于 10^{-5} 时认为达到了精度要求，要求统计总共累加了多少项。

　　代码如下，按要求在空白处填写适当的表达式或语句，使程序完整并符合题目要求(　　)。

```c
#include   <math.h>
```

```c
#include <stdio.h>
int main()
{
    int n = 1, count = 1;
    _____;
    double term = 1.0;
    while (fabs(term) >= 1e-5)          //判末项大小
    {
        _____;              //求出累加项
        e = e + term;                   //累加
        n++;                            //计算下一项
        _____;              //统计累加项数
    }
    printf("e = %f, count = %d\n", e, count);
    return 0;
}
```

A. double e = 1.0　　　　　　　　　B. double e = 0
　　term = term *n　　　　　　　　　　term = term / n
　　count++　　　　　　　　　　　　　count++

C. double e = 0　　　　　　　　　　　D. double e = 1.0
　　term = term *n　　　　　　　　　　term = term / n
　　count++　　　　　　　　　　　　　count++

【解答】　B

23. 打印所有的"水仙花数"。所谓"水仙花数"，是指一个三位数，其各位数字的立方和等于该数本身。例如，153 是"水仙花数"，因为 $1^3 + 5^3 + 3^3 = 153$。

代码如下，按要求在空白处填写适当的表达式或语句，使程序完整并符合题目要求（　　　）。

```c
#include <stdio.h>
int main()
{
    int i, j, k, n;
    printf("result is:");
    for (n=100; _____; n++)
    {
        i = n / 100;                    //分离出百位
        j = _____;              //分离出十位
        k = _____;              //分离出个位
        if (_____)
        {
```

```
            printf("%d\t ",n);    //输出结果
        }
    }
    printf("\n");
    return 0;
}
```

A. n<1000
   (n - i * 100) / 10
   n % 10
   i*100+j*10+k == i*i*i+j*j*j+k*k*k

B. n<1000
   (n - i * 100) / 10
   n /10
   i*100+j*10+k == i*i*i+j*j*j+k*k*k

C. n<=1000
   n % 100
   n % 10
   i*100+j*10+k == i*i*i+j*j*j+k*k*k

D. n<1000
   (n - i * 100) / 10
   n % 10
   i*100+j*10+k = i*i*i+j*j*j+k*k*k

【解答】　A

24. 以下程序执行后的输出结果是(　　　)。

```
#include <stdio.h>
int main( )
{
    int i, n=0;
    for(i=2; i<5; i++)
    {
        do
        {
            if(i%3) continue;
             n++;
        }while(!i);
        n++;
    }
    printf("n=%d\n", n);
    return 0;
```

```
}
```
　　A. n=2　　　　　　B. n=5　　　　　C. n=4　　　　　D. n=3

【解答】　C

25. 以下程序运行后的输出结果是(　　)。
```
#include <stdio.h>
int main()
{
    int i=0, s=0;
    for (; ;)
    {
        if(i==3||i==5) continue;
        if (i==6) break;
            i++;
            s+=i;
    }
    printf("%d\n",s);
    return 0;
}
```
　　A. 13　　　　　　　B. 10　　　　　　C. 程序进入死循环　　　　D. 21

【解答】　C

26. 程序执行后的输出结果是(　　)。
```
#include <stdio.h>
int main( )
{
    int i, s=0;
    for(i=1; i<10; i+=2)
    {
        s+=i+1;
    }
    printf("%d\n", s);
    return 0;
}
```
　　A. 自然数 1～9 的累加和　　　　　B. 自然数 1～9 中的奇数之和
　　C. 自然数 1～10 中的偶数之和　　　D. 自然数 1～10 的累加和

【解答】　C

27. 以下程序运行时，从键盘输入：01<回车>，程序执行后的输出结果是(　　)。
```
#include <stdio.h>
int main( )
{
```

```c
        char k;
        int i;
        for(i=1; i<3; i++)
        {
            scanf("%c", &k);
            switch(k)
            {
                case '0': printf("another\n");
                case '1': printf("number\n");
            }
        }
        return 0;
    }
```

A.　another 　　　　B.　another 　　　　C.　another 　　　　D.　number
　　number 　　　　　　number 　　　　　　number 　　　　　　number
　　　　　　　　　　　another 　　　　　　number

28. 以下程序执行后的输出结果是(　　　)。

```c
#include <stdio.h>
int main( )
{
    int x=0, y=5, z=3;
    while(z-->0 && ++x<5)
    {
        y=y-1;
    }
    printf("%d, %d, %d\n", x, y, z);
    return 0;
}
```

A. 3, 2, -1 　　　　B. 4, 3, -1 　　　　C. 5, -2, -5 　　　　D. 3, 2, 0

【解答】　A

29. 以下能正确计算 $1 \times 2 \times 3 \times 4 \times \cdots \times 10$ 的程序段是(　　　)。

A. i=1;
　s=0;
　do {
　　s=s*i;
　　i++;
　} while(i<=10);

B. do
　{

```
            i=1;
            s=0;
            s=s*i;
            i++;
       } while(i<=10);
    C. do
       {
            i=1;
            s=1;
            s=s*i;
            i++;
       } while(i<=10);
    D. i=1;
       s=1;
       do {
            s=s*i;
            i++;
       } while(i<=10)
```

【解答】　D

30. 下面程序的功能是输出以下形式的图案，则在下划线处应填入的是(　　)。

```
    *
    ***
    *****
    *******
```

```
#include <stdio.h>
int main( )
{   int i, j;
    for(i=1; i<=4; i++)
    {
        for(j=1;j<=_____;j++)
        {
            printf("*");
        }
        printf("\n");
    }
    return 0;
}
```

　　A. 2*i-1　　　　　　　B. i　　　　C. 2*i+1　　　　D. i+2

【解答】　A

31. 以下程序的输出结果是(   )。

```c
#include <stdio.h>
int main()
{
    int a, b;
    for(a=1, b=1; a<=100; a++)
    {
        if(b>=10) break;
        if (b%3==1)
        {
            b+=3;
            continue;
        }
    }
    printf("%d\n", a);
    return 0;
}
```

A. 101   B. 6   C. 5   D. 4

【解答】 D

32. 以下不是死循环的程序段是(   )。

A. ```c
    int s=36;
    while (s)
    {
        --s;
    }
    ```

B.  ```c
    int i=100;
    while(1)
    {
        i=i%100+1;
        if (i>100) break;
    }
    ```

C. ```c
    for(; ;);
    ```

D.  ```c
    unsigned int k=0;
    do{
        ++k;
    } while (k>=0);
    ```

【解答】 A

33. 设已定义 i 和 k 为 int 类型变量，则以下 for 循环语句(   )。

```c
for(i=0, k=-1; k=1; i++, k++)
```

```
printf( "* * * *\n");
```

　　A. 是无限循环　　　　　　　　　　B. 循环只执行一次

　　C. 判断循环结束的条件不合法　　　D. 循环一次也不执行

【解答】 A

34. 有以下程序，若从键盘给 n 输入的值是 –3，则程序的输出结果是(　　)。

```c
#include <stdio.h>
int main()
{
    int s=0, a=1, n;
    scanf("%d", &n);
    do
    {
        s+=1;
        a=a-2;
    } while(a!=n);
    printf("%d\n", s);
    return 0;
}
```

　　A. 3　　　　　　　　B. 0　　　　　　　　C. 2　　　　　　　　D. -1

【解答】 C

35. 三色球问题。若一个口袋中放有 12 个球，其中有 3 个红色的，3 个白色的，6 个黑色的，从中任取 8 个球，问共有多少种不同的颜色搭配？

代码如下，按要求在空白处填写适当的表达式或语句，使程序完整并符合题目要求(　　)。

```c
#include <stdio.h>
int main()
{
    int i, j, k;
    for (i=0; i<=3; i++)
    {
        for (j=0; j<=3; j++)
        {
            for (_____)
            {
                if (_____)
                {
                    printf("i=%d, j=%d, k=%d\n", i, j, k);
                }
            }
```

```
        }
      }
      return 0;
    }
```

　　A. k=0; k<=6; k++　　　　　　　B. k=0; k<=6; k++
　　　 i + j + k = 8　　　　　　　　　　 i + j + k <= 8
　　C. k=0; k<6; k++　　　　　　　　D. k=0; k<=6; k++
　　　 i + j + k == 8　　　　　　　　　　 i + j + k == 8

【解答】　D

36. 以下程序的功能是计算：s = 1 + 1/2 + 1/3 + ⋯ + 1/10，程序运行后输出结果错误，导致错误结果的程序行是(　　)。

```c
#include <stdio.h>
int main()
{
    int n;
    float s;
    s=1.0;
    for(n=10; n>1; n--)
    {
        s=s+1/n;
    }
    printf("%6.4f\n", s);
    return 0;
}
```

　　A. s=1.0;　　　　B. for(n=10; n>1; n--)　　C. s=s+1/n;　　　　D. printf("%6.4f\n", s);

【解答】　C

二、编程题

1. 通过键盘输入任意 N 个学生的某一科成绩，求 N 个学生的平均成绩要求程序能够反复执行。

【算法分析】　程序包含在一个 while 永真循环中，只有用户选择退出，程序才会停止运行。程序开始提供一个菜单，供用户选择操作，随后用 switch 语句实现不同选择下程序的功能，如果输入 1 则表示选择计算平均成绩，还应能够实现再次输入要统计的学生人数 n，学生成绩保存在变量 x 中，通过一个循环实现输入成绩和计算总成绩 sum。程序的缺点是不能同时保存所有学生的成绩。如果欲将所有成绩保存下来，请参考第 4 章数组。

【程序代码】

```cpp
#include<iostream>
using namespace std;
```

```cpp
void main()
{
    int menuFlag; //菜单项标志, menuFlag=0: 结束程序, menuFlag=1: 程序正常运行
    int n;         //声明变量 n, 保存学生个数
    float x;       //声明变量 x, 接收输入的一个学生成绩
    float sum;     //声明变量 sum, 计算所有学生的总成绩
    float ave;     //声明变量 ave, 保存平均值
    int i;         //循环控制变量
    while(1)       //整个程序包含在一个永真循环中, 只有用户选择结束, 程序才会停止运行
    {
                    /*以下程序段显示系统菜单*/
        cout<<"------------------------------------------------------------"<<endl;
        cout<<"          1.   计算学生的平均成绩,请输入 1:"<<endl;
        cout<<"          2.   退出程序,请输入 0:"<<endl;
        cout<<"------------------------------------------------------------"<<endl;
                    /*以下程序段检测菜单输入, 根据菜单项选择 switch 语句执行的分支*/
        cin>>menuFlag;
        switch(menuFlag)
        {
            case 1: cout<<"请输入要计算的学生成绩个数(例如:6):"<<endl;
                    cin>>n;
                    cout<<endl<<"下面请输入"<<n<<"个学生成绩(用空格隔开)"<<endl;
                    sum=0.0;
                    for(i=0; i<n; i++)
                    {
                        cin>>x;
                        sum=sum+x;
                    }
                    ave=sum/n;
                    cout<<endl<<n<<"个学生的平均成绩是"<<ave<<endl;
                    break;
            case 0: break;    //什么也不做, 跳出 switch 语句
        }
        if(menuFlag!=1)
            break;              //跳出最外层循环程序结束
    }
}
```

【运行结果】

----

1. 计算学生的平均成绩,请输入 1:

　　　　　　2. 退出程序,请输入 0:

1

请输入要计算的学生成绩个数(例如:6):

3

下面请输入 3 个学生成绩(用空格隔开)

70 88.5 85

3 个学生的平均成绩是 81.1667

----

　　　　　　1. 计算学生的平均成绩, 请输入 1:

　　　　　　2. 退出程序, 请输入 0:

----

　　2. 马克思手稿中的趣味数学题。

　　题目内容：编程求解马克思手稿中的趣味数学题：有 30 个人，其中有男人、女人和小孩，在一家饭馆里吃饭共花了 50 先令，每个男人各花 3 先令，每个女人各花 2 先令，每个小孩各花 1 先令，请编程计算男人、女人和小孩各有几人？

　　输出提示信息："Man　　Women　　Children\n" (注意：每个单词之间有 3 个空格)

　　输出格式："%3d%8d%8d\n" (注意：输出数据按照男人的数量递增的顺序给出)

　　【程序代码】

```c
#include <stdio.h>
int main()
{
    int numMan, numWomen, numChild;
    for (numMan = 0; numMan <= 10; numMan++){
        for (numWomen = 0; numWomen <= 25; numWomen++){
            numChild = 30 - numMan - numWomen;
            if (numMan * 3 + numWomen * 2 + numChild == 50){
                printf("Man    Women    Children\n");
                printf("%3d%8d%8d\n", numMan, numWomen, numChild);
            }
        }
    }
    return 0;
}
```

3. 猜神童年龄。

题目内容：美国数学家维纳(N.Wiener)智力早熟，11 岁就上了大学。他曾在 1935—1936 年应邀来中国清华大学讲学。一次，他参加某个重要会议，年轻的脸孔引人注目。于是有人询问他的年龄，他回答说："我年龄的立方是一个 4 位数。我年龄的 4 次方是一个 6 位数。这 10 个数字正好包含了从 0～9 这 10 个数字，每个都恰好出现 1 次。"请你编程算出他当时到底有多年轻。

【算法分析】因为已知年龄的立方是一个 4 位数字，所以可以推断年龄的范围为 10～22，因此确定穷举范围为 10～22。如果年龄还满足"年龄的 4 次方是一个 6 位数"这个条件，则先计算年龄的立方值的每一位数字，从低位到高位分别保存到变量 b1、b2、b3、b4 中，再计算年龄的 4 次方值的每一位数字，从低位到高位分别保存到变量 a1、a2、a3、a4、a5、a6 中。如果上述 10 个数字互不相同，则必定是包含了从 0～9 这 10 个数字并且每个都恰好出现 1 次，因此只要判断上述 10 个数字互不相同，即可确定这个年龄值为所求。

输出格式："age=%d\n"。

【程序代码】

```c
#include <stdio.h>
int main()
{
    int b[10];
    int a[10] = { 0 };
    int n1, n2, i, j, age, flag;

    for (age = 10; age <= 22; age++)
    {
        n1 = age*age*age;
        n2 = n1*age;
        flag = 1;
        i = 0;

        if (n1<10000 && n2>=100000) {
            do{
                b[i] = n1 % 10;
                n1 = n1 / 10;
                i++;
            } while (n1>0);

            do{
                b[i] = n2 % 10;
                n2 = n2 / 10;
                i++;
```

```
        } while (n2 > 0);
    }
    for (i = 0; i < 10; i++) {
        for (j = i + 1; j < 10; j++) {
            if (b[i]==b[j]) {
                flag = 0;
            }
        }
    }
    if (flag)
    {
        printf("age=%d\n", age);
    }
}
return 0;
}
```

4. 闰年相关的问题 v3.0——计算有多少闰年。

题目内容：从键盘输入你的出生年和今年的年份，编程判断并输出从你的出生年到今年之间中有多少个闰年。

程序的运行结果示例 1：

```
Input your birth year:2000✓
Input this year:2020✓
    2000
    2004
    2008
    2012
    2016
    2020
    count=6
```

输入提示信息："Input your birth year:"

输入提示信息："Input this year:"

输入格式："%d"

输出格式：

闰年年份："%d\n"

闰年总数："count=%d\n"

【程序代码】

```
#include <stdio.h>
int main()
```

```
    {
        int birthYear, thisYear, i;
        int count = 0;

        printf("Input your birth year:");
        scanf("%d", &birthYear);
        printf("Input this year:");
        scanf("%d", &thisYear);

        for (i = birthYear; i <= thisYear; i++) {
            if (i % 4 == 0 && i % 100 != 0 || i % 400 == 0) {
                printf("%d\n", i);
                count++;
            }
        }
        printf("count = %d\n", count);
        return 0;

    }
```

5. 闰年相关的问题 v4.0——计算心跳数。

题目内容: 假设人的心率为每分钟跳 75 下, 编程从键盘输入你的出生年和今年的年份, 然后以年为单位计算并输出从你出生开始到目前为止的生命中已有的心跳总数(要求考虑闰年)。

程序运行结果示例 1:

Input your birth year:1986✓

Input this year:2016✓

The heart beats in your life: 1183356000

输入提示信息: "Input your birth year:"

输入提示信息: "Input this year:"

输入格式:"%d"

输出格式: "The heart beats in your life: %lu"

【程序代码】

```
    #include <stdio.h>
    int main()
    {
        int birthYear, thisYear, i;
        int cnt1=0, cnt2=0;
        unsigned long heartBeats = 0;
```

```
printf("Input your birth year:");
scanf("%d", &birthYear);
printf("Input this year:");
scanf("%d", &thisYear);

for (i = birthYear; i < thisYear; i++)  {
    if (i % 4 == 0 && i % 100 != 0 || i % 400 == 0)    {
        cnt1++;
    }else{
        cnt2++;
    }
}
heartBeats = cnt1 * 366 * 24 * 60 * 75 + cnt2 * 365 * 24 * 60 * 75;
printf("The heart beats in your life: %lu", heartBeats);
return 0;

}
```

6. 判断一个整型数据有几位 v2.0。

题目内容：从键盘输入一个整型数据(int 型)，编写程序判断该整数共有几位，并输出包含各个数字的个数。例如，从键盘输入整数 16644，该整数共有 5 位，其中有 1 个 1，2 个 6，2 个 4。

程序运行结果示例 1：

```
Please enter the number:
12226↙
12226: 5 bits
1: 1
2: 3
6: 1
```

程序运行结果示例 2：

```
Please enter the number:
-12243↙
-12243: 5 bits
1: 1
2: 2
3: 1
4: 1
```

输入格式: "%d"

输出格式:

输入提示信息: "Please enter the number:\n"

判断该整数共有几位："%d: %d bits\n"

包含数字 0 的个数："0: %d\n"

包含数字 1 的个数："1: %d\n"

包含数字 2 的个数："2: %d\n"

包含数字 3 的个数："3: %d\n"

包含数字 4 的个数："4: %d\n"

包含数字 5 的个数："5: %d\n"

包含数字 6 的个数："6: %d\n"

包含数字 7 的个数："7: %d\n"

包含数字 8 的个数："8: %d\n"

包含数字 9 的个数："9: %d\n"

【程序代码】

```c
//还没讲到数组，代码如下：
#include <stdio.h>
int main()
{
    int x, y, z, i;
    int bitsNum = 0, cnt0 = 0, cnt1 = 0, cnt2 = 0, cnt3 = 0, cnt4 = 0, cnt5 = 0, cnt6 = 0,
                cnt7 = 0, cnt8 = 0, cnt9 = 0;
    printf("Please enter the number : \n");
    scanf("%d", &x);
    if (x < 0)
        x = -x;
        y = x;
    do{
        z = y % 10;
        y /= 10;
        switch (z)
        {
            case 0: cnt0++; break;
            case 1: cnt1++; break;
            case 2: cnt2++; break;
            case 3: cnt3++; break;
            case 4: cnt4++; break;
            case 5: cnt5++; break;
            case 6: cnt6++; break;
            case 7: cnt7++; break;
            case 8: cnt8++; break;
            case 9: cnt9++; break;
```

```
                default:
                    break;
                }
            bitsNum++;
        } while (y);
        printf("%d: %d bits\n", x, bitsNum);
        if (cnt0) printf("0: %d\n", cnt0);
        if (cnt1) printf("1: %d\n", cnt1);
        if (cnt2) printf("2: %d\n", cnt2);
        if (cnt3) printf("3: %d\n", cnt3);
        if (cnt4) printf("4: %d\n", cnt4);
        if (cnt5) printf("5: %d\n", cnt5);
        if (cnt6) printf("6: %d\n", cnt6);
        if (cnt7) printf("7: %d\n", cnt7);
        if (cnt8) printf("8: %d\n", cnt8);
        if (cnt9) printf("9: %d\n", cnt9);
        return 0;
    }
```

7. 奖金计算。

题目内容：企业发放的奖金根据利润提成。利润低于或等于 10 万元时，奖金可提 10%；利润高于 10 万元，低于 20 万元时，低于 10 万元的部分按 10%提成，高于 10 万元的部分，可提成 7.5%；20 万到 40 万之间时，高于 20 万元的部分，可提成 5%；40 万到 60 万之间时，高于 40 万元的部分，可提成 3%；60 万到 100 万之间时，高于 60 万元的部分，可提成 1.5%，高于 100 万元时，超过 100 万元的部分按 1%提成，从键盘输入当月利润 i，求应发放奖金总数？

程序运行结果示例 1：

789↙

bonus=78

程序运行结果示例 2：

789516↙

bonus=36342

输入格式: "%ld"

输出格式: "bonus=%ld\n"

【程序代码】

```
    #include<stdio.h>
    int main()
    {
        long profit;
```

```
        double bonus = 0;
        scanf("%ld", &profit);
        if (profit <= 100000)
            bonus = profit*0.1;
        else if (profit <= 200000)
            bonus = 100000 * 0.1 + (profit - 100000)*0.075;
        else if (profit <= 400000)
            bonus = 100000 * 0.1 + 100000 * 0.075 + (profit - 200000)*0.05;
        else if (profit <= 600000)
            bonus = 100000 * 0.1 + 100000 * 0.075 + 200000 * 0.05 + (profit - 400000)*0.03;
        else if (profit <= 1000000)
            bonus = 100000 * 0.1 + 100000 * 0.075 + 200000 * 0.05 + 200000 * 0.03 +
                    (profit - 600000)*0.015;
        else
            bonus = 100000 * 0.1 + 100000 * 0.075 + 200000 * 0.05 + 200000 * 0.03 + 400000 * 0.015 +
                    (profit - 1000000)*0.001;
        printf("bonus=%ld\n", (int)bonus);
        return 0;
    }
```

8. 程序修改 v1.0。

题目内容：修改下面这个程序使其快速计算 $1 + 2 + 3 + \cdots + n$ 的值，n 从键盘输入，并按照下面给出的运行示例检查程序。

```
    #include    <stdio.h>
    int main()
    {
        int i, j, sum = 0, n=100;
        for (i=1,j=n; i<=j; i++,j--)
        {
            sum = sum + i + j;
        }
        printf("sum = %d", sum);
        return 0;
    }
```

程序运行结果示例 1：

　　5✓

　　sum = 15

程序运行结果示例 2：

　　6✓

sum = 21

　　　　输入格式: "%d"

　　　　输出格式：　"sum = %d"　（注意：等号两侧各有一个空格）

【程序代码】

```c
#include   <stdio.h>
int main()
{
    int i, j, n, sum = 0;
    scanf("%d", &n);
    if (n%2==0)   {
        for (i = 1, j = n; i <= j; i++, j--) {
            sum = sum + i + j;
        }
    }else{
        for (i = 1, j = n; i !=j; i++, j--) {
            sum = sum + i + j;
        }
        sum += i;
    }
    printf("sum = %d", sum);
    return 0;
}
```

9. 程序修改 v2.0。

　　题目内容：修改下面这个用 do-while 语句实现的程序，改用 while 语句实现，并对比其优缺点。

```c
#include   <stdio.h>
int main()
{
    int sum = 0, m;
    do{
        printf("Input m:\n");
        scanf("%d", &m);
        sum = sum + m;
        printf("sum = %d\n", sum);
    }while (m != 0);
    return 0;
}
```

程序运行结果示例：

```
Input m:
1↙
sum = 1
Input m:
2↙
sum = 3
Input m:
3↙
sum = 6
Input m:
4↙
sum = 10
Input m:
0↙
```

输入格式:"%d"

输出格式：

输入提示：　"Input m:\n"

输出累加和：　"sum = %d\n" (注意：等号两侧各有一个空格)

【程序代码】

```c
#include    <stdio.h>
int main()
{
    int sum = 0, m = 1;
    while (m) {
        printf("Input m:\n");
        scanf("%d", &m);
        sum = sum + m;
        printf("sum = %d\n", sum);
    }
    return 0;
}
```

10. 程序改错 v1.0。

题目内容：我国古代的《张丘建算经》中有这样一道著名的百鸡问题："鸡翁一，值钱五；鸡母一，值钱三；鸡雏三，值钱一。百钱买百鸡，问鸡翁、母、雏各几何？"其意为：公鸡每只 5 元，母鸡每只 3 元，小鸡 3 只 1 元。用 100 元买 100 只鸡，问公鸡、母鸡和小鸡各能买多少只？目前程序运行结果有误，请问为什么会比正确答案多出三个解？不仅要找出错误和修正错误，还要求利用以前学过的知识分析错误的原因。

```c
#include <stdio.h>
```

```
int main()
{
    int x, y, z;
    for (x=0; x<=20; x++)
    {
        for (y=0; y<=33; y++)
        {
            z = 100 - x - y;
            if (5*x + 3*y + z/3 == 100)
            {
                printf("x=%d, y=%d, z=%d\n", x, y, z);
            }
        }
    }
    return 0;
}
```

程序目前的运行结果：

  x=0, y=25, z=75

  x=3, y=20, z=77

  x=4, y=18, z=78

  x=7, y=13, z=80

  x=8, y=11, z=81

  x=11, y=6, z=83

  x=12, y=4, z=84

程序正确的运行结果：

  x=0, y=25, z=75

  x=4, y=18, z=78

  x=8, y=11, z=81

  x=12, y=4, z=84

输入格式：无

输出格式：

  "x=%d, y=%d, z=%d\n

【程序代码】

```
#include <stdio.h>
int main()
{
    int x, y, z;
    for (x = 0; x <= 20; x++) {
        for (y = 0; y<=33; y++){
```

```
        z = 100 - x - y;
        if (5 * x + 3 * y + z / 3.0 == 100){
            printf("x=%d, y=%d, z=%d\n", x, y, z);
        }
        }
    }
    return 0;
}
```

11. 程序改错 v2.0。

题目内容：从键盘任意输入一个正整数，编程判断它是否是素数，若是素数，输出 "Yes!"，否则输出 "No!"。已知负数、0 和 1 都不是素数。请找出下面程序的错误并改正之，同时按照给出的运行示例检查修改后的程序。

```
#include <stdio.h>
#include <math.h>
int main()
{
    int n, i;
    printf("Input n:\n");
    scanf("%d", &n);
    for (i=2; i<=sqrt(n); i++)
    {
        if (n % i = 0)
        {
            printf("No!\n");
        }
    }
    printf("Yes!\n");
    return 0;
}
```

程序的运行结果示例 1：

    Input n:
    -3✓
    No!

程序的运行结果示例 2：

    Input n:
    0✓
    No!

程序的运行结果示例 3：

Input n:

1✓

No!

程序的运行结果示例 4：

Input n:

6✓

No!

程序的运行结果示例 5：

Input n:

7✓

Yes!

输入格式："%d"

输出格式：

输入提示信息：　"Input n:\n"

是素数：　"Yes!\n"

不是素数：　"No!\n"

【程序代码】

```c
#include <stdio.h>
int main()
{
    int n, i, flag = 1;
    printf("Input n:\n");
    scanf("%d", &n);

    if (n < 2)
    {
        printf("No!\n");
        return 0;
    }
    for (i = 2; i*i <= n; i++) {
        if (n % i == 0)  {
            flag = 0;
            break;
        }
    }
    if (flag)
        printf("Yes!\n");
    else
        printf("No!\n");
```

```
        return 0;
    }
```

12. 程序改错 v3.0。

题目内容：从键盘任意输入两个符号各异的整数，直到输入的两个整数满足要求为止，然后打印这两个数。请通过测试找出下面这个程序存在的问题(不止一个问题)，并改正。同时用下面给出的运行结果示例检查修改后的程序。

```
#include <stdio.h>
int main()
{
    int x1, x2;
    do{
        printf("Input x1, x2:");
        scanf("%d,%d", &x1, &x2);
    }while (x1 * x2 > 0);
    printf("x1=%d,x2=%d\n", x1, x2);
    return 0;
}
```

程序正确的运行结果示例：

Input x1, x2:

a, s✓

Input x1, x2:

a, 1✓

Input x1, x2:

2, s✓

Input x1, x2:

1, 2✓

Input x1, x2:

-1, -2✓

Input x1, x2:

0, 3✓

Input x1, x2:

1.2, 3.4✓

Input x1, x2:

1.2, 5✓

Input x1, x2:

-1, 3✓

x1=-1, x2=3

输入格式: "%d,%d"

输出格式：

输入提示信息："Input x1, x2:\n"

输出："x1=%d,x2=%d\n"

【程序代码】

```c
#include <stdio.h>
int main()
{
    int x1, x2, n, flag;
    do{
        flag = 0;
        printf("Input x1, x2:\n");
        n = scanf("%d,%d", &x1, &x2);
        printf("n=%d\n", n);
        switch (n)
        {
            case 0:
                while (getchar() != '\n');
                flag = 1;
                break;
            case 1:
                while (getchar() != '\n');
                flag = 1;
                break;
            default:
                if (x1 * x2 >= 0)
                flag = 1;
                else
                flag = 0;
                break;
        }
    } while (flag == 1);
    printf("x1=%d,x2=%d\n", x1, x2);
    return 0;
}
```

13. 猴子吃桃程序 v1.0。

题目内容：猴子第一天摘了若干个桃子，吃了一半，不过瘾，又多吃了 1 个。第二天早上将剩余的桃子又吃掉一半，并且又多吃了 1 个。此后每天都是吃掉前一天剩下的一半零一个。到第 n 天再想吃时，发现只剩下 1 个桃子，问第一天它摘了多少桃子？为了加强交互性，由用户输入不同的天数 n 进行递推，即假设第 n 天的桃子数为 1。

程序的运行结果示例 1：

Input days:

5↙

x=46

程序的运行结果示例 2：

Input days:

10↙

x=1534

输入格式: "%d"

输出格式：

输入提示信息： "Input days:\n"

输出： "x=%d\n"

【程序代码】

```c
#include<stdio.h>
int main()
{
    int days, y, x = 1;
    printf("Input days:\n");
    scanf("%d", &days);
    do{
        if (days == 1)
            break;
        else {
            y = 2 * (x + 1);
            x = y;
            days--;
        }
    } while (days>1);
    printf("x = %d\n", x);
}
```

14. 猴子吃桃程序 v2.0。

题目内容：猴子第一天摘了若干个桃子，吃了一半，不过瘾，又多吃了 1 个。第二天早上将剩余的桃子又吃掉一半，并且又多吃了 1 个。此后每天都是吃掉前一天剩下的一半零一个。到第 n 天再想吃时，发现只剩下 1 个桃子，问第一天它摘了多少桃子？为了加强交互性，由用户输入不同的天数 n 进行递推，即假设第 n 天的桃子数为 1。同时还要增加对用户输入数据的合法性验证(如：不允许输入的天数是 0 和负数)。

程序运行结果示例：

Input days:

0✓

Input days:

-5✓

Input days:

a✓

Input days:

3✓

x=10

输入格式: "%d"

输出格式：

输入提示信息："Input days:\n"

输出："x=%d\n"

【程序代码】

```c
#include<stdio.h>
int main()
{    int days, y, n, x = 1;
    do{
        printf("Input days:\n");
        n=scanf("%d", &days);
        switch (n){
            case 0:n = scanf("%d", &days); getchar(); break;
            case 1:if (days <= 0) n = 0; break;
            default:
                break;
        }
    } while (n != 1);
    do{
        if (days == 1)
            break;
        else {
            y = 2 * (x + 1);
            x = y;
            days--;
        }
    } while (days>1);
    printf("x = %d\n", x);
    return 0;
}
```

15. 6 位密码输入检测。

题目内容：从键盘输入 6 位仅由数字 0~9 组成的密码。用户每输入一个密码并按回车键后，程序给出判断：如果是数字，则原样输出该数字，并提示用户目前已经输入了几位密码，同时继续输入下一位密码；否则，程序提示"error"，并让用户继续输入下一位密码，直到用户输入的密码全部是数字为止。

程序的运行结果示例：

Input your password:

1✓

1, you have enter 1-bits number

6✓

6, you have enter 2-bits number

a✓

error

d✓

error

4✓

4, you have enter 3-bits number

6✓

6, you have enter 4-bits number

8✓

8, you have enter 5-bits number

2✓

2, you have enter 6-bits number

输入提示信息："Input your password:\n"

输入格式："%c"

输出格式：

如果输入的是数字，输出格式为 "%c, you have enter %d-bits number\n"

如果输入的不是数字，输出提示信息："error\n"

【程序代码】

```c
#include <stdio.h>
int main()
{
    char c;
    int cnt = 0;
    printf("Input your password:\n");
    do{
        scanf("%c", &c);
        getchar();
        if (c >= '0' && c <= '9'){
```

```
                cnt++;
                printf("%c, you have enter %d-bits number\n", c, cnt);
                continue;
            }else{
                printf("error\n");
            }
        } while (cnt < 6);
        return 0;
    }
```

16. 判断一个整型数据有几位。

题目内容：从键盘输入一个整型数据(int 型)，编写程序判断该整数共有几位。例如，从键盘输入整数 16644，该整数共有 5 位。

程序运行结果示例 1：

　　Please enter the number:

　　21125✓

　　21125: 5 bits

程序运行结果示例 2：

　　Please enter the number:

　　-12234✓

　　-12234: 5 bits

输入提示信息："Please enter the number:\n"

输入格式："%d"

输出格式："%d: %d bits\n"

【程序代码】

```c
#include <stdio.h>
int main()
{
    int x, y, i;
    int bitsNum = 0;
    printf("Please enter the number : \n");
    scanf("%d", &x);
    if (x < 0)
        x = -x;
    y = x;
    do{
        y /= 10;
        bitsNum++;
    } while (y);
```

```
        printf("%d: %d bits\n", x, bitsNum);
        return 0;
    }
```

17. 检测输入数据中奇数和偶数的个数。

题目内容：从键盘输入一系列正整数，输入 -1 表示输入结束(-1 本身不是输入的数据)。编写程序判断输入数据中奇数和偶数的个数。如果用户输入的第一个数据就是 -1，则程序输出 "over!"。否则，用户每输入一个数据，输出该数据是奇数还是偶数，直到用户输入 -1 为止。分别统计用户输入数据中奇数和偶数的个数。

程序运行结果示例 1：

```
Please enter the number:
1↙
1:odd
5↙
5:odd
8↙
8:even
9↙
9:odd
12↙
12:even
17↙
17:odd
-1↙
The total number of odd is 4
The total number of even is 2
```

程序运行结果示例 2：

```
Please enter the number:
-1↙
over!
The total number of odd is 0
The total number of even is 0
```

输入提示信息："Please enter the number:\n"

输入格式："%d"

输出格式：

用户输入的第一个数据就是-1，输出格式："over!\n"

奇数的输出格式："%d:odd\n"

偶数的输出格式："%d:even\n"

输入数据中奇数的个数统计："The total number of odd is %d\n"

输入数据中偶数的个数统计："The total number of even is %d\n"

【程序代码】

```c
#include <stdio.h>
int main()
{
    int x, cntOdd = 0, cntEven = 0, cnt = 0;
    printf("Please enter the number:\n");
    do
    {
        scanf("%d", &x);
        cnt++;
        if (x % 2){
            if (cnt==1 && x == -1){
                printf("over!");
                return 0;
            }else{
                if (cnt > 1 && x == -1)
                    continue;
                else    {
                    printf("%d:odd\n", x);
                    cntOdd++;
                }
            }
        }else{
            cntEven++;
            printf("%d:even\n", x);
        }
    } while (x!=-1);

    printf("The total number of odd is %d\n", cntOdd);
    printf("The total number of even is %d\n", cntEven);
    return 0;
}
```

18. 计算球的反弹高度。

题目内容：一个球从 100 米高度自由落下，每次落地后反跳回原高度的一半，再落下并反弹……，求它在第 5 次和第 10 次落地时，分别共经过多少米？第 5 次和第 10 次反弹分别是多高？要求计算结果保留到小数点后 3 位。用户从键盘输入想要计算的第 n 次 (n<=15)。程序中所有浮点数的数据类型均为 float。

程序运行结果示例 1：

    Input:

    5✓

    5 times:

    287.500

    3.125

程序运行结果示例 2：

    Input:

    10✓

    10 times:

    299.609

    0.098

输入提示信息："Input:\n"

输入格式: "%d"

输出格式：

反弹次数: "%d times:\n"

第 n 次反弹共经过多少米："%.3f\n"

第 n 次的反弹高度: "%.3f\n"

【程序代码】

```c
#include <stdio.h>
int main()
{
    int n, i;
    float s=0, initHeight = 100.0;
    printf("Input:\n");
    scanf("%d", &n);
    for (i = 1; i <= n; i++){
        s += initHeight;
        initHeight /= 2;
        s += initHeight;
    }
    s -= initHeight;
    printf("%d times:\n", n);
    printf("%.3f\n", s);
    printf("%.3f\n", initHeight);
    return 0;
}
```

第4章 数　　组

4.1　教材习题

一、单项选择题

1．定义数组时，表示数组长度的不能是(　　)。

　　A．整型变量　　　　B．符号常量　　　C．整型常量　　　D．整型常量表达式

【分析】　定义数组的长度必须为常量或常量表达式，不允许用变量来定义。

【解答】　A

2．执行下面的程序段后，变量 k 的值为(　　)。

　　　int k=1, a[2];　a[0]=1;　k=a[k]*a[0];

　　A．0　　　　　　　B．1　　　　　　　C．2　　　　　　　D．不确定的值

【分析】　数组元素 a[1]没有初值，所以得到不确定的值，从而 k = a[1]*a[0]也是一个不确定的值。

【解答】　D

3．设有定义 short x[5]={1,2,3};，则数组占用的内存字节数是(　　)。

　　A．10　　　　　　　B．6　　　　　　　C．5　　　　　　　D．3

【分析】　数组在内存中的字节数是数组长度和 sizeof(数组元素的数据类型)的乘积，其中数组 x 的后两个元素的初值为 0。

【解答】　A

4．若已定义：char c[5]={ 'a', 'b', '\0', 'c', '\0'}; 则 printf("%s",c);的输出是(　　)。

　　A．'a"b'　　　　　B．ab　　　　　　　C．abc　　　　　　D．"ab\0c"

【分析】　字符数组输出时，从第一个字符开始输出直到遇到第一个'\0'停止输出。注意输出字符时不带单引号。

【解答】　B

5．以下程序段的输出结果是(　　)。

　　　char ch[3][5]= {"AAAA","BBBB","CC"};

　　　printf("%s\n", ch[1]);

　　A．BBBB　　　　　B．AAAA　　　　　C．BBBBCC　　　　D．CC

【分析】　二维数组可以看成特殊的一维数组。输出一维字符数组名时，将该数组中存放的字符串输出。执行语句 printf("%s\n",ch[1]);时，输出的是二维数组第二行中存放的字符串。

【解答】　A

6. 以下数组定义中，错误的是(　　)。

  A．int a[2][3];   B．int b[][3]={0, 1, 2, 3};

  C．int c[100][100]={0};   D．int d[3][]={{1, 2}, {1, 2, 3,}, {1, 2, 3, 4}};

【分析】 此题考查对二维数组的定义和初始化。定义二维数组并对其初始化时，可以省略行数(第一维的大小)但不能省略列数(第二维的大小)。

【解答】 D

7. 若已定义：int a[3][2]={1, 2, 3, 4, 5, 6};，则值为 6 的数组元素是(　　)。

  A．a[3][2]   B．a[2][1]   C．a[1][2]   D．a[2][3]

【分析】 注意行和列的下标都是从 0 开始。此二维数组表示成行列形式为

  1 2

  3 4

  5 6

【解答】 B

8. 设有 2 个字符数组 res 和 str，比较两个字符串使用的函数是(　　)。

  A．strcpy(res, str); B．strcmp(res, str) C．strlen(res) D．strcat(res, str)

【分析】此题考查常用的几个字符串处理函数的使用。函数 strcpy 完成字符串的拷贝；函数 strcmp 完成两个字符串(字符数组)的比较；函数 strlen 用来求字符串长度；函数 strcat 完成两个字符数组内容的拼接。

【解答】 B

9. 若已定义：int a[][4]={1, 2, 3, 4, 5, 6, 7, 8, 9};则数组 a 的第一维的大小是(　　)。

  A．2   B．3   C．4   D．不确定

【分析】 二维数组中的元素在内存中的存放方式是按行存放。由初始化的元素个数和每行的列数可以唯一确定行数。

【解答】 B

10. 两个字符数组比较的实质是对应字符的(　　)相比较，其较大的靠后。

  A．ASCII 码   B．数组名   C．数组长度   D．大写字符个数

【分析】 字符在内存中存储的是其 ASCII 码值，字符间比较的实质是通过 ASCII 码进行的。

【解答】 A

二、填空题

1. 若定义 int a[10]={1,2,3};，则 a[2]的值是＿＿＿＿。

【分析】 本题考查对一维数组的访问。一维数组下标为 0～数组大小 −1。

【解答】 3

2. 若定义 char string[]="You are a student!";，则该数组的长度是＿＿＿＿。

【分析】 字符数组的字符个数加 1(加上字符串结束符 '\0')。

【解答】 19

3. 若定义 int a[2][3]={{2},{3}};，则值为 3 的数组元素表示为＿＿＿＿。

【分析】　该二维数组中元素如下所示：

　　2　　　0　　　0

　　3　　　0　　　0

【解答】　a[1][0]

4. 若定义 char a[15]= "windows98";，则执行语句 cout<<a+7; 后的输出结果是＿＿＿＿。

【分析】　cout<<a+7; 表示从字符串中的第 8 个字符开始输出一直到遇到 '\0' 结束。

【解答】　98

5. 若定义 a[ ]="Ab\123\\\'%%";，则执行语句 printf("%d", strlen(a)); 的结果为＿＿＿＿。

【分析】　strlen 函数获取字符串长度，注意不包括 '\0'。'\123' , ' \\' , '\'' 都是转义字符，各自占一个字节，'%' 不是转义字符。

【解答】　7

6. 若定义 char a[ ]= "ABCDe";，则执行语句 cout<<strupr(a); 的结果为＿＿＿＿。

【分析】　函数 strupr 的作用是将参数字符串中的小写字母变成对应的大写字母。

【解答】　ABCDE

7. 若定义数组 a[5]={ '1', '2', '\0', '5', '\0'};，则执行语句 cout<<a; 的结果是＿＿＿＿。

【分析】　从第一个字符开始输出直到遇到第一个 '\0'。

【解答】　12

8. 设有定义语句 char a[4][10]={"11","22","23","44"};，则语句 puts(strcat(a[1], a[3])); 的输出结果是＿＿＿＿，语句 puts(strcpy(a[0], a[2])); 的输出结果是＿＿＿＿。

【分析】　puts(strcat(a[1], a[3]))等价于 strcat(a[1], a[3]); puts(a[1]);，它的作用是将二维数组中的第四行数组内容拼接到第二行数组后输出；puts(strcpy(a[0], a[2]))的作用是将二维数组中的第三行数组内容拷贝到第一行数组后输出。

【解答】　2244　　　23

三、阅读题

分析程序的功能，写出程序的运行结果。

1. 以下程序运行后，输出结果是＿＿＿＿。

```
#include <iostream>
using namespace std;
void main()
{
    int a[]={2, 4, 6, 8, 10};   //数组元素初始化
    int y=1, j;
    for(j=0; j<3; j++)
        y+=a[j+1];
    cout<<y<<endl;
}
```

【分析】　该程序实现了数组中部分元素的求和操作。

【解答】　19

2．以下程序运行后，输出结果是_____。

```cpp
#include <iostream>
using namespace std;
void main()
{
    int i, a[10];
    for (i=9; i>=0; i--)        //数组元素逆序赋值
        a[i]=10-i;
    cout<<", "<<a[2]<<", "<<a[5]<<", "<<a[8]<<endl;
}
```

【分析】　该程序实现了数组元素的赋值并输出了部分元素。

【解答】　852

3．以下程序运行后，输出结果是____。

```cpp
#include <iostream>
using namespace std;
void main()
{
    int y=18, i=0, j, a[8];       // a[i]存二进制数字
    do
    {
        a[i]=y%2;               // a[i]取变量 y 除以 2 的余数
        i++;                    //下标后移
        y=y/2;                  // y 除 2，使之逐步趋近 0
    }while(y>=1);               //循环结束条件是直到 y 为 0
    for (j=i-1; j>=0; j--)      //反序打印数组，符合除 2 倒取余数法
        cout<<a[j];
    cout<<endl;
}
```

【分析】　该程序完成将一个十进制数转换成对应的二进制数，采用除 2 倒取余数法，将余数依次存到数组中，然后反向输出，得到对应的二进制数。

【解答】　10010

4．以下程序运行后，输出结果是____。

```cpp
#include <iostream>
using namespace std;
void main()
{
    char ch[7]={"65ab21"};
    int i, s=0;                          // s 存放提取的数字字符所形成的整数
```

```
            for(i=0; i<6; i++)
                if(ch[i]>='0'&&ch[i]<='9')      //提取 0～9 间的数字字符
                    s=10*s+ch[i]-'0';            //将提取的字符加到扩大 10 倍的变量 s 中，作个位数字
                    cout<<s<<endl;
        }
```

【分析】　该程序实现了提取一个字符串中的所有数字字符，并转换成整数形式输出。

【解答】　6521

5．以下程序运行后，输出结果是＿＿＿。

```
        #include <iostream>
        using namespace std;
        void main()
        {
            int a[4][5]={1, 2, 4, -4, 5, -9, 3};    //二维数组元素初始化
            int b, i, j, i1, j1, n;
            n=-9;                           //要查找的元素
            b=0;                            //设置是否找到标志，默认初始值为 0，表示未找到
            for(i=0; i<4; i++)
            {
                for(j=0; j<5; j++)          //将数组元素依次和要查找的元素进行比较
                if(a[i][j]==n){             //如果在数组中找到该值
                    i1=i; j1=j; b=1;   break;   //记录数组元素行、列下标，同时将找到标志设为 1
                }
                if(b) break;
            }
                cout<<n<<"是第"<<i1*5+j1+1<<"个元素"<<endl;
                    //输出要查找的元素在数组中的存放位次(与数组元素在内存中的存放位次一致)
        }
```

【分析】　该程序实现在一批数据中查找一个数据，并指出所在位置。

【解答】　−9 是第 6 个元素

四、程序填空题

1．下面程序功能是：输入 10 个数，将最小数输出，请填空。

```
        #include <iostream>
        using namespace std;
        void main()
        {
            int a[10], i, min;
            for(i=0; i<10; i++)
```

```
            cin>>_____;
            min=a[0];
        for(i=1; i<10; i++)
            if(a[i]<min)_____;
                cout<<min<<endl;
        }
```

【分析】　求最小值的算法：将第一个数组元素值设为当前最小值，用 min 变量表示。之后遍历整个数组，使每个数组元素和当前的最小值进行比较，如果数组元素小于 min，则 min=a[i]。整个数组经过遍历后，min 为整个数组中的最小值。

【解答】　a[i]　　　min=a[i]

2. 下面程序的功能是：输出两个字符串对应位置相等的字符，请填空。

```
#include <iostream>
using namespace std;
void main( )
{
    char a[]="programming", b[]="fortran";     int i=0;
    while(a[i]!='\0'&&_____)     //两数组元素均不为结束符'\0'才可进入循环进行比较
    if(a[i]==b[i])
    {   cout<<_____;              //输出相同字符
        i++;                       //若两元素对应相同，后移下标
    }
    else _____;              //两数组不相等也要后移下标
}
```

【分析】　此程序将两个字符串对应位置的字符依次进行比较。若对应位置字符相同，输出该位置字符。比较完当前位置字符，进行下一位置字符的比较，直到其中一个数组元素为 '\0'，则停止比较。

【解答】　b[i]!= '\0'　　　a[i]　　　i++

3. 下面程序的功能是：从字符数组 s 中删除字符为 c 的字符，请填空。

```
#include <iostream >
using namespace std;
void main( )
{
    char s[20], c;
    int i=0, j=0;
    gets(s);
    cin>>c;                         //赋给变量字符 c
    while(_____)
    {
        if(s[i]!=c) { _____; j++;  i++;}
```

```
            else    { _____; }
        }
        s[j]='\0';
        cout<<s<<endl;
    }
```

【分析】 假设 s 中为字符串"abecdcx",删除字符算法是:如果当前字符 s[i]不是要删除的字符,执行 s[j]=s[i],且下标 i、j 同时加 1;否则,只有 j 加 1,如下图所示。

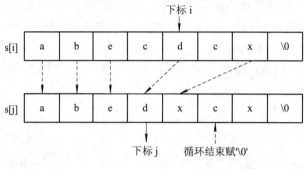

【解答】 s[i]!= '\0'　　　s[j]=s[i]　　　　i++

五、编程题

1. 统计 N 个学生的成绩并输出低于平均分的人数。

提示:先求出 N 个学生的平均成绩,然后再找出低于平均分的人数。

【算法分析】

(1) 定义学生人数 const int N=10。

(2) 建立数组存入学生成绩 a[N]。

(3) 求出 N 个学生平均成绩存入 ave 中。

(4) 统计 N 个学生中低于平均成绩的人数。

(5) 变量使用:s 作学生成绩的累加器;ave 存平均成绩;k 为计数器,用于统计低于平均成绩的人数。

【程序代码】

```
#include<iostream>
using namespace std;
const int N=10;
void main()
{
    float a[N];
    float s=0, ave;
    int k=0;
    int i ;                          //i 为数组下标,控制循环
    cout<<"请输入 10 个学生成绩: "<<endl;
```

```
/*下面循环将 n 个成绩读入到每个数组元素中*/
for(i=0; i<N; i++)
    cin>>a[i];
for(i=0; i<N; i++)
    s=s+a[i];
    ave=s/n;
/*下面循环统计低于平均分的人数*/
for(i=0; i<N; i++)
{
    if(a[i]<ave)
        k=k+1;
}
cout<<"低于平均分的人数为: "<<k<<endl;
}
```

【运行结果】

请输入 10 个学生成绩

90 80 70 60 50 95 85 75 65 55

低于平均分的人数为：5

2. 输入 5 个职工的职工号、基本工资、浮动工资和奖金，均为整型数据，见下表。统计并输出总工资最高的职工的职工号和总工资。

职工号	基本工资	浮动工资	奖金	总工资
25001	2300	1980	2000	
25002	1908	2000	1000	
25003	2490	1000	980	
25008	980	1200	680	
25010	1290	1800	390	

提示：设计一个整型数组 person[5][5]，读入每行前 4 个元素，求第 5 个元素 person[i][4](i=1~4)，求出最大值，并记录下最大值的位置。

【算法分析】 参照给定的职工工资表格，设计一个对应的二维数组 person[5][5]，共 5 行 5 列，每列分别保存职工号、基本工资、浮动工资、奖金和总工资。5 行保存 5 个职工的数据。前 4 列数据通过键盘输入，总工资是前 4 列累加和，最后找出最大工资，通过循环实现这几项任务。

【程序代码】

```
#include<iostream>
using namespace std;
void main()
{
```

```
        int person[5][5];
        int maxSalary_i;                //声明 maxSalary_i 保存总工资最高的职工所在行下标
        int i, j;                       //i、j 为数组的行、列下标
        cout<<"输入顺序为：职工号，基本工资，浮动工资，奖金\n";
        for(i=0; i<5; i++)              //共 5 行数据
            for(j=0; j<4; j++)          //每行输入前 4 项
                cin>>person[i][j];
        /*下面循环计算总工资 person[i][4]*/
        for(i=0;i<5;i++)
        {   person[i][4]=0;             //第 i 个职工的总工资初始化为 0
            for(j=1; j<=3; j++)         //内循环将基本工资、浮动工资和奖金加起来
                person[i][4]=person[i][4]+person[i][j];
        }
        /*下面循环将在总工资 person[i][4]中找出总工资最高的位置，记录在 maxSalary_i 中*/
        maxSalary_i=0;                  //假定循环开始前，总工资最高的位置是第 0 个位置
        for(i=1; i<5; i++)
                //循环比较每个职工总工资 person[i][4]与最高工资 person[maxSalary_i]
        if(person[i][4]>person[maxSalary_i][4])
                maxSalary_i=i; //记录最高工资位置
        cout<<"总工资最高的职工号为"<<person[maxSalary_i][0]
            <<", 总工资为"<< person[maxSalary_i][4]<<endl;

    }
```

【运行结果】

输入顺序为：职工号，基本工资，浮动工资，奖金

25001	2300	1980	2000
25002	1908	2000	1000
25003	2490	1000	980
25008	980	1200	680
25010	1290	1800	390

总工资最高的职工号为 25001，总工资为 6280

3．输入两个字符串 a 和 b，要求不用 strcat()函数把串 b 的前 5 个字符连接到串 a 中，如果 b 的长度小于 5，则把 b 的所有元素都连接到 a 中。

【算法分析】　要进行字符串的连接，首先要找到 a 串中的'\0'位置，从该位置开始依次将 b 串中字母依次复制到 a 中对应位置。注意：a 数组的长度要定义的足够长，以接收 b 数组的元素。

【程序代码】

```
        #include<iostream>
        using namespace std;
        void main()
```

```
    {
        char a[80],b[20];           //数组长度未做要求，要求 a 足够长
        int i;
        int j;
        /*下面语句分别给 a、b 数组赋值*/
        cout<<"请输入 a 字符串:";
        gets(a);
        cout<<"请输入 b 字符串:";
        gets(b);
        /*下面循环将 a 数组下标 i 移动到末尾，为连接 b 数组做准备*/
        i=0;
        while(a[i]!= '\0')
            i++;
        /*下列循环将 b 数组元素 b[j]复制到 a 数组元素 a[i+j]当中去*/
        j=0;
        while(b[j]!= '\0'&&j<5)
        {
            a[i+j]=b[j];
            j++;
        }
        a[i+j]= '\0';               //循环结束将结束符\0 赋给 a 数组
        /*下面输出字符串 a*/
        cout<<a<<endl;
    }
```

【运行结果】

    请输入 a 字符串: hello

    请输入 b 字符串: china

    hellochina

4．统计一个字符串中英文、数字及其他字符的个数。

【算法分析】

通过判断字符串中的字符的 ASCII 码是否在'a'到'z'或'A'到'Z'之间来判断是否是英文字母字符，通过比较字符串中的字符的 ASCII 码是否在'0'到'9'之间来判断是否是数字字符。

【程序代码】

```
#include <iostream>
using namespace std;
void main()
{
    char str[50];
    int i=0;            //i 为字符串数组下标
```

```
int numEnglish=0,numDigital=0, numOthers=0;
        //声明三个整型变量分别统计英文字母、阿拉伯数字和其他字符的个数
cout<<"请输入一个字符串:";
gets(str);
while(str[i]!= '\0')
{
    if(str[i]>='A'&& str[i]<='Z'|| str[i]>='a'&& str[i]<='z')
        numEnglish++;        //英文字母计数个数加 1
    else if(str[i]>='0' && str[i]<='9')
        numDigital++;        //阿拉伯数字计数个数加 1
    else
        numOthers++;         //其他字符计数个数加 1
    i++;                     //下标 i 移动到下一个字符
}
/*输出英文字母、阿拉伯数字和其他字符的个数*/
cout<<"字符串中英文字母个数是"<<numEnglish<<endl;
cout<<"字符串中数字个数是"<<numDigital<<endl;
cout<<"字符串中其他字符个数是"<<numOthers<<endl;
}
```

【运行结果】

　　请输入一个字符串：hello 23 ￥#@%

　　字符串中英文字母个数是 5

　　字符串中数字个数是 3

　　字符串中其他字符个数是 6

5. 编写程序，测试字符串 str2 是否整体包含在字符串 str1 中，若包含，则指明 str2 在 str1 中的起始位置。例如：str1="abcde"，str2="cd"，则 str2 包含在 str1 中，起始位置为 3。

【算法分析】 此程序功能是在一个串中查找另一个串，如果找到，指出子串所在的起始位置，如果没有，输出无匹配结果。

【程序代码】

```
#include<iostream>
#include<cstring>
using namespace std;
void main()
{    char str1[50],str2[20];
    int i=0;              //声明 i 为数组 str1 的下标，同时 i 也代表找到 str2 时的起始位置
    int k=0;              //声明 k 也为数组 str1 的下标
    int j=0;              //声明 j 为数组 str2 的下标
    int length1;          //声明字符串 str1 的长度
    int length2;          //声明字符串 str2 的长度
```

```
        cout<<"请输入字符串 str1:";
        gets(str1);
        cout<<"请输入字符串 str2:";
        gets(str2);
        length1=strlen(str1);
        length2=strlen(str2);
        /*循环查找开始*/
        while(str1[i]!='\0' && str2[j]!='\0'&&length1-i>=length2)
        {       //循环内用 k 下标表示与 str2 串对应的 str1 串下标
            if(str1[k]==str2[j])    //当 str1 和 str2 的对应字符相等时
            {
                k++;                //只需同时移动下标 k、j 即可
                j++;
            }
            else                    //当 str1 和 str2 的对应字符有一个不相等时
            {   j=0;                // str2 串的下标 j 重新移动到开头
                i++;                // str1 串的下标 i 移动到下一个位置，并用 str1[k]代替 str1[i]
                k=i;
            }
        }
        /*查找结束后，如果找到 str2 串，str2 串下标一定会移动到末尾*/
        if(str2[j]=='\0')
            cout<<"str2 包含在 str1 中，起始位置为"<<i+1<<endl;
        else
            cout<<"无匹配字符串"<<endl;
    }
```

【运行结果】

　　请输入字符串 str1：hello china how are 　you

　　请输入字符串 str2：china

　　str2 包含在 str1 中，起始位置为 7

6. 将方阵中所有边上的元素和对角线上的元素置 1，其他元素置 0。要求对每个元素只赋一次值，最后按矩阵形式输出。

【算法分析】

(1) 设 N 为方阵每行(每列)上的元素个数。

(2) 用 a[i][j]表示方阵中 i 行和 j 列中元素。

(3) 方阵所有边上元素特点是 i == 0、j == 0 或 i = N－1、j = N－1。

(4) 方阵两对角线上元素特点是 i == j 或 i + j == N－1。

【程序代码】

```
        #include<iostream>
```

```cpp
#include<iomanip>
using namespace std;
#define N 5      //宏定义，设定方阵的长度为符号常量
void main()
{   int a[N][N], i=0, j=0;
    for(i=0; i<N; i++)
        for(j=0; j<N; j++)
        {
            if(i==0||i==N-1||i==j||i==N-j-1||j==0||j==N-1||j==N-i-1)     //判断是否为对角线上元素
                a[i][j]=1;
            else
                a[i][j]=0;
        }
    for(i=0; i<N; i++)                          //输出矩阵
    {
        for(j=0; j<N; j++)
            cout<<setw(6)<<a[i][j];
        cout<<"\n";
    }
}
```

【运行结果】

```
1   1   1   1   1
1   1   0   1   1
1   0   1   0   1
1   1   0   1   1
1   1   1   1   1
```

4.2　补充提高习题

一、单项选择题

1. 若有说明 int a[3][4];，则 a 数组元素的非法引用是(　　)。

　　A．a[0][2*1]　　　　B．a[1][3]　　　　C．a[4-2][0]　　　　D．a[0][4]

【解答】 D

2. 下述对 C++ 语言字符数组的描述中错误的是(　　)。

　　A．字符数组的下标从 0 开始

　　B．字符数组中的字符串可以进行整体输入/输出

　　C．可以在赋值语句中通过赋值运算符"="对字符数组整体赋值

D．字符数组可以存放字符串

【解答】 C

3．若有以下语句，则描述正确的是(　　)。

```
char a[]="toyou";
char b[]={'t', 'o', 'y', 'o', 'u'};
```

A．a 数组和 b 数组的长度相同　　　　B．a 数组长度小于 b 数组长度

C．a 数组长度大于 b 数组长度　　　　D．a 数组等价于 b 数组

【解答】 C

4．若有说明：int a[3][4]={0};，则下面叙述正确的是(　　)。

A．只有元素 a[0][0]可得到初值 0

B．此说明语句不正确

C．数组 a 中各元素都可得到初值，但其值不一定为 0

D．数组 a 中每个元素均可得到初值 0

【解答】 D

5．以下定义语句不正确的是(　　)。

A．double x[5]={2.0,4.0,6.0,8.0,10.0};　　　B．int y[5]={0,1,3,5,7,9};

C．char c1[]={'1','2','3','4','5'};　　　　　　D．char c2[]={'\x10','\xa','\x8'};

【解答】 B

6．若二维数组 a 有 m 列，则在 a[i][j]前的元素个数为(　　)。

A．j*m+1　　　　　B．i*m+j　　　　　　C．i*m+j-1　　　　D．i*m+j+1

【解答】 B

7．定义如下变量和数组：

```
int k;
int a[3][3]={1, 2, 3, 4, 5, 6, 7, 8, 9};
```

则下面语句的输出结果是(　　)。

```
for(k=0; k<3; k++) printf("%d", a[k][2-k]);
```

A．3 5 7　　　　　B．3 6 9　　　　　　C．1 5 9　　　　　D．1 4 7

【解答】 A

8．若有以下程序段：

```
...
int a[]={4, 0, 2, 3, 1}, i, j, t;
for(i=1; i<5; i++)
{
    t=a[i]; j=i-1;
    while(j>=0&&t>a[j]){ a[j+1]=a[j]; j--;}
    a[j+1]=t;
}
...
```

则该程序段的功能是(　　)。

A．对数组 a 进行插入排序(升序)　　　B．对数组 a 进行插入排序(降序)

　　　C．对数组 a 进行选择排序(升序)　　　D．对数组 a 进行选择排序(降序)

【解答】　B

9．以下定义语句正确的是(　　　)。

　　　A．int a[1][4]={1,2,3,4,5};　　　　　B．float x[3][]={{1},{2},{3}};

　　　C．long b[2][3]={{1},{1,2},{1,2,3}};　D．double y[][3]={0};

【解答】　D

10．有字符数组 a[80]和 b[80]，则输出语句正确的是(　　　)。

　　　A．puts(a, b);　　　　　　　　　　　B．printf("%s,%s", a[], b[]);

　　　C．putchar(a, b);　　　　　　　　　　D．puts(a), puts(b);

【解答】　D

11．输入某班学生某门课的成绩(最多不超过 40 人)，当输入为负值时，表示输入结束，用函数编程统计成绩高于平均分的学生人数。按要求在空白处填写适当的表达式或语句，使程序完整并符合题目要求的选项是(　　　)。

```c
#include <stdio.h>
#define N 40
int Average(int score[], int n);
int ReadScore(int score[]);
int GetAboveAver(int score[], int n);
int main()
{
    int score[N], m, n;
    n = ReadScore(score);              /* 输入成绩，返回学生人数 */
    printf("Total students are %d\n", n);
    m = GetAboveAver(score, n);        /* 统计成绩在平均分及其上的学生人数 */
    if (_____) printf("Students of above average is %d\n", m);
    return 0;
}
/* 函数功能：若 n>0，则计算并返回 n 个学生成绩的平均分，否则返回 -1 */
int Average(int score[], int n)
{
    int i, sum = 0;
    for (i=0; i<n; i++)
    {
        sum += score[i];
    }
    return _____;
}
/* 函数功能：输入学生某门课成绩，当输入成绩为负值时，结束输入，返回学生人数 */
```

```c
int ReadScore(int score[])
{
    int i = -1;
    do{
        i++;
        printf("Input score:");
        scanf("%d", &score[i]);
    }while (_____);
    return _____;
}
```

/* 函数功能：若 n>0，则统计并返回成绩在平均分及平均分之上的学生人数，否则返回 −1 */

```c
int GetAboveAver(int score[], int n)
{
    int    i, count = 0, aver;
    aver = _____;    /* 计算并打印平均分 */
    if (aver == -1) return -1;
    printf("Average score is %d\n", aver);
    for (i=0; i<n; i++)
    {
        if (score[i] >= aver)    count++;
    }
    return _____;
}
```

A. m == -1
   n<=0 ? sum/n : -1
   score[i] >= 0
   score
   Average(score, n)
   aver

B. m != -1
   n>0 ? sum/n : -1
   score[i] >= 0
   i
   Average(score, n)
   count

C. m != -1
   n>0 ? -1 : sum/n
   score[i] >= 0
   i
   Average(n,score)
   count

D. m == -1
   n>0 ? sum/n : -1
   score[i] >= 0
   i
   Average(score, n)
   i

【解答】 B

12. 模拟骰子的 6000 次投掷，编程统计并输出骰子的 6 个面各自出现的概率。按要求在空白处填写适当的表达式或语句，使程序完整并符合题目要求的选项是(   )。

```c
#include _____
```

```
#include <time.h>
#include <stdio.h>
int main()
{
    int   face, roll, frequency[7] = {0};
    srand(time (NULL));

    for (roll=1; roll<=6000; roll++)
    {
        face = _____;
        _____;
    }
    printf("%4s%17s\n", "Face", "Frequency");
    for (face=1; face<=6; face++)
    {
        printf("%4d%17d\n", face, frequency[face]);
    }
    return 0;
}
```

A. <math.h>   B. <stdlib.h>
    rand()/6 + 1   rand()%6 + 1
    frequency[face]++   frequency[face]++
C. <math.h>   D. <stdlib.h>
    rand()/6 + 1   rand()%6 + 1
    frequency[roll]++   frequency[roll]++

【解答】 B

13. 以下程序中，函数 Fun 的功能是对 b 所指数组中的第 m 至第 n 个数据取累加和，按要求在空白处填写适当的表达式或语句，使程序完整并符合题目要求的选项是(   )。

```
#include <stdio.h>
Fun(_____, int m, int n)
{
    int   i, s=0;
    for( _____; i<n; i++)
        s=s+b[i];
    return _____;
}
int main()
{
    int   x, a[]={1, 2, 3, 4, 5, 6, 7, 8, 9};
```

```
        x=Fun(a, 3, 7);
        printf("%d\n", x);
        return 0;
    }
```

A. int b[]   B. int b   C. int b[]   D. int b[]
    i=1   i=0   i=m-1   i=n-1
    i   s   s   b[i]

【解答】 C

14. 下面代码的功能是在屏幕上输出以下内容：

```
0
1
3
```

程序中空白处缺少的代码由下列选项给出，其中不能满足题目要求的是(   )。

```
#include <stdio.h>
int main()
{
    int b[3][3]={0, 1, 2, 0, 1, 2, 0, 1, 2}, i, j, t=0;

    for(i=0; i<3; i++)
        for(j=i; j<=i; j++)
        {
            t=t+_____;
            printf("%d\n", t);
        }
    return 0;
}
```

A. b[i][j]   B. b[t][j]   C. b[i][b[j][j]]   D. b[j][t]

【解答】 D

15. 以下程序的输出结果是(   )。

```
void swap1(int c[])
{
    int t;
    t=c[0];
    c[0]=c[1];
    c[1]=t;
}
void swap2(int c0, int c1)
{
    int t;
```

```
        t=c0;
        c0=c1;
        c1=t;
    }
    int main( )
    {
        int a[2]={3, 5}, b[2]={3, 5};
        swap1(a);
        swap2(b[0], b[1]);
        printf("%d %d %d %d\n", a[0], a[1], b[0], b[1]);
        return 0;
    }
```

　　A. 5 3 5 3　　　　　B. 3 5 3 5　　　　C. 5 3 3 5　　　　D. 3 5 5 3

【解答】 C

16. 假设有 40 个学生被邀请来给餐厅的饮食和服务质量打分，分数划分为 1～10 这 10 个等级(1 表示最低分，10 表示最高分)，编程统计并按如下格式输出餐饮服务质量调查结果。按要求在空白处填写适当的表达式或语句，使程序完整并符合题目要求的选项是(　　)。

```
#include <stdio.h>
#define   M   40
#define   N   11
int main()
{
    int   i, j, grade, feedback[M], count[N] = {0};
    printf("Input the feedbacks of 40 students:\n");

    for (i=0; i<M; i++)
    {
        scanf("%d", &feedback[i]);
    }

    for (i=0; i<M; i++)
    {
        _____;
    }

    printf("Feedback\tCount\tHistogram\n");

    for (_____; grade<=N-1; grade++)
    {
```

```
        printf("%8d\t%5d\t", grade, count[grade]);
        for (j=0; _____; j++)
        {
            printf("%c",'*');
        }
        printf("\n");
    }
    return 0;
}
```

A.　count[feedback[i]]++　　　　　　B.　count[feedback[i]]++
　　　grade=0　　　　　　　　　　　　　grade=1
　　　j<grade　　　　　　　　　　　　　j<count[grade]
C.　count[i]++　　　　　　　　　　　　D.　feedback[i]++
　　　grade=0　　　　　　　　　　　　　grade=1
　　　j<N-1　　　　　　　　　　　　　　j<N-1

【解答】 B

17. 输入某班学生某门课的成绩(最多不超过 40 人，具体人数由用户键盘输入)，用函数编程统计不及格人数。按要求在空白处填写适当的表达式或语句，使程序完整并符合题目要求的选项是(　　)。

```
#include    <stdio.h>
#define N 40
intGetFailNum(int score[], int n);
int main()
{
    int i, n, fail, score[N];
    printf("How many students?");
    scanf("%d", &n);
    for (i=0; i<n; i++)
    {
        scanf("%d", _____);
    }
    fail = _____;
    printf("Fail students = %d\n", fail);
    return 0;
}
/* 函数功能：统计不及格人数 */
int GetFailNum(int score[], int n)
{
    int    i, count = 0;
```

```
        for (i=0; i<n; i++)
        {
            if (_____)    count++;
        }
        return count;
    }
```

A. score[i]
　　GetFailNum(n,score)
　　score[i] < 60

B. score[i]
　　GetFailNum(score, n)
　　score[i] <= 60

C. &score[i]
　　GetFailNum(score, n)
　　score[i] < 60

D. &score[i]
　　GetFailNum(score[i], n)
　　score[i] >= 60

【解答】 C

18. 以下程序的功能是：按顺序读入 10 名学生 4 门课程的成绩，计算出每位学生的平均分并输出。程序运行后结果不正确，调试中发现有一条语句在程序中的位置不正确。这条语句是(　　)。

```
        #include <stdio.h>
        int main()
        {
            int n, k;
            float score, sum, ave;
            sum=0.0;
            for(n=1; n<=10; n++)
            {
                for(k=1; k<=4; k++)
                {
                    scanf("%f", &score);
                    sum+=score;
                }
                ave=sum/4.0;
                printf("NO%d:%f\n", n, ave);

            }
            return 0;
        }
```

A. sum+=score;

B. ave=sun/4.0;

C. printf("NO%d:%f\n", n, ave);

D. sum=0.0;

【解答】 D

19. 以下程序中，函数 Reverse 的功能是对数组 a 中的前一半元素逆序、后一半元素逆序，再将逆序后的前、后两部分数据位置交换。按要求在空白处填写适当的表达式或语句，使程序完整并符合题目要求的选项是(　　)。

例如：主程序中数组 b 中的元素为{16,22,13,41,50,62,27,18,9,10}，调用函数 Reverse 后，数组 b 中元素变为

```
{10 9 18 27 62 50 41 13 22 16}
#include <stdio.h>
void Reverse(int a[],int n)
{
    int i, t;
    for(i=0; _____; i++)
     {
         t=a[i];
         _____;
         a[n-i]=t;
      }
}
int main()
{
    int b[10]={16, 22, 13, 41, 50, 62, 27, 18, 9, 10};
    int i, s=0;
    _____;
    for(i=0; i<10; i++)
    {
        printf("%4d",b[i]);
    }
    return 0;
}
```

A. i<=n/2	B. i<=n/2	C. i<=n/2	D. i<=n
a[n]=a[i]	a[i]=a[n-i]	a[i]=a[n]	a[n-i]=a[i]
Reverse(9, b)	Reverse(b, 9)	Reverse(b, 9)	Reverse(b, 9)

【解答】　B

20. 输入 n × n 阶矩阵，用函数编程，计算并输出其两条对角线上的各元素之和。按要求在空白处填写适当的表达式或语句，使程序完整并符合题目要求的选项是(　　)。

```
#include <stdio.h>
#define   N    10
void InputMatrix(int a[N][N], int n);
int AddDiagonal(int a[N][N], int n);
int main()
{
    int a[N][N], n, sum;
    printf("Input n:");
```

```
        scanf("%d", &n);
        InputMatrix(a, n);
        sum = AddDiagonal(a, n);
        printf("sum = %d\n", sum);
        return 0;
    }
    /*  函数功能：  输入 n × n 矩阵的元素值，存于数组 a 中  */
    void InputMatrix(_____, int n)
    {
        int i, j;
        printf("Input %d*%d matrix:\n", n, n);
        for (i=0; i<n; i++)
        {
            for (j=0; j<n; j++)
            {
                scanf("%d", _____);
            }
        }
    }
    /*  函数功能：  计算 n × n 矩阵中两条对角线上的元素之和  */
    int AddDiagonal(int a[N][N], int n)
    {
        int i, j, sum = 0;
        for (i=0; i<n; i++)
        {
            for (j=0; j<n; j++)
            {
                if (_____)
                    sum = sum + a[i][j];
            }
        }
        return _____;
    }
```

A.　int a[N][N]
　　&a[i][j]
　　i==j || i+j==n-1
　　sum

B.　int a[N][N]
　　a[i][j]
　　i==j || i+j==n-1
　　a[N][N]

C.　int a[N][N]
　　&a[i][j]

D.　int a[][]
　　&a[i][j]

```
i==j && i+j==n-1                          i==j && i+j==n-1
a[i][j]                                   sum
```

【解答】　A

21. 下面代码的功能是将数组 a 中存放的 5 个整型数据逆序后在屏幕上输出，具体输出内容如下：

　　5　　4　　3　　2　　1

按要求在空白处填写适当的表达式或语句，使程序完整并符合题目要求的选项是（　　）。

```c
#include <stdio.h>
void Fun(int b[], int i, int j)
{
    int t;
    if(i<j)
    {
        _____;
        b[i]=b[j];
        _____;
        Fun(b, i+1, j-1);
    }
}
int main( )
{
    int i, a[5]={1, 2, 3, 4, 5};
    _____;
    for(i=0; i<5; i++)   printf("%d\t", a[i]);
    printf("\n");
    return 0;
}
```

A.　t=b[i]　　　　B.　t=b[i]　　　　C.　t=b[i]　　　　D.　t=b[j]
　　b[j]=t　　　　　　b[i]=t　　　　　　b[i]=t　　　　　　b[j]=t
　　Fun(a, 0, 4)　　　Fun(a, 1, 5)　　　Fun(a, 0, 5)　　　Fun(a, 1, 4)

【解答】　A

22. 某人有 5 张 2 分的邮票和 5 张 3 分的邮票，问使用这些邮票可以组合出多少种不同面值的邮资(例如：1 张 2 分邮票加 1 张 3 分邮票可以组成 5 分的邮资；3 张 2 分的邮票或 2 张 3 分的邮票都可以组成同样的 6 分邮资)。按要求在空白处填写适当的表达式或语句，使程序完整并符合题目要求的选项是(　　)。

```c
#include <stdio.h>
int main()
{
```

```
        int i, j, k, s, n=0;
        int a[100]={0};
        for(i=0; _____; i++)
            for(j=0; _____; j++)
            {
                s=_____;
                for(k=0; a[k]!=0; k++)
                    if(s==a[k])
                        _____;

                if(a[k]==0&&s>0)
                {
                    _____;
                    n++;
                }
            }
        printf("\n %d kinds:", n);
        for(k=0; a[k]; k++)
            printf("%2d,", a[k]);
        return 0;
    }
```

A.	i<=5	B.	i<5	C.	i<=5	D.	i<5
	j<=5		j<5		j<=5		j<5
	2i+3j		2*i+3*j		2*i+3*j		2*i+3*j
	continue		break		break		continue
	a[k]=s		s=a[k]		a[k]=s		s=a[k]+1

【解答】 C

23. 某矩阵 m 存储的数据如下：

1 4 7

2 5 8

3 6 9

现将该矩阵最后一行的所有数据输出到屏幕，按要求在空白处填写适当的表达式或语句，使程序完整并符合题目要求的选项是(   )。

```
        #include <stdio.h>
        int main()
        {
            int m[][3]={1, 4, 7, 2, 5, 8, 3, 6, 9};
            int i,j,k=____;
            for(i=0; _____; i++)
```

```
    {
        printf("%d",_____);
    }
    return 0;
}
```

A. 2	B. 2	C. 3	D. 3
i<3	i<2	i<3	i<=3
m[k][i]	m[i][k]	m[i][k]	m[k][i]

【解答】 A

24. 下列说法正确的是( )。

A. 在 C 语言中，数组的下标都是从 0 开始的

B. 对于一个二维数组，可以按任意的顺序对其进行赋值，输出二维数组元素也可以按任意的顺序来输出

C. C 语言中的二维数组在内存中是按列存储的

D. 定义数组的大小、访问数组元素时在下标中都可以使用变量或表达式

【解答】 A

25. 用函数编程，计算并输出如图所示的杨辉三角形。按要求在空白处填写适当的表达式或语句，使程序完整并符合题目要求的选项是( )。

```
        1
        1    1
        1    2    1
        1    3    3    1
        1    4    6    4    1
        1    5   10   10    5    1
        1    6   15   20   15    6    1
        1    7   21   35   35   21    7    1
        1    8   28   56   70   56   28    8    1
        1    9   36   84  126  126   84   36    9    1
        1   10   45  120  210  252  210  120   45   10    1
        1   11   55  165  330  462  462  330  165   55   11    1
```

第 25 题图

```
#include<stdio.h>
#define   N   20
void   CaculateYH(int a[][N], int   n);
void   PrintYH(int a[][N], int   n);
int main()
{
    int   a[N][N] = {0}, n;
```

```
        printf("Input   n(n<20):");
        scanf("%d", &n);
        CaculateYH(a, n);
        PrintYH(a, n);
        return 0;
}
/* 函数功能：计算杨辉三角形前 n 行元素的值  */
void CaculateYH(_____, int n)
{
        int   i, j;
        for (i=0; i<n; i++)
        {
            a[i][0] = 1;
            _____;
        }
        for (_____; i<n; i++)
        {
            for (j=1; j<=i-1; j++)
            {
                a[i][j] = _____;
            }
        }
}
/* 函数功能：输出杨辉三角形前 n 行元素的值  */
void PrintYH(int a[][N], int n)
{
        int   i, j;
        for (i=0; i<n; i++)
        {
            for (j=0; _____; j++)
            {
                printf("%4d", a[i][j]);
            }
            printf("\n");
        }
}
```

A. int a[][N]   B.   int a[][]
    a[i][i] = 1   a[i][i] = 1
    i=2   i=1

a[i-1][j-1] + a[i-1][j]

j<=i

C. int a[N][]

a[i][i] = 1

i=2

a[j-1][i-1] + a[j][i-1]

j<=i

a[i-1][j-1] + a[i-1][j]

j<=i

D. int a[][N]

a[0][i] = 1

i=2

a[i-1][j-1] + a[i-1][j]

j<i

【解答】 A

26. 下面代码的功能是在屏幕上输出以下内容

0

1

3

程序中空白处缺少的代码由下列选项给出，其中不能满足题目要求的是( )。

```c
#include <stdio.h>
int main()
{
    int b[3][3]={0, 1, 2, 0, 1, 2, 0, 1, 2}, i, j, t=0;
    for(i=0; i<3; i++)
        for(j=i; j<=i; j++)
        {
            t=t+_____;
            printf("%d\n", t);
        }
    return 0;
}
```

A. b[i][b[j][j]]   B. b[i][j]   C. b[j][t]   D. b[t][j]

【解答】 C

27. 以下程序的输出结果是( )。

```c
void swap1(int c[])
{
    int t;
    t=c[0];
    c[0]=c[1];
    c[1]=t;
}

void swap2(int c0, int c1)
{
    int t;
```

```
            t=c0;

            c0=c1;

            c1=t;

        }


        int main( )

        {

            int a[2]={3, 5}, b[2]={3, 5};

            swap1(a);

            swap2(b[0], b[1]);

            printf("%d %d %d %d\n", a[0], a[1], b[0], b[1]);

            return 0;

        }
```

A. 5 3 3 5　　　　　　B. 5 3 5 3　　　　　　C. 3 5 3 5　　　　　　D. 3 5 5 3

【解答】　A

二、编程题

1. 求二维数组周边元素之和。

【算法分析】　将二维数组中的数据可以看成一个二维矩阵，例如下面的二维数组，输出周边元素之和为 sum=48。

具体算法是：首先将第 1、4 两行累加到 sum 中，之后再将第 1、4 列中除 4 个角上的数字外，再次累加到 sum 中，使用 for 循环实现。

```
1   2   3   4

2   3   4   5

3   4   5   6

4   5   6   7
```

【程序代码】

```
#include<iostream>

using namespace std;

const int M=4;

const int N=4;

void main( )

{

    int a[M][N], i, j, sum=0;

    for (i=0; i<M; i++)

        for (j=0; j<N; j++)

            cin>>a[i][j];

    for (i=0; i<N; i++)                    //求第 1 行和第 4 行元素和
```

```
{   sum+=a[0][i];
    sum+=a[M-1][i];
}
for (i=1; i<M-1; i++)          //求第 1 列和第 4 列元素和
                              //但不包括 4 个角上的元素 a[0][0]、a[3][0]、a[0][3]、a[3][3]
{   sum+=a[i][0];
    sum+=a[i][N-1];
}
cout<<"二维数组周边元素之和为："<<sum<<endl;
}
```

【运行结果】
```
1    2    3    4
5    6    7    8
9    10   11   12
13   14   15   16
```
二维数组周边元素之和为：102

2．摘苹果。

题目内容：陶陶家的院子里有一棵苹果树，每到秋天树上就会结出 10 个苹果。苹果成熟的时候，陶陶就会跑去摘苹果。陶陶有个 30 cm 高的板凳，当他不能直接用手摘到苹果的时候，就会踩到板凳上再试试。现在已知 10 个苹果到地面的高度(已知在 100 cm 到 200 cm之间，包括 100 cm 和 200 cm)，以及陶陶把手伸直时能达到的最大高度(已知在 100 cm 到120 cm 之间，包括 100 cm 和 120 cm)，请你编写程序帮助陶陶计算一下他能摘到的苹果数目。假设他碰到苹果，苹果就会掉下来。

函数原型：
　　　int GetApple(int a[], int height, int n);

函数功能：计算陶陶能摘到的苹果数目。

函数参数：数组 a 保存苹果到地面的高度；height 代表陶陶把手伸直时能达到的最大高度；n 为苹果数。

函数返回值：陶陶能摘到的苹果数目。

程序运行示例 1：
　　　100 200 150 140 129 134 167 198 200 111✓
　　　110✓
　　　5

程序运行示例 2：
　　　120 110 200 134 122 162 183 144 128 100✓
　　　105✓
　　　6

输入格式："%d"

输出格式："%d"

【程序代码】

```
#include <stdio.h>
int GetApple(int a[], int height, int n);
int main()
{
    int i, n = 10, height, a[10];
    for (i = 0; i < 10; i++)    {
        scanf("%d", &a[i]);
    }
    scanf("%d", &height);
    printf("%d", GetApple(a, height, n));
    return 0;
}
int GetApple(int a[], int height, int n)
{
    int i, appleNum = 0;
    for (i = 0; i < n; i++){
        if (a[i] <= height + 30){
            appleNum++;
        }
    }
    return appleNum;
}
```

3. 好数对。

题目内容：已知一个集合 A，对 A 中任意两个不同的元素求和，若求得的和仍在 A 内，则称其为好数对。例如，集合 A={1 2 3 4}，1+2=3，1+3=4，则 1，2 和 1，3 是两个好数对。编写程序求给定集合中好数对的个数。

注：集合中最多有 1000 个元素，元素最大不超过 10 000。

程序运行示例 1：

4✓

1 2 3 4✓

2

程序运行示例 2：

7✓

2456 3251 654 890 100 754 1234✓

1

输入格式："%d"

输出格式："%d"

【程序代码】

```c
#include<stdio.h>
int main()
{
    int n, i, j, k, flag, cnt = 0, cnt1 = 0, cnt2 = 0;
    int a[1000], b[1000], c[1000];
    scanf("%d", &n);
    for (i = 0; i<n; i++)
        scanf("%d", &a[i]);
        b[cnt] = a[0];
    for (j =   1; j < n; j++)
    {
        flag = 1;
        for (k = 0; k <= cnt; k++){
            if (a[j] == b[k]){
                flag = 0;
                break;
            }
        }
        if (flag){
            cnt++;
            b[cnt] = a[j];
        }
    }
    for (i = 0; i <= cnt; i++){
        for (j = i + 1; j <= cnt; j++){
            c[cnt1] = b[i] + b[j];
            for (k = 0; k <= cnt; k++){
                if (c[cnt1] == b[k]){
                    cnt2++;
                    break;
                }
            }
            cnt1++;
        }
    }
    printf("%d", cnt2);
    return 0;
}
```

4. 组合三位数。

题目内容：将 1～9 这 9 个数字分成三个三位数，要求第一个三位数，正好是第二个三位数的 1/2，是第三个三位数的 1/3。问应当怎样分，编写程序实现。

输入格式：无。

输出格式："%d, %d, %d\n"。

【程序代码】

```c
#include <stdio.h>
int IsSatisfy(int x, int y, int z);
void Decompose(int x, int arr[]);
int main()
{
    int i;
    for (i = 123; i <= 333; i++){
        if (IsSatisfy(i, 2 * i, 3 * i)){
            printf("%d, %d, %d\n", i, 2 * i, 3 * i);
        }
    }
    return 0;
}
int IsSatisfy(int x, int y, int z)
{
    int i, j, flag = 1;
    int a[9], b[9] = { 0 };
    Decompose(x, a);
    Decompose(y, a + 3);
    Decompose(z, a + 6);
    for (i = 0; i < 9; i++){
        for (j = 0; j < 9; j++){
            if (i == a[j] - 1){
                b[i]++;
            }
        }
    }
    for (i = 0; i < 9; i++){
        if (b[i] != 1){
            flag = 0;
            break;
        }
    }
}
```

```
        return flag;
    }
    void Decompose(int x, int arr[])
    {
        int i;
        for (i = 0; i < 3; i++){
            arr[i] = x % 10;
            x /= 10;
        }
    }
```

5. 求 100 以内的最大素数。

题目内容：编程计算 n(n<=500)以内的 10 个最大素数及其和，分别输出最大的 10 个素数及其和。n 的值要求从键盘输入，要求 10 个素数按从大到小的顺序输出。

程序运行示例 1：

```
    Input n(n<=500):10✓
         7      5      3      2
    sum=17
```

程序运行示例 2：

```
    Input n(n<=500):100✓
        97    89    83    79    73    71    67    61    59    53
    sum=732
```

输入提示信息："Input n(n<=500):"。

输入格式："%d"。

10 个最大素数的输出格式："%6d"。

10 个最大素数和的输出格式："\nsum=%d\n"。

【程序代码】

```
    #include <stdio.h>
    int IsPrime(int x);
    int main()
    {
        int i, n, cnt = 0, sum = 0, primeArr[500];

        printf("Input n(n<=500):");
        scanf("%d", &n);
        for (i = 2; i <= n; i++){
            if (IsPrime(i)){
                primeArr[cnt] = i;
                cnt++;
```

```
            }
        }
        if (cnt>=10)  {
        for (i = cnt - 1; i >= cnt - 10; i--){
            printf("%6d", primeArr[i]);
            sum += primeArr[i];
        }
        }else{
            for (i = cnt - 1; i >= 0; i--){
                printf("%6d", primeArr[i]);
                sum += primeArr[i];
            }
        }
        printf("\nsum=%d\n", sum);
        return 0;
    }
    int IsPrime(int x)
    {
        int i, flag = 1;
        if (x < 2){
            return 0;
        }else{
            for (i = 2; i*i <= x; i++){
                if (x % i == 0){
                    flag = 0;
                    break;
                }
            }
        }
        return flag;
    }
```

6. 三天打鱼两天晒网。

题目内容：中国有句俗语叫"三天打鱼两天晒网"，某人从 1990 年 1 月 1 日起开始"三天打鱼两天晒网"，即工作三天，然后再休息两天。问这个人在以后的某一天中是在工作还是在休息。从键盘任意输入一天，编程判断他是在工作还是在休息，如果是在工作，则输出：He is working，如果是在休息，则输出：He is having a rest，如果输入的年份小于 1990 或者输入的月份和日期不合法，则输出：Invalid input。

输入格式: "%4d-%2d-%2d"

输出格式："Invalid input" 或 "He is having a rest" 或 "He is working"。

输入样例 1：

2014-12-22

输出样例 1：

He is working

输入样例 2：

2014-12-24

输出样例 2：

He is having a rest

输入样例 3：

2014-12-32

输出样例 3：

Invalid input

【程序代码】

```c
#include <stdio.h>
int main()
{
    int i, year, month, day, totalDays = 0;
    int a[13] = { 0, 31, 28, 31, 30, 31, 30, 31, 31, 30, 31, 30, 31 };
    scanf("%4d-%2d-%2d", &year, &month, &day);

    if (year < 1990 || month<1 || month>12 || day<1 || day>31){
        printf("Invalid input");
        return 0;
    }else{
        for (i = 1990; i <= year; i++){
            if ((i % 4 == 0 && i % 100 != 0) || i % 400 == 0){
                totalDays += 366;
            }else{
                totalDays += 365;
            }
        }
        if ((year % 4 == 0 && i % 100 != 0) || i % 400 == 0){
            for (i = 1; i < month; i++)     {
                totalDays += a[i];
            }
            totalDays++;
        }else{
            for (i = 1; i < month; i++)     {
```

```
            totalDays += a[i];
        }
    }
}
totalDays += day;
if (totalDays % 5 <= 3){
    printf("He is working");
}else{
    printf("He is having a rest");
}
return 0;
}
```

7. 统计用户输入。

题目内容：从键盘读取用户输入直到遇到 # 字符，编写程序统计读取的空格数目、读取的换行符数目以及读取的所有其他字符数目(要求用 getchar()输入字符)。

程序运行结果示例 1：

Please input a string end by #:

abc def✓

jklm op✓

zkm #✓

space: 3, newline: 2, others: 15

程序运行结果示例 2：

Please input a string end by #:

hello friend!#✓

space: 1, newline: 0, others: 12

输入提示信息："Please input a string end by #:\n"。

输入格式：getchar()。

输出格式："space: %d, newline: %d, others: %d\n"。

【程序代码】

```
#include <stdio.h>
int main()
{
    char c;
    int cntSpace = 0, cntNewLine = 0, cntOthers = 0;
    printf("Please input a string end by #:\n");
    while ((c = getchar()) != '#')
    {
        if (c == ' ')
```

```
                cntSpace++;
            else if (c == '\n')
                cntNewLine++;
            else
                cntOthers++;
        }
        printf("space: %d, newline: %d, others: %d\n", cntSpace, cntNewLine, cntOthers);
        return 0;
    }
```

8. 统计正整数中指定数字的个数。

题目内容：从键盘输入一个正整数 number，求其中含有指定数字 digit 的个数。例如：从键盘输入正整数 number=1222，若 digit=2，则 1223 中含有 3 个 2，要求用函数实现。函数原型为

　　　　int CountDigit(int number, int digit);

程序运行结果示例 1：

　　　　Input m,n:

　　　　1222,2✓

　　　　3

程序运行结果示例 2：

　　　　Input m, n:

　　　　1234, 6✓

　　　　0

输入提示信息："Input m, n:\n"。

输入格式: "%d, %d"。

输出格式："%d\n"。

【程序代码】

```
    #include <stdio.h>
    int CountDigit(int number, int digit);
    int main()
    {
        int m, n, cnt[10] = { 0 };
        printf("Input m, n:\n");
        scanf("%d,%d", &m, &n);

        printf("%d\n", CountDigit(m, n));
        return 0;
    }
    int CountDigit(int number, int digit)
    {
```

```
        int i;
        int cnt[10] = { 0 };
        while (number != 0){
            i = number % 10;
            cnt[i]++;
            number /= 10;
        }
        return cnt[digit];
    }
```

9. 玫瑰花数。

题目内容：如果一个 n 位正整数等于它的 n 个数字的 n 次方和，则称该数为 n 位自方幂数。四位自方幂数称为玫瑰花数。编程计算并输出所有的玫瑰花数。

输入格式：无。

输出格式："%d\n"。

【程序代码】

```
    #include <stdio.h>
    #include <math.h>
    int main()
    {
        int i, j, k, n, sum=0, digit[4] = { 0 };
        for (i = 1000; i < 10000; i++){
            j = i;
            sum = 0;
            for (k = 0; k < 4; k++){
                digit[k] = j % 10;
                sum += (int)pow((float)digit[k], 4);
                j /= 10;
            }
            if (i==sum){
                printf("%d\n",i);
            }
        }
    }
```

10. 四位反序数。

题目内容：反序数就是将整数的数字倒过来形成的整数。例如，1234 的反序数是 4321。设 N 是一个四位数，它的 9 倍恰好是其反序数，编程计算并输出 N 的值。

输入格式：无。

输出格式："%d\n"。

【程序代码】

```c
#include <stdio.h>
#include <math.h>
int Reverse(int i);
int main()
{
    int i;
    for (i = 1000; i < 1112; i++){
        if (i * 9 == Reverse(i))
            printf("%d\n", i);
    }
}
int Reverse(int m)
{
    int i, n = 0, a[4];
    for (i = 0; i < 4; i++){
        a[i] = m % 10;
        n += (int)a[i]*pow(10.0f, 4 - i - 1);
        m /= 10;
    }
    return n;
}
```

11. 八除不尽的自然数。

题目内容：一个自然数被 8 除余 1，所得的商被 8 除也余 1，再将第二次的商被 8 除后余 7，最后得到一个商为 a。又知这个自然数被 17 除余 4，所得的商被 17 除余 15，最后得到一个商是 a 的 2 倍。求满足以上条件的最小自然数。

输入格式：无。

输出格式："%d\n"。

【程序代码】

```c
#include<stdio.h>
int main()
{
    int i;
    for (i = 0;; i++) {
        if (((i * 8 + 7) * 8 + 1) * 8 + 1 == (34 * i + 15) * 17 + 4) {
            printf("%d\n", (34 * i + 15) * 17 + 4);
            break;
        }
```

```
        }
    }
```

12. 矩阵转置 v1.0。

题目内容：用二维数组作为函数参数，编程计算并输出 n×n 阶矩阵的转置矩阵。其中，n 的值不超过 10，n 的值由用户从键盘输入。

程序运行结果示例 1：

Input n:3✓

Input 3*3 matrix:

1 2 3✓

4 5 6✓

7 8 9✓

The transposed matrix is:

```
    1    4    7
    2    5    8
    3    6    9
```

程序运行结果示例 2：

Input n:2✓

Input 2*2 matrix:

1 2✓

4 5✓

The transposed matrix is:

```
    1    4
    2    5
```

输入提示信息：

提示输入矩阵的阶数："Input n:"。

提示输入矩阵数据："Input %d*%d matrix:\n"。

输入格式: "%d"。

输出提示信息: "The transposed matrix is:\n"。

输出格式："%4d"。

【程序代码】

```c
#include <stdio.h>
void TransMatrix(int a[][10], int n);
int main()
{
    int n, i, j, a[10][10];
    printf("Input n:");
    scanf("%d", &n);
    printf("Input %d*%d matrix:\n", n, n);
```

```
    for (i = 0; i < n; i++){
        for (j = 0; j < n; j++){
            scanf("%d", &a[i][j]);
        }
    }
    TransMatrix(a, n);
    return 0;
}
void TransMatrix(int a[][10], int n)
{
    int i, j, b[10][10];
    for (i = 0; i < n; i++){
        for (j = 0; j < n; j++){
            b[j][i] = a[i][j];
        }
    }
    printf("The transposed matrix is:\n");
    for (i = 0; i < n; i++){
        for (j = 0; j < n; j++){
            printf("%4d", b[i][j]);
        }
        printf("\n");
    }
}
```

13. 兔子生崽问题。

题目内容：假设一对小兔的成熟期是一个月，即一个月可长成成兔，那么如果每对成兔每个月都可以生一对小兔，一对新生的小兔从第二个月起就开始生兔子，试问从一对兔子开始繁殖，n(n<=12)月以后可有多少对兔子(即当年第 n 月份总计有多少对兔子，含成兔和小兔)？请编程求解该问题，n 的值要求从键盘输入。

参考答案：依题意，兔子的繁殖情况如下图所示。图中实线表示成兔仍是成兔或者小兔长成成兔；虚线表示成兔生小兔。观察分析此图可发现如下规律：

月份：	1	2	3	4	5	6	7	8	9	10	11	12
大兔对数：	1	1	2	3	5	8	13	21	34	55	89	144
小兔对数：	0	1	1	2	3	5	8	13	21	34	55	89
总对数：	1	2	3	5	8	13	21	34	55	89	144	233

(1) 每月小兔对数 = 上个月成兔对数。

(2) 每月成兔对数 = 上个月成兔对数 + 上个月小兔对数。

综合(1)和(2)有：每月成兔对数 = 前两个月成兔对数之和。

用 f(n)(n=1，2，…)表示第 n 个月成兔对数，于是可将上述规律表示为如下递推公式：

$$f1 = 1 \qquad\qquad (n = 1)$$
$$f2 = 1 \qquad\qquad (n = 2)$$
$$f(n) = f(n - 1) + f(n - 2) \qquad (n \geqslant 3)$$

程序运行示例：

```
Input n(n<=12):
10↙
          1   2   3   5   8  13  21  34  55  89
Total=89
```

输入提示："Input n(n<=12):\n"。

输入格式："%d"。

输出格式：

每个月兔子对数的输出格式： "%4d"。

第 12 个月的兔子总数的输出格式： "\nTotal=%d\n"。

【程序代码】

```c
#include <stdio.h>
int main()
{
    int i, n, a[13];
    a[1] = 1; a[0] = 1;
    printf("Input n(n <= 12) :\n");
    scanf("%d", &n);
    for (i = 2; i <= n; i++)
        a[i] = a[i - 1] + a[i - 2];
    for (i = 1; i <= n; i++)
        printf("% 4d", a[i]);
    printf("\nTotal=%d\n", a[n]);
    return 0;
}
```

14. 抓交通肇事犯。

题目内容：一辆卡车违反交通规则，撞人后逃跑。现场有三人目击事件，但都没记住车号，只记下车号的一些特征。甲说：牌照的前两位数字是相同的；乙说：牌照的后两位数字是相同的，但与前两位不同；丙是位数学家，他说：四位的车号刚好是一个整数的平方。现在请根据以上线索帮助警方找出车号以便尽快破案。

[提示]：假设这个 4 位数的前两位数字都是 i，后两位数字都是 j，则这个可能的 4 位数：

k = 1000*i + 100*i + 10*j + j

式中，i 和 j 都在 0～9 之间变化。此外，还应使 k=m*m，m 是整数。由于 k 是一个 4 位数，所以 m 值不可能小于 31。

输入格式：无。

输出格式："k=%d, m=%d\n"。

【程序代码】

```
#include <stdio.h>
int main()
{
    int i, k, m, a[4];
    for (m = 31; m < 100; m++){
        k = m*m;
        for (i = 0; i < 4; i++){
            a[i] = k % 10;
            k /= 10;
        }
        if (a[0] == a[1] && a[2] == a[3]){
            printf("k=%d, m=%d\n", m*m, m);
        }
    }
    return 0;
}
```

15. 检验并打印幻方矩阵。

题目内容：幻方矩阵是指该矩阵中每一行、每一列、每一对角线上的元素之和都是相等的。从键盘输入一个 5×5 的矩阵并将其存入一个二维整型数组中，检验其是否为幻方矩阵，并将其按指定格式显示到屏幕上。

输入格式："%d"。

输出格式：

如果是幻方矩阵，输出提示信息："It is a magic square!\n"。

矩阵元素的输出："%4d" (换行使用 "\n")。

如果不是幻方矩阵，输出提示信息："It is not a magic square!\n"。

输入样例 1：

17_24_1_8_15

23_5_7_14_16

4_6_13_20_22

10_12_19_21_3

11_18_25_2_9

(输入样例中 "_" 代表空格)

输出样例 1：

It is a magic square!

1724***1***8**15

23*5***7**14**16

46**13**20**22

1012**19**21***3

1118**25***2***9

(输出样例中"*"代表空格)

输入样例 2：

1_0_1_6_1

3_1_1_1_1

1_1_1_1_2

1_1_1_1_1

9_1_7_1_1

(输入样例中"_"代表空格)

输出样例 2：

It is not a magic square!

【程序代码】

```c
#include <stdio.h>
int IsMagicSquareMatrix(int a[][5], int n);
int main()
{
    int i, j, a[5][5];
    for (i = 0; i < 5; i++){
        for (j = 0; j < 5; j++){
            scanf("%d", &a[i][j]);
        }
    }
    if (IsMagicSquareMatrix(a, 5)){
        printf("It is a magic square!\n");
        for (i = 0; i < 5; i++){
            for (j = 0; j < 5; j++){
                printf("%4d", a[i][j]);
            }
            printf("\n");
        }
    }
    else{
        printf("It is not a magic square!\n");
    }
```

```
        return 0;
}

int IsMagicSquareMatrix(int a[][5], int n)
{
    int s1, s2, sum;
    sum = 0;
    for (int i = 0; i < n; i++){
        for (int j = 0; j < n; j++)
            sum += a[i][j];
    }
    sum /= n;
    for (int i = 0; i<n; i++){
        s1 = s2 = 0;
        for (int j = 0; j<n; j++){
            s1 += a[i][j];
            s2 += a[j][i];
        }
        if (s1 != sum || s2 != sum){
            return 0;
        }
    }
    s1 = s2 = 0;
    for (int i = 0; i<n; i++){
        s1 += a[i][i];
        s2 += a[i][n - i - 1];
    }
    if (s1 != sum || s2 != sum)
        return 0;
    return 1;
}
```

第5章　函　　数

5.1　教材习题

一、单项选择题

1. 以下说法中正确的是(　　)。

　A. C语言程序总是从第一个定义的函数开始执行

　B. 在C语言程序中，要调用的函数必须在main()函数中定义

　C. C语言程序总是从main()函数开始执行

　D. C语言程序中的main()函数必须放在程序的开始部分

【分析】　函数定义的顺序是任意的，执行总是从main()函数开始。

【解答】　C

2. 下列关于C语言函数定义的叙述中，正确的是(　　)。

　A. 函数可以嵌套定义，但不可以嵌套调用

　B. 函数不可以嵌套定义，但可以嵌套调用

　C. 函数不可以嵌套定义，也不可以嵌套调用

　D. 函数可以嵌套定义，也可以嵌套调用

【分析】　函数可以嵌套调用，不允许嵌套定义。

【解答】　B

3. 若函数为int型，变量z为float型，该函数体内有语句return(z);，则该函数返回的值是(　　)。

　A. int型　　　　　B. float型　　　　　C. static型　　　　　D. extern型

【分析】　函数的数据类型与return后面表达式的类型不一致时，表达式的值将被自动转换成函数的类型。

【解答】　A

4. 在函数调用时，如果实参是简单变量名，它与对应形参之间的数据传递方式是(　　)。

　A. 地址传递　　　　　　　　　　　　　B. 单向值传递

　C. 由实参传给形参，再由形参传给实参　　D. 传递方式由用户指定

【分析】　简单变量名代表变量的值，实参对形参的数据传递是单向值传递。

【解答】　B

5. 以下C语言程序的正确输出结果是(　　)。

```
fun(int p)
```

```
    {
        int d=2;
        p=d++;
        printf("%d ", p);
    }
    void main()
    {
        int a=1;
        fun(a);
        printf("%d ", a);
    }
```

　　　A．32　　　　　　　B．12　　　　　　　C．21　　　　　　　D．22

　　【分析】程序从 main 开始，执行函数调用语句 fun(a); 后，程序转向函数 fun 的定义，将实参 a 的值 1 传给形参 p，接着执行函数内部的语句，将 p 的值 2 输出。fun 执行完毕时，程序转回 main 函数的调用点向下执行，输出变量 a 的值 1。

　　【解答】C

　　6．C/C++ 程序中函数的返回值的类型是由(　　)决定的。

　　　A．return 语句中的表达式类型　　　　B．实参数据类型

　　　C．定义函数时所指明的返回值类型　　D．被调函数形参的类型

　　【分析】函数的数据类型用来指明该函数返回值的类型。

　　【解答】C

　　7．有函数定义如下：

　　　fun(int a) { … }

　　并有数据定义语句 float b=123.90; char a;，则以下不合法的函数调用语句是(　　)。

　　　A．fun(1)　　　　B．fun(a)　　　　C．fun((int)b)　　　　D．fun(a, b)

　　【分析】调用时应传递且只传递一个整型实参。选项 D 中有两个实参 a 和 b，故错误。

　　【解答】D

　　8．有函数定义 int fun(int a,int b) { … }，则以下对 fun 函数原型说明正确的是(　　)。

　　　A．void fun(int a,int b);　　　　　B．int fun(int x ,int y);

　　　C．fun(int x, float y);　　　　　　D．float fun(int,float);

　　【分析】函数原型也叫函数声明，声明中的类型必须和定义中的类型保持一致。

　　【解答】B

二、填空题

　　1. C 语言程序由 main 函数开始执行，应在＿＿＿＿＿＿ 函数中结束。

　　【分析】函数是通过调用来执行的，调用是将流程控制转到被调函数，被调函数执行完后返回主调函数的断点处，继续执行主调函数。所以程序从 main 函数开始，在 main() 函数中结束。

【解答】 main

2．函数调用时，若形参、实参均为数组，则其传递方式是_____。

【分析】 形参、实参均为数组，采用地址传递方式。实参是数组名，形参是声明数组变量的形式，形参和实参共用同一个地址空间。

【解答】 地址传递

3．函数调用语句"fun(2*3, (4, 5));"的实参数目是_____。

【分析】 (4,5)是一个逗号表达式，值为 5。函数调用语句应当是"fun(6, 5);"。

【解答】 2

4．当函数调用结束时，该函数中定义的_____变量占用的内存不收回，其存储类型的关键字为 static。

【分析】 静态变量在程序执行期间长期占用内存单元，直到该程序结束。如果静态变量是在函数内声明，叫作静态局部变量。

【解答】 静态局部

5．函数形参的作用域是_____，当函数调用结束时，系统收回变量占用的内存。

【分析】 函数参数中定义的变量是局部变量，作用域从定义处开始到函数结束。

【解答】 从定义处开始到函数结束

6．函数中定义的静态局部变量可以赋初值，当函数多次调用时，赋值语句只执行____次。

【分析】 静态局部变量的初始化赋值语句只执行一次。

【解答】 1

7．在 C++ 程序中允许函数同名，称为函数重载,但形参必须_____。

【分析】 C++ 可实现函数重载，同一个函数名对应多个函数实现，但函数的参数个数或类型不同。

【解答】 类型不同或个数不同

8．递归函数调用使问题范围变_____，构造递归函数的关键在于寻找递归算法和终结条件。

【分析】 递归函数内部对自身的每一次调用都会导致一个与原问题相似而范围要小一点的新问题。

【解答】 小

三、阅读程序题

分析程序，叙述程序功能并写出运行结果。

1．以下程序运行后，输出结果是_____。

```
#include<iostream>
using namespace std;
int func(int a, int b)              //定义 func 函数
{
    return(a+b);
}
void    main()
```

```
        {
            int x=2, y=5, z=8, r;
            r=func(func(x, y), z);                //调用 func 函数
            cout<<r<<endl;
        }
```

【分析】　func 函数的功能是计算两数之和，主程序的功能是通过两次调用 func 函数计算三个数的和，其中第一次调用的返回值作为第二次调用的参数。

【解答】　15

2．程序运行时输入：–101　59　　78　45　67　–90　　　0　–34　57　99，输出结果是_____。

```
        #include<iostream>
        using namespace std;
        int fun1(int c[]);
        int fun2(int b[]);
        void    main()
        {
            int a[10], i;
            for (i=0; i<10; i++)    cin>>a[i];
            cout<<"MAX="<<fun2(a)<<endl;           //调用 fun2 函数，返回值输出
        }
        int fun1(int c[])                          //定义 fun1 函数
        {
            int max, i;
            max=c[0];
            for(i=1; i<10; i++)
                if(max<c[i])     max=c[i];
            return max;
        }

        int fun2(int b[])                          //定义 fun2 函数
        {
            int max;
            max=fun1(b);                           //调用 fun1 函数
            return max;
        }
```

【分析】　程序的功能是找出一维数组中的最大值。通过函数嵌套调用实现。main 函数调用 fun2 函数，fun2 函数再调用 fun1 函数，fun1 函数具体实现找最大数功能。

【解答】　MAX=99

3．以下程序运行后，输出结果是_____。

```cpp
#include<iostream>
using namespace std;
int a=5;
fun(int b)
{
    int a=10;
    a+=b++;
    cout<<a<<endl;
}
void   main()
{
    int c=20;
    fun(c);
    a+=c++;
    cout<<a<<endl;
}
```

【分析】　程序的功能是通过函数调用体现局部变量和全局变量的区别。main()函数中调用 fun()函数，程序执行转向 fun()函数，输出局部变量 a 的值 30，之后转回 main()函数继续向下执行，输出全局变量 a 的值 25。

【解答】　30
　　　　　25

4．以下程序运行后，输出结果是＿＿＿＿＿＿＿。

```cpp
#include<iostream>
using namespace std;
func(int a, int b)
{
    static int m=0, i=2;
    i+=m+1;
    m=i+a+b;
    return(m);
}
void   main()
{
    int k=4, m=1, p;
    p=func(k, m);
    cout<<p<<endl;
    p=func(k, m);
    cout<<p<<endl;
}
```

【分析】 程序的功能是通过两次调用 func 函数体现静态局部变量的特点。func 函数第 1 次被调用时，i、m 的值分别是 3 和 8，退出时 i、m 占用内存不释放。第 2 次调用时，i、m 的初始化语句不执行，i、m 直接用 3 和 8 参加计算，得到 12 和 17。

【解答】

8

17

5. 以下程序运行后，输出结果是＿＿＿＿＿＿。

```
include<iostream>
using namespace std;
fun(int x)
{
    if(x/2>0) fun(x/2);
    cout<<x;
}
void   main()
{
    fun(6);
}
```

【分析】 这是一个递归函数，递归调用和返回的过程如下图所示。

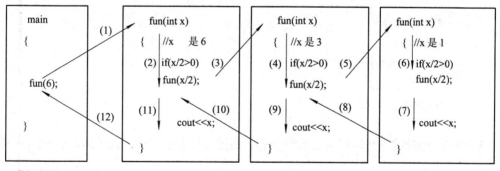

【解答】 136

四、程序填空题

要求：将函数补充完整后，设计主函数进行调试。

1. 以下函数的功能是：通过键盘输入数据，为数组中的所有元素赋值。

```
#define N 10
void arrin(int x[ ])
{
    int i=0;
    while(i<N)          //循环赋值
        cin>>_____;
}
```

【分析】　循环语句应实现给 x 数组元素赋值且下标 i 自增变化。

【解答】　x[i++]

【主函数代码】

```
#include<iostream>
using namespace std;
#define N 10
void arrin(int x[ ]);                    //声明arrin函数
void main()
{
    int a[N];                    //声明数组
    int i;
    arrin(a);                    //调用函数给数组a赋值
    for(i=0; i<N; i++)           //循环输出数组元素
        cout<<a[i]<< "      ";
}
// arrin函数在此处定义
```

2.　以下函数的功能是：求 x^y $(y > 0$ 且为整数)，请填空。

```
double fun(double x, int y)
{
    int i;
    double z;
    for(i=1, z=x; i<y; i++)   //循环求值
        z=z*_____;
    return z;
}
```

【分析】　函数的参数恰好是底数和指数。通过循环实现累乘：公式为 z = z*x; (共循环 y 次)。

【解答】　x

【主函数代码】

```
#include<iostream>
using namespace std;
double fun(double x,int y);        //声明函数fun
void main()
{
    double x;                    //声明底数x
    int y;                       //声明指数y
    double z;                    // z接受函数fun的返回值
    cin>>x>>y;                   //给x、y赋值
    z=fun(x, y);                 //调用函数实现z= xy
```

```
        cout<<z<<endl;
    }
    //fun函数在此处定义
```

3．下面的 invert 函数的功能是将一个字符串 str 的内容颠倒过来，请填空。

```
void invert(char str[])
{
    int i, j, _____ ;                //声明i、j下标和交换中间变量k
    for(i=0, j=_____; i<j; i++, j--)    //循环，头尾字符对调
    {
        k=str[i];
        str[i]=str[j];
        str[j]=k;
    }
}
```

【分析】i 下标定位在字符串开头，j 下标定位在字符串末尾，两下标同时向中间移动，对应的字符相互交换。

【解答】　k

sizeof(str)-2 或 strlen(str)-1

【主函数代码】

```
#include<iostream>
using namespace std;
#include<cstring>   // string.h文件，包含strlen函数，C++ 习惯不用扩展名，而在文件名前面加字符c
void invert(char str[]);        //声明函数实现字符串内容对调
void main()
{
    char str1[20];
    cout<<"请输入一个字符串: "<<endl;
    cin>>str1;
    invert(str1);              //调用函数实现字符串内容对调
    cout<<"字符串内容对调后: "<<endl;
    cout<<str1<<endl;
}
// invert函数在此处定义
```

4．以下程序是计算 $s=1-\dfrac{1}{2}+\dfrac{1}{4}-\dfrac{1}{6}+\dfrac{1}{8}-\cdots+\dfrac{1}{n}$ 的和，请填空。

```
double fun(int n)
{
    double s=1.0, fac=1.0;   int i;
    for(i=2; i<=n; i+=2)
```

```
                {
                    fac=-fac;
                    s=s+ _____;
                }
                return s;
            }
```

【分析】　程序通过循环实现累加求和。累加和为 s，加数的分子为 fac，分母是 i，整个公式是 s=fac/i。

【解答】　fac/i

【主函数代码】

```
            #include<iostream>
            using namespace std;
            double fun(int n);          //声明函数 fun
            void main()
            {
                int n;                  //声明变量 n，准备给函数传参
                double s;               //声明变量 s，准备接收函数返回值
                cin>>n;
                s=fun(n);               //调用函数实现求和
                cout<<s<<endl;
            }
            // fun函数在此处定义
```

5. compare 函数的功能是将两个字符串 a 和 b 的下标相等的两个元素进行比较，即 a[i] 与 b[i]相比较，如果 a[i]==b[i]，则继续下一个元素，即 i++ 后再比较，如果出现 a[i]!=b[i]，则返回 a[i]-b[i](ASCII)的值，请填空。

```
            int compare(char a[], char b[])
            {
                int i;
                for(i=0;a[i]!='\0'&&b[i]!='\0'&&_____;i++);    //循环体内没有语句
                return(a[i]-b[i]);
            }
```

【分析】　字符串 a 和 b 对应元素相等，就移动下标 i；若不相等则跳出循环，对应字符相减，见下表。

使循环停止的 3 种情况

循环停止时 的位置	↓i a b c h \0 a b f e c h \0	↓i a b c \0 a b c \0	↓i a b d g h \0 a b d \0
返回值	a[i]-b[i]<0	a[i]-b[i]==0	a[i]-b[i]>0

【解答】　a[i]==b[i]

【主函数代码】

```cpp
#include<iostream>
using namespace std;
int compare(char a[], char b[]);            //声明 compare 函数
void main()
{
    char a[30], b[30];                      //声明两个字符数组
    int k;                                  //k 保存比较的结果
    cout<<"请输入字符串 a:"<<endl;
    cin>>a;
    cout<<"请输入字符串 b:"<<endl;
    cin>>b;
    k= compare(a,b);                        //调用比较函数
    if(k>0)                                 //输出比较结果
        cout<<a<<"大于"<<b<<endl;
    else if(k==0)
        cout<<a<<"等于"<<b<<endl;
    else
        cout<<a<<"小于"<<b<<endl;
}
// compare 函数在此处定义
```

五、编程题

1. 编写函数，其功能是求三个整数的最大和最小值。

【算法分析】　因为函数只能返回一个值，考虑编写两个函数，一个求最大值函数，一个求最小值函数，函数的参数是三个整数，返回值分别是最大或最小值。函数体内通过条件句实现功能。

【程序代码】

```cpp
#include<iostream>
using namespace std;
int max(int x,int y,int z);                 //求三个数中的最大数
int min(int x,int y,int z);                 //求三个数中的最小数
void main()
{   int a,b,c;
    cout<<"请输入三个整数: "<<endl;
    cin>>a>>b>>c;
    cout<<"最大值是:"<<max(a, b, c)<<endl;
```

```
        cout<<"最小值是:"<<min(a, b, c)<<endl;
    }
    int max(int x, int y, int z)            //求三个数中的最大数
    {
        int t;
        if(x>y)                             //t 为 x、y 中的大数
            t=x;
        else
            t=y;
        if(t<z)                             //t 为 t、z 中的大数
            t=z;
        return t;                           //返回 t
    }
    int min(int x, int y, int z)            //求三个数中的最小数
    {
        int t;
        if(x<y)                             //t 为 x、y 中的小数
            t=x;
        else
            t=y;
        if(t>z)                             //t 为 t、z 中的小数
            t=z;
        return t;                           //返回 t
    }
```

【运行结果】

请输入三个整数：

20 4 -5

最大值是：20

最小值是：-5

2．编写函数，已知三角形的三个边长，求三角形的面积。

【算法分析】　参照教材第 3 章例 3.1，通过调用函数实现。

【程序代码】

```
    #include<iostream>
    using namespace std;
    #include <cmath>                    // math.h 文件，包含 sqrt()函数，C++ 习惯不用扩展名，前面加 c
    double tri_area(float a, float b, float c)         //定义求三角形的面积函数
    {
        double s;
```

```
        double are;
        s=(a+b+c)/2;
        are=sqrt(s*(s-a)*(s-b)*(s-c));          // sqrt 函数，功能为求平方根
        return are;
    }
    void main()
    {
        float a, b, c, area;
        cout<<"请输入三角形的三条边，请注意两边之和大于第三边，例如: 20 30 40: "<<endl;
        cin>>a>>b>>c;
        area=tri_area(a, b, c);                 //调用函数
        cout<<"面积是:"<<area<<endl;
    }
```

【运行结果】

请输入三角形的三条边，请注意两边之和大于第三边，例如：20 30 40:

30 40 50

面积是：600

3．编写函数，求出字符串中 ASCII 码最大的字符。字符串在主函数中读入(使用 gets 函数)。

【算法分析】 考虑函数的参数是字符数组，返回值是最大的字符，通过循环查找最大字符。参照第 4 章例 4.2，这里将 int 型数据变成了 char 型，并用函数实现。

【程序代码】

```
    #include <stdio.h>
    char maxChar(char str[])            //定义求最大字符函数
    {
        int i=0;
        char max=str[0];                //假设开始时最大字符是 str[0]字符
        while(str[i]!= '\0')            //循环找出最大字符
        {
            if(str[i]>max)
              max=str[i];
            i++;
        }
        return max;
    }
    void main()
    {
        char x[30];                     //声明一个字符数组
```

```
        char max;                              //声明接受最大字符的变量
        printf("请输入一个字符串：  ");
        gets(x);                               //给字符数组赋值
        max=maxChar(x);                        //调用函数 maxChar
        printf("字符串中最大字符是:%c\n", max);
    }
```

【运行结果】

　　请输入一个字符串：asxvf

　　字符串中最大字符是：x

　　4. 编写函数，将一维数组(array[10])的元素从大到小排序，在主函数中读入数组的元素。

　　【算法分析】　排序算法有多种，书上给出了冒泡法和选择法，分别参见第 4 章例 4.4 和第 5 章的例 5.23。

　　【程序代码】

```
        #include<iostream>
        using namespace std;
        void sort(int array[],int n);          //函数 sort 给 array 数组排序, 采用的是冒泡法
        const int N=10;                         //设数组长度为 10
        void main()
        {
            int array[N];
            int i;
            cout<<"请输入数组数据:"<<endl;
            for (i=0; i<N; i++)                  //循环给数组赋值
                cin>>array[i];
            sort(array, N);                     //排序
            cout<<"排序后数组数据:"<<endl;
            for (i=0; i<N; i++)                  //循环输出排序后数组元素
                cout<<array[i]<<" ";
        }
        void sort(int array[],int n)            //函数 sort 给 array 数组排序，n 为数组长度
        {                                       //使用冒泡法实现
            int i, j, t;
            for(i=0; i<n-1; i++)                 //外循环确定比较 n-1 轮(9 轮)
            for(j=0; j<n-i-1; j++)               //内循环找出本轮最大数, 内循环两两比较 n-i-1 次
            if(array[j]>array[j+1])
            {
                t=array[j];                     //交换数据，将大数后调
                array[j]=array[j+1];
                array[j+1]=t;
```

```
    }
  }
```

【运行结果】

请输入数组数据：

20 -5 30 22 7 9 12 -7 99 10

排序后数组数据：

-7 -5 7 9 10 12 20 22 30 99

5．编写函数，判断年是否为闰年，若是则返回 1，否则返回 0。

【算法分析】 闰年的条件是(year%100!=0&& year %4==0|| year %400!=0)，year 作为参数，0 或 1 是返回值。

【程序代码】

```cpp
#include<iostream>
using namespace std;
int runNian(int year);                  //函数 runNian 判断年是否为闰年
void main()
{
    int year,is_not;
    cout<<"请输入年份："<<endl;
    cin>>year;
    is_not=runNian(year);
    if(is_not==1)
        cout<<year<<"年是闰年"<<endl;
    else
    cout<<year<<"年不是闰年"<<endl;
}
int runNian(int year)                   //函数定义
{
    int c;
    if(year%100!=0&& year %4==0|| year %400!=0)           //闰年条件
        c=1;
    else
        c=0;
    return(c);
}
```

【运行结果】

请输入年份：

2001

2001 年不是闰年

6. 编写函数，用递归法将一个 n 位整数转换为 n 个相应的字符。

【算法分析】　设函数名为 intToChar，参数应该为 n，无返回值。关键是找到递归算法，考虑每次递归调用分解出个位数，并递归调用 n−1 位整数。分解出个位算法：n%10，得到 n−1 位整数算法：n/10；递归中止条件是 n/10==0。

例如，将整数 203 转换为相应字符，函数的执行顺序为

(1) main()调用 intToChar(203)，分解出 '3'；

(2) intToChar(203)调用 intToChar(20)，分解出 '0'；

(3) intToChar(20) 调用 intToChar(2)，分解出 '2'，结束递归调用，输出 '2'；

(4) 返回 intToChar(20)，输出 '0'；

(5) 返回 intToChar(203)，输出 '3'；

(6) 返回 main()，结束程序。

【程序代码】

```cpp
#include<iostream>
using namespace std;
void intToChar(int n);                //声明函数 intToChar
void main()
{
    int n;
    cout<<"请输入一个整数:"<<endl;
    cin>>n;                           //例如输入 203
    cout<<"整数"<<n<<"转换为字符:"<<endl;
    if(n<0)
    {
        n=-n;
        cout<<'-';
    }
    intToChar(n);                     //第一次调用递归函数
}
void intToChar(int n)
{
    int c;                            //声明变量 c 保存个位数
    char ch;                          //声明字符变量 ch 保存字符
    c=n%10;                           //取出个位数
    ch=c+'0';                         //个位数变为字符，与 ASCII 码相加，例如 2+'0'=='2'
    if(n/10!=0)                       // n/10，使递归函数的参数缩小
        intToChar(n/10);             //递归调用自身，每次调用传递的参数少一位
    cout<<ch<<" ";    //注意输出字符是在所有递归调用完毕返回上一个调用点后执行的
}
```

【运行结果】

请输入一个整数：

0

整数 0 转换为字符：

0

请输入一个整数：

203

整数 203 转换为字符：

2 0 3

请输入一个整数：

-2011

整数-2011 转换为字符：

-2 0 1 1

7. 编写函数，输出大于 a 小于 b 的所有偶数，主函数读入两个正整数 a 和 b。

【算法分析】　函数的参数设定为 a 和 b，函数无返回值，所有满足要求的偶数直接输出，主函数考虑给 a、b 传参并保证 a<b。

【程序代码】

```cpp
#include<iostream>
using namespace std;
void f(int a,int b);              //声明函数 f，将大于 a 小于 b 的所有偶数输出
void main()
{
    int a, b, temp;
    cout<<"请输入两个整数(例如 138    173):"<<endl;
    cin>>a>>b;
    if(a>b)                    //如果 a>b 交换 a、b 中的数据
    {
        temp=a;
        a=b;
        b=temp;
    }

    f(a, b);                   //调用 f()
}
void f(int a, int b)           //定义函数 f，将大于 a 小于 b 的所有偶数输出
{
    int i;
```

```
            int k=0;                    //统计偶数个数
            for(i=a; i<=b; i++)
                if(i%2==0)              //条件：大于 a 小于 b 的所有偶数
                {
                    cout<<i<<"   ";
                     k++;
                     if(k%5==0)                 //5 个一组输出
                          cout<<endl;
                }
        }
```

【运行结果】

请输入两个整数(例如 138　173)：

138　173

140　142　144　146　148

150　152　154　156　158

160　162　164　166　168

170　172

8．编写函数，将一个数据插入有序数组中，插入后数组仍然有序。

提示：主函数中定义 int array[10]={1, 2, 3, 5, 6, 7, 8, 9, 10}，并读入要插入的数据 n=4，调用函数 void fun(int b[], int n)实现插入。

【算法分析】　首先将数据 data 与数组元素逐一比较，找到应插入的位置，将此位置之后的数组元素都向后移动一个单位，然后将数据插入到空出来的位置。若原有序长度为 N，插入数据后有序长度为 N+1。

【程序代码】

```cpp
#include<iostream>
using namespace std;
void sort(int array[], int n);          //声明排序函数，从小到大顺序
void insert(int b[], int n, int data);  //声明插入函数，向有序长度为 n 的数组 b 插入 data
                                        //数组 b 的长度至少为 n+1
const int N=10;                         //设有序长度为 N
void main()
{
    int i, array[N+1], data;            //数组长度为 N+1
    cout<<"请输入"<<N<<"个数组元素，空格隔开："<<endl;
    for(i=0; i<N; i++)
        cin>>array[i];
    sort(array, 10);                    //调用排序函数给数组排序
    cout<<"请输入要向数组中插入的数据："<<endl;
```

```
        cin>>data;
        insert(array, N, data);                    //调用插入数据函数将数据插入数组中
        cout<<"插入数据后数组: "<<endl;
        for(i=0; i<N+1; i++)      //输出数组，插入数据后长度比原来大 1
        {
            cout<<array[i]<<" ";
        }
    }
    void sort(int array[], int n)   //选择法排序，从小到大顺序
    {
        int i, j, k, temp;
        for (i=0; i<n-1; i++)      //外循环 i-1 轮，每循环一轮找最小数放开头，直到只有两个数排序
        {
            k=i;                   //假定开始时最小数在开头，i 是第 i 轮排序数组的开头
            for(j=i+1; j<n; j++)
            {
                if(array[j]<array[k])
                k=j;               //记住最小数据所在下标
            }
            temp=array[k];         //交换数据到开头
            array[k]=array[i];
            array[i]=temp;
        }
    }
    void insert(int b[], int n, int data)          //向有序长度为 n 的数组 b 插入一个数据 data
    {   //假定数组的存储长度大于 n，n 为有序数据的个数，插入后所有数据仍然放在数组 b 中
        int i;                                      //数组下标
        int k;                                      //数据应插入的位置
        i=0;
        /*下面循环移动数组下标的位置，找到 data 应在数组中排序的位置*/
        while(i<n)
        {
            if(b[i]<=data)
                i++;
            else
                break;
        }
        k=i;                                       //记住应插入的位置
        /*下面循环将 k 到 n 位置的数据向后移动一个单位*/
```

```
        i=n;                        //从数组最后一个元素开始
        while(i>=k)
        {
            b[i+1]=b[i];
            i--;
        }
        b[k]=data;                  //将数据 data 插入相应位置
    }
```

【运行结果】

请输入 10 个数组元素，空格隔开：

10 20 3 5 7 99 87 -2 9 77

请输入要向数组中插入的数据：

12

插入数据后数组：

-2 3 5 7 9 10 12 20 77 87 99

9. 有分段函数如下，设计函数求 age(5)的值。

$$age(n) = \begin{cases} 10, & n = 1 \\ age(n-1)+2, & n > 1 \end{cases}$$

提示：用递归方法编写 age 函数，递归结束条件是：当 n=1 时，age(n)=10。递归形式：age(n) = age(n – 1) + 2。

【算法分析】

本题的递归算法和中止条件已给，求 age(n)可变成求 age(n-1)，求 age(n-1)可变成求 age(n-2)，以此类推，直到最后 age(1)=10 递归中止。

【程序代码】

```
#include<iostream>
using namespace std;
int age(int n);                 //声明递归函数 age()
void main()
{
    int n,age1;
    cin>>n;                     //输入 5
    age1=age(n);                //调用递归函数 age
    cout<<"age("<<n<<")的值是: "<<age1<<endl;
}
int age(int n)
{
    int c;
```

```
        if(n==1) c=10;              //当 n=1 时，年龄为 10
        else c=age(n-1)+2;          //递归调用
        return c;
    }
```
【运行结果】
　5
　age(5)的值是：18

5.2　补充提高习题

一、单项选择题

1．以下函数定义中，返回值的正确写法是(　　)。

A．char f()	B．int f()	C．void f()	D．void f()
{	{	{	{
…	…	…	…
return "xyz";	return;	return;	return s;
}	}	}	}

【解答】　C

2．在一个函数内不能说明(　　)。

　　A．全局变量　　　　B．寄存器变量　　　C．静态变量　　　　D．动态变量

【解答】　A

3．C 语言中 auto 型变量(　　)。

　　A．存储在动态存储区中　　　　　　　B．存储在静态存储区中

　　C．存储在外存中　　　　　　　　　　D．存储在寄存器中

【解答】　A

4．函数的默认存储类别是(　　)。

　　A．auto　　　　　　B．static　　　　　C．extern　　　　　D．register

【解答】　C

5．函数的形参必须是(　　)。

　　A．表达式　　　　　B．变量　　　　　　C．常量　　　　　　D．都可以

【解答】　B

6．以下关于递归调用的说法中错误的是(　　)。

　　A．递归调用时，调用函数又是被调用函数，即递归函数将反复调用自身

　　B．递归调用分为直接递归调用和间接递归调用

　　C．递归调用内必须有中止递归的语句

　　D．递归调用在每一次调用自身时使用相同的实参

【解答】　D

7. 以下关于变量作用域说法，不正确的是(　　)。

　　A．在不同函数中可以使用相同名字的变量

　　B．在一个函数内的复合语句中定义的变量在本函数范围内有效

　　C．C++ 中可以在函数的任何地方定义变量，C 语言中只能在函数的可执行语句前定义变量

　　D．函数的实参和形参可以使同名变量

【解答】　B

8. 若有以下程序段，函数头不正确的是(　　)。

```
void main()
{
  int a[10],n;
   …
  f(&a[0],n);
   …
}
```

　　A．void f(int a[],int n)　　　　　　B．void f(int x[] ,int m)

　　C．void f(int a[10],int n)　　　　　D．void f(int a, int n)

【解答】　D

9. 下列说法中正确的是(　　)。

　　A．无论何种情况，只要把用户自定义的所有函数都放在 main 函数的前面，就可以不用写函数原型了

　　B．函数只有一个返回值，所以不能有多个 return 语句

　　C．函数原型是一条语句，不包括函数体

　　D．在 C 语言中，只有当实参与其对应的形参同名时，才共占同一个存储单元，此时形参值的变化会影响到实参的值

【解答】　C

10. 以下程序有语法错误，有关错误原因的说法正确的是(　　)。

```
#include <stdio.h>
void prt_char(float x);
int main()
{
    int G=5,k;
    …
    k=prt_char(G);
    …
    return 0;
}

int prt_char(int x)
```

```
    {
        ...
    }
```

　　A. 函数 prt_char(int x)定义的位置不对，不能放在主函数 main()的后面。

　　B. 变量名不能使用大写字母

　　C. 函数名不能使用下划线

　　D. 函数原型和函数定义不匹配

【解答】 D

11. 有以下函数定义：

```
void Fun(int n, double x)
{ ... }
```

若以下选项中的变量都已正确定义并赋值如下：

```
int a, k;
double b;
a=12;
b=0.45;
```

则对函数 Fun 的正确调用语句是(　　)。

　　A. k=void Fun(a, b);　　　　　　B. Fun(a, b);

　　C. k=Fun(10, 12.5);　　　　　　D. Fun(int y, double m);

【解答】 B

12. C 语言规定：在一个源程序中，main 函数的位置(　　)。

　　A. 必须在系统调用的库函数的后面　　B. 可以任意

　　C. 必须在程序的最后　　　　　　　　D. 必须在程序的最开始

【解答】 B

13. 完全数，又称完美数或完数(Perfect Number)，它是指这样的一些特殊的自然数，它所有的真因子(即除了自身以外的约数)的和，恰好等于它本身。例如，6 就是一个完全数，是因为 6 = 1 + 2 + 3。请编写一个判断完全数的函数 IsPerfect()，然后判断从键盘输入的整数是否是完全数。注意：1 没有真因子，所以不是完全数。

　　代码如下，按要求在空白处填写适当的表达式或语句，使程序完整并符合题目要求的选项是(　　)。

```
#include <stdio.h>
#include <math.h>
int IsPerfect(int x);
int main()
{
    int m;
    printf("Input m:");
    scanf("%d", &m);
    if (_____)        /*完全数判定*/
```

```
        printf("%d is a perfect number\n", m);
    else
        printf("%d is not a perfect number\n", m);
    return 0;
}
/* 函数功能：判断完全数，若函数返回 0，则代表不是完全数，若返回 1，则代表是完全数 */
int IsPerfect(int x)
{
    int i;
    int total = 0;              /* 1 没有真因子，不是完全数*/
    for (_____)
    {
        if (_____)
                total = total + i;
    }
    return total==x ? 1 : 0;
}
```

A. IsPerfect(m)==0   B. IsPerfect(m)!=1
   i=0; i<x; i++   i=0; i<=x; i++
   x % i != 0   x / i == 0

C. IsPerfect(m)   D. m
   i=1; i<x; i++   i=1; i<=x; i++
   x % i == 0   x % i != 0

【解答】 C

14. 设计一个函数 MaxCommonFactor()，利用欧几里得算法(也称辗转相除法)计算两个正整数的最大公约数。代码如下，按要求在空白处填写适当的表达式或语句，使程序完整并符合题目要求的选项是(   )。

```
#include <stdio.h>
int MaxCommonFactor(int a, int b);
int main()
{
    int a, b, x;
    printf("Input a, b:");
    scanf("%d, %d", &a, &b);
    x = _____ ;

    if (x != -1)
    {
        printf("MaxCommonFactor = %d\n", x);
```

```
        }
    else
        {
            printf("Input error!\n");
        }
    return 0;
    }


    //函数功能：  计算两个正整数的最大公约数，–1 表示没有最大公约数
    int MaxCommonFactor(int a, int b)
    {
        int r;
        if (a<=0 || b<=0) return -1;              //保证输入的参数为正整数
        do{
            _____;
            a = b;
            _____;
        }while (_____);
        return   a;
    }
```

A.　MaxCommonFactor(x, b)	B.　MaxCommonFactor(a, b, x)
r = a / b	r = a % b
a = r	a = r
r != 0	r == 0
C.　MaxCommonFactor(a, b)	D.　MaxCommonFactor(a, x)
r = a % b	r = b % a
b = r	b = r
r != 0	r = 0

【解答】　C

15. 有以下函数定义：

```
    void Fun(int n, double x)
    { … }
```

若以下选项中的变量都已正确定义并赋值如下：

```
    int a, k;
    double b;
    a=12;
    b=0.45;
```

则对函数 Fun 的正确调用语句是(　　　)。

A.　k=Fun(10, 12.5);　　　　　　　　B.　Fun(int y, double m);

C. Fun(a, b);   D. k=void Fun(a, b);

【解答】 C

16. 以下程序的功能是选出能被 3 整除且至少有一位是 5 的两位数的整数，输出所有满足条件的数及其个数。代码如下，按要求在空白处填写适当的表达式或语句，使程序完整并符合题目要求的选项是(　　)。

```c
#include <stdio.h>
int Sub(int k,int n)
{
    int a1, a2;
    a2=k/10;
    a1=k-a2*10;
    if(_____)
    {
        printf("%4d", k);
        n++;
        return n;
    }
    else
        return -1;
}
int main()
{
    int n=0, k, m;
    for(k=10; k<100; k++)
    {
        m=_____;

        if(_____) n=m;
    }

    printf("\nn=%d\n", n);
    return 0;
}
```

A. (k%3=0 && a2=5)||(k%3=0 && a1=5)
    Sub(k,n)
    m=-1

B. (k%3==0 &&a2==5) && (k%3==0 &&a1==5)
    Sub(n,k)
    m==-1

C. (k%3==0&&a2==5)||(k%3==0&&a1==5)

    Sub(k,n)

    m!=-1

  D. (k%3=0 && a2=5) && (k%3=0 && a1=5)

    Sub(n,k)

    m!=-1

【解答】　C

17. 设计一个函数，用来判断一个整数是否为素数。

代码如下，按要求在空白处填写适当的表达式或语句，使程序完整并符合题目要求的选项是(　　)。

```c
#include <math.h>
#include <stdio.h>
int IsPrimeNumber(int number);
int main()
{
    int n, ret;
    printf("Input n:");
    scanf("%d", &n);
    ret = IsPrimeNumber(n);
    if (_____)
    {
        printf("%d is a prime number\n", n);
    }
    else
    {
        printf("%d is not a prime number\n", n);
    }
    return 0;
}
//函数功能：判断 number 是否是素数，函数返回非 0 值，表示是素数，否则不是素数
int IsPrimeNumber(int number)
{
    int i;

    if (number <= 1) return 0;          //负数、0 和 1 都不是素数
        for (i=2; _____; i++)
        {
            if (_____)        //被整除，不是素数
                return 0;
```

```
    }
        return 1;
    }
```

A. ret != 0
i<=sqrt(number)
number % i == 0

B. ret == 0
i<=number
number % i == 0

C. ret != 0
i<=number
number / i == 0

D. ret == 0
i<=sqrt(number)
number / i == 0

【解答】 A

18. 以下程序执行后的输出结果是(　　)。

```
void Fun(int v , int w)
{
    int t;
    t=v;
    v=w;
    w=t;
}


int main( )
{
    int x=1, y=3, z=2;

    if(x>y) Fun(x, y);
    else if(y>z) Fun(y, z);
    else Fun(x, z);

    printf("%d, %d, %d\n", x, y, z);
    return 0;
}
```

A. 1, 3, 2　　　　B. 1, 2, 3　　　　C. 3, 1, 2　　　　D. 2, 3, 1

【解答】 A

19. 若已定义的函数有返回值，则以下关于该函数调用的叙述中错误的是(　　)。

A. 函数调用可以作为一个函数的实参　　B. 函数调用可以作为一个函数的形参
C. 函数调用可以出现在表达式中　　　　D. 函数调用可以作为独立的语句存在

【解答】 B

20. 设计一个函数 MinCommonMultiple()，计算两个正整数的最小公倍数。

代码如下，按要求在空白处填写适当的表达式或语句，使程序完整并符合题目要求的选项是(　　)。

```
#include <stdio.h>
int MinCommonMultiple(int a, int b);
int main()
{
    int a, b, x;
    printf("Input a, b:");
    scanf("%d, %d", &a, &b);
    x = _____;
    if (_____)
        printf("MinCommonMultiple = %d\n", x);
    else
        printf("Input error!\n");
    return 0;
}
//函数功能：计算两个正整数的最小公倍数，-1 表示没有最小公倍数
int MinCommonMultiple(int a, int b)
{
    int i;
    if (_____) return -1;          // 保证输入的参数为正整数
    for (i=1; i<b; i++)
    {
        if (_____)    return i * a;
    }
    return b * a;
}
```

A. MinCommonMultiple(int a, int b)   B. MinCommonMultiple(b, a)

    x = -1   x != -1

    a<=0 || b<=0   a<=0 || b<=0

    (i * a) % b == 0   (i * a) / b == 0

C. MinCommonMultiple   D. MinCommonMultiple(a, b)

    x == -1   x != -1

    a<=0 && b<=0   a<=0 || b<=0

    (i * a) % b == 0   (i * a) % b == 0

【解答】　D

二、编程题

1. 通过键盘输入任意 N 个学生的某一科成绩，求 N 个学生的平均成绩，要求程序能

够反复执行且用函数实现。

【算法分析】 参照第 4 章习题部分的编程题。将主菜单编写成一个函数，求学生的平均成绩也编成一个函数，主函数按需调用。学生成绩用数组 a[N]保存， n 是学生成绩个数，数组的长度 N>n。程序的缺点是数组大小和成绩个数矛盾，好处是主函数功能一目了然，实现了模块化。

【程序代码】

```cpp
#include<iostream>
using namespace std;
const N=50;          //最大学生成绩个数
void showMenu();     //显示系统菜单
void average();      //求平均成绩
void main()
{
    int menuFlag;    //菜单项标志，menuFlag=0:结束程序，menuFlag=1:程序正常运行
    while(1)         //整个程序包含在一个永真循环中，只有用户选择结束，程序才会停止运行
    {
        showMenu();          //调用函数显示系统菜单
        cin>>menuFlag;       //以下程序段根据菜单输入，选择 switch 语句执行的分支
        switch(menuFlag)
        {
        case 1:    average();    //调用函数求平均成绩
                break;
        case 0:    break;        //什么也不做，跳出 switch 语句
        }
        if(menuFlag!=1)
            break;               //跳出循环
    }
}
void showMenu()              //显示系统菜单
{
    cout<<"-----------------------------------------------------"<<endl;
    cout<<"          1. 计算学生的平均成绩，请输入 1:"<<endl;
    cout<<"          2. 退出程序，请输入 0:"<<endl;
    cout<<"-----------------------------------------------------"<<endl;
}

void average()
{
    int n;                   //变量 n 用于统计学生个数
```

```
float a[N];                //数组 a[N]用于保存学生成绩
float sum;                 //声明变量 sum，计算所有学生的总成绩
float ave;                 //变量 ave 用于保存平均成绩
int i;                     //循环控制变量
cout<<"请输入要计算的学生成绩个数(最多不超过"<<N<<"个):"<<endl;
cin>>n;
cout<<endl<<"下面请输入"<<n<<"个学生成绩(用空格隔开)"<<endl;
sum=0.0;
for(i=0; i<n; i++)
{
    cin>>a[i];
    sum=sum+a[i];
}
ave=sum/n;
cout<<endl<<n<<"个学生的平均成绩是"<<ave<<endl;
}
```

【运行结果】

```
------------------------------------------------------------
        1.  计算学生的平均成绩, 请输入 1:
        2.  退出程序, 请输入 0:"<<endl;
------------------------------------------------------------
    1
    请输入要计算的学生成绩个数(最多不超过 50 个):
    20

    下面请输入 20 个学生成绩(用空格隔开)
     67 87 77 68 90 98 78 94 92 85 65 73 71 79 86 81 80 83 91 62

     20 个学生的平均成绩是 80.35
------------------------------------------------------------
        1.  计算学生的平均成绩, 请输入 1:
        2.  退出程序, 请输入 0:"<<endl;
------------------------------------------------------------
    0
```

2. 计算阶乘的和 v2.0。

题目内容：假设有这样一个三位数 m，其百位、十位和个位数字分别是 a、b、c，如果 m= a!+b!+c!，则这个三位数就称为三位阶乘和数(约定 0!=1)。请编程计算并输出所有的三位阶乘和数。

函数原型：long Fact(int n);。

函数功能：计算 n 的阶乘。

输入格式：无。

输出格式："%d\n"。

【程序代码】

```c
#include <stdio.h>
long Fact(int n);
int main()
{
    int i, a, b, c;
    for (i = 100; i < 1000; i++){
        a = i % 10;
        b = i / 10 % 10;
        c = i / 100;
        if (Fact(a) + Fact(b) + Fact(c) == i){
            printf("%d\n", i);
        }
    }
    return 0;
}

long Fact(int n) //该函数只能计算 0~12 的阶乘
{
    int i;
    long fact = 1;
    if (n==0 || n==1){
        return 1;
    }else{
        for (i = 2; i <= n; i++){
            fact *= i;
        }
    }
    return fact;
}
145
```

3. 计算最大的三位约数。

题目内容：从键盘任意输入一个数 n(1000<=n<=1000000)，编程计算并输出 n 的所有约数中最大的三位数(即最大的三位约数)。如果 n 小于 1000 或者大于 1000000，则输出"Input error!"。

函数原型：

```
int Func(int n);
```

函数功能：计算 n 的所有约数中最大的三位数。

程序运行结果示例 1：

```
Input n:555555✓
777
```

程序运行结果示例 2：

```
Input n:1000✓
500
```

程序运行结果示例 3：

```
Input n:800✓
Input error!
```

输入提示信息："Input n:"。

输入错误提示信息："Input error!\n"。

输入格式："%d"。

输出格式："%d\n"。

【程序代码】

```c
#include <stdio.h>
int Func(int n);
int main()
{
    int n;
    printf("Input n:");
    scanf("%d", &n);
    if (n<1000 || n>1000000){
        printf("Input error!");
        return 0;
    }
    printf("%d\n", Func(n));
    return 0;
}
int Func(int n)
{
    int i;
    for (i = 999; i >= 100; i--)        {
        if (0 == n%i){
            return i;
        }
```

```
        }
    }
```

4. 分梨。

题目内容：融融妈妈买了 8 个梨给 8 个孩子吃，结果小黄狗桐桐淘气叼走了一个，大花猫鑫鑫偷偷藏了一个。说 8 个人怎么分 6 个梨？把每个梨切 8 个相等的块，每个人拿 6 块。把每个梨切 4 个相等的块，每个人拿 3 块正好。分数化简要把分数化简到最简形式，比如 12/20 可以化简成 6/10 和 3/5，但 3/5 是最简形式；100/8 可以化简成 50/4 和 25/2，而 25/2 为最简形式。为了降低难度，不要求将假分数(如 7/2)化简成带分数(3)形式。请编程将任意一个分数化简成最简形式。先从键盘输入两个整数 m 和 n(1<=m, n<=10000)，其中 m 表示分子，n 表示分母。然后输出分数化简后的最简形式。

函数原型：

> int Gcd(int a, int b);

函数功能：计算 a 和 b 的最大公约数，输入数据超出有效范围时返回-1。

程序的运行结果示例 1：

> Input m,n:8,14✓
>
> 4/7

程序的运行结果示例 2：

> Input m,n:-13,31✓
>
> Input error!

程序的运行结果示例 3：

> Input m,n:7,0✓
>
> Input error!

程序的运行结果示例 4：

> Input m,n:210,35✓
>
> 6/1

输入提示信息："Input m,n:"。

输入错误提示信息："Input error!\n"。

输入格式："%d,%d"。

输出格式："%d/%d\n"。

【程序代码】

```c
#include <stdio.h>
int Gcd(int a, int b);
int main()
{
    int m, n;
    printf("Input m, n:");
    scanf("%d,%d", &m, &n);
    if ((m<1 || m>10000) || (n<1 || n>10000))
```

```
                printf("Input error!\n");
            else
                printf("%d/%d\n", m / Gcd(m, n), n / Gcd(m, n));
            return 0;
        }
        int Gcd(int a, int b)
        {
            int t;
            if ((a<1 || a>10000) || (b<1 || b>10000))
                return -1;
            while (b){
                t = b;
                b = a%b;
                a = t;
            }
            return a;
        }
```

5. 素数求和。

题目内容：从键盘任意输入一个整数 n，编程计算并输出 1~n 之间的所有素数之和。

函数原型：

```
        int IsPrime(int x);
```

函数功能：判断 x 是否是素数，若函数返回 0，则表示不是素数；若返回 1，则代表是素数。

程序运行结果示例 1：

```
        Input n:8✓
        sum=17
```

程序运行结果示例 2：

```
        Input n:10✓
        sum=17
```

程序运行结果示例 3：

```
        Input n:-12✓
        sum=0
```

输入提示信息："Input n:"。

输入格式："%d"。

输出格式："sum=%d\n"。

【程序代码】

```
        #include <stdio.h>
        int IsPrime(int x);
```

```c
int main()
{
    int i, n, sum = 0;
    printf("Input n:");
    scanf("%d", &n);
    for (i = 1; i <= n; i++){
        if (IsPrime(i))
            sum += i;
    }
    printf("sum=%d\n", sum);
    return 0;
}
int IsPrime(int x)
{
    int i, flag = 1;
    if (x < 2){
        return 0;
    }else{
        for (i = 2; i*i <= x; i++){
            if (x % i == 0){
                flag = 0;
                break;
            }
        }
    }
    return flag;
}
```

第6章 指 针

6.1 教 材 习 题

一、单项选择题

1. 若有以下定义和语句，则 *p 最终值是( )。

        int *p, b=10;   static int a[]={2, 3, 4, 1, 5, 6};

        p=a; p+=3; a[3]=b;

    A. 1   B. 3   C. 4   D. 10

【分析】 若 p 是指针变量，则 *p 代表 p 指向的变量，p=a 时，p 指向 a[0],p+=3 后，p 指向 a[3], a[3]=10，所以 *p 的值是 10。

【解答】 D

2. 若有以下定义和语句，则 *p 最终值是字符( )。

        char b[10]= "abcdefghi", *p;

        p=b+5;

    A. f   B. g   C. h   D. e

【分析】 p = b + 5 后，指针 p 指向数组的下标为 5 的元素，*p 就代表 b[5]。

【解答】 A

3. 有二维数组 a[3][4]，用指针法表示 a[2][3]，正确的是( )。

    A. &a[2][3]   B. a[2]+3   C. *(a+2)+3   D. *(a[2]+3)

【分析】 &a[2][3]、a[2]+3 和*(a+2)+3 都是指向数组元素 a[2][3]的指针，只有*(a[2]+3)代表指针指向的变量 a[2][3]。

【解答】 D

4. 定义指向包含 4 个整型元素的一维数组的行指针的正确形式是( )。

    A. int (*p)[]   B. int *p[4]   C. int *(p[])   D. int (*p)[4]

【分析】 根据行指针的定义，这里一行是 4 个整型元素，所以定义成 int (*p)[4]。

【解答】 D

5. 指向 4 个字符串的指针数组的正确定义是( )。

    A. char (*p)[]   B. char *p[4]   C. char *(p[])   D. char (*p)[4]

【分析】 根据指针数组的定义，这里由 4 个指针构成一维指针数组：char *p[4]。

【解答】 B

6. 若 char *str1="china"; char *str2="student"; ，则执行语句 strcpy(str2, str1); 后，str2 的值为( )。

A．china   B．student   C．studentchina   D．chinastudent

【分析】 strcpy(str2,str1)将 str1 字符串复制到 str2 数组中，得到 china。

【解答】 A

7．若有以下定义和语句：

    int a[]={1, 2, 3, 4, 5, 6, 7, 8, 9, 0}, *p=a;

则值为 3 的表达式是(   )。

      A．p+=2, *(++p)   B．p+=2, *p++

      C．p+=3, p++   D．p+=2, ++*p

【分析】 指针变量 p 的值是地址，只有 *p 才能取得指针指向的变量的值。

选项 A 中，p+=2 时指针指向 a[2]，++p 后，指针指向 a[3]，*p 取得 a[3]的值 4。

选项 B 中，p 指向 a[2]，*p 取得 a[2]的值 3 后，执行 p++。

选项 D 中，p+=2，指针指向 a[2]，++*p 相当于++(*p)，对 a[2]的值 3 加 1，得到 4。

【解答】 B

8．若有以下定义和语句：

    int **pp, *p, a=10, b=20;

    pp=&p;

    p=&a;

    p=&b;

    printf("%d, %d\n", *p, **pp);

则输出结果是(   )。

    A．10, 20   B．10, 10   C．20, 10   D．20, 20

【分析】 二级指针 pp 指向一级指针 p，p 指向 a，*p 和 **pp 都代表 a，然后 p 指向 b，**pp 和 *p 都代表 b。

【解答】 D

二、填空题

1．设有以下定义和语句：

    int a[3][2]={10,20,30,40,50,60}, (*p)[2];

    p=a;

则 *(*(p+2)+1)的值为_____。

【分析】 p 是行指针变量，*(*(p+i)+j)代表第 i 行第 j 列的元素 a[i][j]。

【解答】 60

2．若有以下定义和语句，则在执行 for 语句后，*(*(pt+1)+2)表示的数组元素用下标法表示为_____。

    int t[3][3]={1, 2, 3, 4, 5, 6, 7, 8, 9}, *pt[3], k;

    for (k=0; k<3; k++)

        pt[k]=&t[k][0];

【分析】 pt[3]是指针数组，通过 for 语句将数组 t[3][3]每行首地址赋给 pt[0]、pt[1]、pt[2]，则 *(*(pt+i)+j)代表元素 t[i][j]。

【解答】 pt[1][2]

3. 若有以下定义和语句，程序运行后的输出结果是_____。

```
char s[]="9876", *p;
for (p=s; p<s+2; p++)
    cout<<p<<endl;
```

【分析】 循环体 cout<<p<<endl; 输出字符串并换行，p 是字符串首地址，p=s 时，指向字符串 9876 的首地址，p=s+1 时，指向字符串 876 的首地址，p=s+2 时，跳出循环。

【解答】 9876
876

4. 若有以下定义和语句：

```
int a[]={6, 7, 8, 9, 10},*p=a;
*(p+2)+=2;
cout<<*p<<"      "<<*(p+2)<<endl;
```

则下列程序段的输出结果是_____。

【分析】 p=a，则指针 p 指向数组下标为 0 的元素，p+2 指向数组下标为 2 的元素，*p 代表 a[0]，*(p+2)代表 a[2]，执行*(p+2)+=2 后，*(p+2)的值由 8 变为 10。

【解答】 6   10

三、阅读程序题

分析各语句的功能，写出程序的运行结果。

1. 以下程序的输出结果是_____。

```
#include <iostream>
using namespace std;
void main()
{
    int a[3][4]={1, 3, 5, 7, 9, 11, 13, 16, 17, 19, 21, 23}, (*p)[4]=a;    // p 是行指针变量
    int i, j, k=0;
    for (i=0; i<3; i++)                 //外循环控制行，i 从 0 到 2，共 3 行
        for (j=0; j<2; j++)             //内循环控制列，j 从 0 到 1，每行前 2 个元素
            k=k+*(*(p+i)+j);            //累加求和
    cout<<k<<endl;                      //输出累加和 k
}
```

【分析】 p 是行指针变量，*(*(p+i)+j)代表第 i 行第 j 列的元素 a[i][j]。程序的功能是通过双重循环将数组 a 每行前 2 个元素累加求和。

【解答】 60

2. 以下程序运行后，输出结果是_____。

```
#include<iostream>
using namespace std;
void main()
```

```
        {
            int i, num[]={1, 2, 3, 4, 5},*p=num;
            *p=20;
            p++;
            *p=30;
            p--;
            cout<<*p<<endl;
        }
```

【分析】　程序的功能是通过指针 p 前后移动，改变 p 的指向，并使用 *p 给指针指向的变量赋值，最后输出 i 变量的值，观察其是否有改变。

【解答】　20

3．以下程序运行后，输出结果是＿＿＿＿＿＿＿＿＿＿。

```
        #include <iostream>
        using namespace std;
        void main()
        {
            char    s[]="abcdefg";
            char *p;                    //声明字符型指针 p
            p=s;                        //将字符串的首地址赋给 p，则 p 指向字符串的头一个元素
            cout<<*(p+5)<<endl;         // *(p+5)代表指针 p+5 指向的数组元素，等价于 s[5]
        }
```

【分析】　程序的功能是将指针 p+5 指向的数组元素的值输出。

【解答】　f

4．以下程序运行后，输出结果是＿＿＿＿＿＿＿＿＿＿。

```
        #include <iostream>
        using namespace std;
        void main()
        {
            int a[]={2, 3, 4};
            int s, i, *p;
            s=1;
            p=a;                        //将数组的首地址赋给指针变量 p，则 p 指向数组下标为 0 元素
            for(i=0;i<3;i++)            // for 循环开始，每循环一次，变量 s 在原来的基础上乘以*(p+i)
                s*=*(p+i);              //指针 p+i 指向数组下标为 i 的元素，*(p+i)代表 a[i]
            cout<<s<<endl;             //输出 s
        }
```

【分析】　程序的功能是将数组的所有三个元素相乘并将结果输出，每个数组元素用指针法表示。

【解答】　24

5. 以下程序运行后，输出结果是＿＿＿＿＿＿＿＿＿＿。

```cpp
#include <iostream>
using namespace std;
void main()
{
    int *p1, *p2, *p, a=3, b=5;
    p1=&a;   p2=&b;                //指针 p1 指向 a，p2 指向 b
    if(*p1<*p2)                    //如果 a<b(*p1 代表 a，*p2 代表 b)
    {
        p=p1;   p1=p2;   p2=p;     //交换指针 p1、p2 的指向
    }
    cout<<a<<"   "<<b<<endl;       //用变量名输出 a、b
    cout<<*p1<<"   "<<*p2<<endl;   //用指针法输出 a、b (*p1 代表 b，*p2 代表 a)
}
```

【分析】 程序的功能是交换指针 p1、p2 的指向后，通过变量名和指针指向的变量两种方式输出 a 和 b 的值，并观察两种方式的不同之处。

【解答】 　3　　　5

　　　　　5　　　3

四、程序填空题

将程序补充完整，调试通过。

1. 以下函数的功能是删除字符串 s 中的所有数字字符，请填空。

```cpp
void dele(char *s)
{
    int n=0, i;
    for(i=0; s[i]; i++)
        if(_____) s[n++]=s[i];
    s[n]=_____;
}
```

【分析】 程序实现将要删除的数字字符后面的字符前移。

【解答】 !(s[i]>='0'&&s[i]<='9')

　　　　 '\0'

【程序代码】

```cpp
#include<iostream>
using namespace std;
void dele(char *s);              //声明函数 dele
void main()
{
```

```cpp
    char str[30];
    cout<<"请输入一个字符串: "<<endl;
    cin>>str;
    dele(str);                        //调用函数 dele 删除字符串中的数字字符
    cout<<"删除数字字符后的字符串是:";
    cout<<str<<endl;                  //输出字符串 str
}
void dele(char *s)                    //定义函数 dele，参数 s 是要删除的字符串，无返回值
{   int n=0, i;
    for(i=0; s[i]; i++)               //当前字符 s[i]不是结束符时执行循环
        if(!(s[i]>='0'&&s[i]<='9'))   //如果当前字符不是数字字符
            s[n++]=s[i];              //执行赋值操作 s[n]=s[i]且下标 i、n 同时移动
                                      //否则不执行赋值且只移动 i
        s[n]='\0';                    //循环结束，将空字符赋给字符数组末尾的字符
}
```

2. 以下函数返回 a 所指数组中最小值的下标，请填空。

```cpp
int fun(int *a,int n)
{
    int i, p=0;
    for(i=1; i<n; i++)
        if(a[i]<a[p]) _____;
    return(p);
}
```

【分析】　程序中，通过循环将每个数组元素 a[i]依次与最小元素 a[p]相比较，如果 a[i]<a[p]，改变最小下标 p。

【解答】　p=i

【程序代码】

```cpp
#include<iostream>
using namespace std;
const int   N=10;            //定义数组长度
int fun(int *a,int n);       //声明函数 fun
void main()
{
    int array[N];
    int k;                   //k 接收数组中最小元素下标
    int i;
    cout<<"请输入"<<N<<"个数组元素:"<<endl;
    for(i=0; i<N; i++)       //通过循环给数组元素赋值
        cin>>array[i];
```

```
        k=fun(array, N);              //调用 fun 函数求最小元素下标
        cout<<"数组中最小元素是:"<<array[k]<<endl;   //输出最小值
    }
    int fun(int *a,int n)             //定义函数 fun，参数 a 指向数组开头，n 为长度
    {
        int i,p=0;                    // p 为最小元素下标，假设开始时 a[0]元素最小
        for(i=1;i<n;i++)              //循环比较当前元素 a[i]和最小元素 a[p]
        if(a[i]<a[p]) _____;     //改变 p 的值
        return(p);                    //返回最小下标
    }
```

五、编程题

要求：所有题目用指针处理。

1．编写函数，将一维数组由大到小排序。

【算法分析】 算法参见第 5 章习题 5 编程题第 4 题，采用指针实现，数组的数据类型任意。

【程序代码】

```
    #include<iostream>
    using namespace std;
    const  int N=10;           //假定 N 个数排序
    void sort(int *p,int n)    //选择法，参数 p 指向要排序的数组下标为 0 的元素
    {                          //参见第 5 章编程题第 4 题
        int i, j, k, temp;     // k 为最大值下标，temp 为交换的中间变量
        for(i=0; i<n-1; i++)   //外循环共 n-1 轮，每循环一次，找到当前数组最大值下标
        {
            k=i;               //假定最大值 k 的起始位置在第 i 轮的开头位置 i
            for(j=i+1; j<n; j++)   //内循环开始
                if(*(p+j)>*(p+k))  //如果当前数组元素 *(p+j)大于最大值 *(p+k)
                k=j;               //重新标记最大值下标
                temp=*(p+k);       //内循环结束，将最大值*(p+k)与当前数组开头元素*(p+i)交换
                *(p+k)=*(p+i);
                *(p+i)=temp;
        }
    }
    void main()
    {
        int a[N], i;
        cout<<"请输入"<<N<<"个整数:"<<endl;
```

```
        for(i=0; i<N; i++)              //通过循环给数组赋值
            cin>>a[i];
        sort(a, N);                     //调用排序函数
            cout<<"排序后的数组为:"<<endl;
        for(i=0; i<N; i++)
            cout<<a[i]<<"   ";          //输出排序后的数组
    }
```

【运行结果】

请输入 10 个整数:

10 20 -3 -7 0 55 99 78 10 5

排序后的数组为:

99 78 55 20 10 10 5 0 -3 -7

2. 编写 input 函数,完成一维实型数组的输入,并编写函数 find 函数,输出其中的最大值、最小值和平均值。

【算法分析】 find 函数所求是三个值,无法用返回值实现,故可考虑通过参数实现。第 1 个参数是实型指针变量 p,指向一维数组;第 2～4 个参数分别是实型指针变量 Max、Min、Ave,通过指针指向变量的方式操纵主调函数中的最大值、最小值和平均值变量 max、min、ave,间接实现数据的双向传递。

【程序代码】

```
        #include<iostream>
        using namespace std;
        const int N=10;             //声明数组长度 N
        void input(float *p, int n ); //声明 input 函数,功能是从键盘读入一个一维实型数组,参数 p
                                      //指向实型数组的开头,n 为数组长度,无返回值
        void find(float *p, int n, float *Max, float *Min, float *Ave);
                    //声明 find 函数,功能是求最大值、最小值和平均值,参数 p 和 n 对应要处理的
                    //数组及其长度,参数 Max、Min、Ave 指向主调函数内的最大值、最小值和平均值
                    //变量,函数不需返回值

        void main()
        {   float num[N];                   //声明一维实型数组
            float max, min;                 //声明变量 max、min 分别保存最大值和最小值
            float ave;                      //声明变量 ave 保存平均值
            input(num,   N);                //调用 input 函数给数组 num 赋值
            find(num, N, &max, &min, &ave); //调用 find 函数实现求最大值、最小值和平均值
            cout<<"最大值是:"<<max<<endl;   //输出
            cout<<"最小值是:"<<min<<endl;
            cout<<"平均值是:"<<ave<<endl;
```

```
    }
    void input(float *p, int n)              //定义 input 函数，p 指向主调函数中的实参数组 num 开头
    {
        int i;
        cout<<"请输入"<<n<<"个实型数组元素 :"<<endl;
        for(i=0; i<n; i++)                   //循环给数组元素赋值
            cin>>*(p+i);                     //*(p+i)等价 num[i]
    }


    void find(float *p,int n,float *Max,float *Min,float *Ave)
    {   //定义 find 函数，p 指向主调函数中的实参数组 num 开头
        //参数 Max、Min、Ave 指向主调函数内的最大值、最小值和平均值变量 max、min、ave
        *Max=p[0];              // *Max 等价 max；初值为 p[0]，等价于 num[0]，也可表示为 *(p+0)
        *Min=p[0];              // *Min 等价 min；初值为 p[0]
        float sum=0;            //变量 sum 保存数组元素之和
        int i;
        for(i=0;i<n;i++)        //循环开始
        {
            sum+=p[i];          //求数组元素之和 sum，p[i]等价*(p+i)，即 num[i]
            if(p[i]>*Max)       //求最大值*Max
                    *Max=p[i];
            else if(p[i]<*Min)  //求最小值*Min
                    *Min=p[i];
        }
        *Ave=sum/n;             //求平均值*Ave，*Ave 等价于 ave
    }
```

【运行结果】

请输入 10 个实型数组元素：

-2 3.0 777 34 -8.0 99.3 45.4 92.7 67.3 10

最大值是：777

最小值是：-8

平均值是：111.87

3. 若有 char *p="1234567890";，反复从键盘上输入字符串(循环结构)，若输入的字符串大于指针 p 指向的这个串，则输出 "larger!"；如果小于指针 p 指向的这个串，则输出 "smaller!"，直到用户输入 "1234567890" 时程序结束。

提示：键盘上输入字符串使用 gets()函数数据定义语句 char a[80],*pt=a;。

【算法分析】 通过两个字符串中对应字符*(p+i)和*(pt+i)的比较，将 i 移动到对应字符不相等的位置，然后跳出循环，对应字符相减，比较出两个字符串的大小。算法参见第

4 章第 5 小题。整个程序内嵌在一个永真循环中。

【程序代码】

```cpp
#include<iostream>
using namespace std;
const int N=80;                    //声明数组长度
void main()
{
    char *p="1234567890";          //字符串保存在未命名的内存块中，p 指向此内存块的开头
    char a[N], *pt=a;              //数组 a[N]保存输入字符串，指针 pt 指向数组开头
    int i;
    while(1                        //永真循环，直到输入 1234567890 结束程序
    {
        cout<<"请输入一个字符串(输入 1234567890 程序将结束):"<<endl;
        gets(a);         //给字符数组赋值，或使用 cin>>a;
                         //下面通过一个循环比较两个字符串中对应字符 *(p+i)和 *(pt+i)
                         //循环的目的是将下标 i 移动到对应字符不相等的位置
        i=0;
        while(*(pt+i)!='\0'&&*(p+i)!='\0')
        {
            if(*(pt+i)==*(p+i))     //如果字符相等，下标 i 向后移动
                i++;
            else                    //否则退出此循环
                break;
        }
        //下面条件句判断循环结束后下标 i 所在位置的字符谁大谁小还是相等
        if(*(pt+i)-*(p+i)>0)
            cout<<"larger"<<endl;
        else if(*(pt+i)-*(p+i)<0)
            cout<<"smaller"<<endl;
        else
            break;            //相等时，跳出最外层循环，结束程序
    }
}
```

【运行结果】

请输入一个字符串(输入 1234567890 程序将结束):

axdf123

larger

请输入一个字符串(输入 1234567890 程序将结束):

123

smaller

请输入一个字符串(输入 1234567890 程序将结束)：

78eea

larger

请输入一个字符串(输入 1234567890 程序将结束)：

1234567890

Press any key to continue

4．编写程序，将字符指针指向的字符串"computer"从第一个字符开始间隔地输出。

【算法分析】 函数 f、参数 p 是指向字符串"computer"的字符指针，无返回值。在主函数中调用它。

【程序代码】

```cpp
#include<iostream>
using namespace std;
void f(char *p);        //声明函数 f、参数 p 指向字符串"computer"，间隔输出字符
void main()
{
    char x[]="computer";
    f(x);               //调用函数完成输出功能
}

void f(char *p)
{
    int i=0;
    while(*(p+i)!='\0')
    {
        cout<<*(p+i)<<" ";
        i+=2;
    }
    cout<<endl;
}
```

【运行结果】

c m u e

5．编写程序，在 N 个字符串中查找一个字符串，如果找到则输出"找到了"，否则输出"没找到"，要求使用行指针完成。

提示：主函数定义二维数组、行指针和要查找的字符串：

char str[N][20], (*p)[20]=str ;

假设要查找的字符串为 char *ptfind="c++"。

【算法分析】 将 N 个字符串存入二维数组 str[N][20]中，通过行指针 p 的变化，使 p

分别指向各个字符串，调用系统函数 strcmp，比较每个字符串与要查找的字符串是否相同。

【程序代码】

```cpp
#include<iostream>
#include <cstring>
using namespace std;
const int N=5;                  //假定要查找的是 5 个字符串，根据需要随时可更改 N 的大小
void main()
{
    char str[N][20] ;           //二维数组 str 保存 N 个字符串
    char (*p)[20] = str;        //声明行指针变量 p，可用指针 p+i 指向第 i 行
    int i=0;
    char str1[20];              //数组 str1 保存要查找的字符串
    char *ptfind=str1;          //指针 ptr 指向要查找的字符串
    cout<<"请输入"<<N<<"个字符串，每个字符串用 enter 键结束"<<endl;
    for(i=0; i<N; i++)
        cin>>(char*)(p+i);      //或 cin>>*(p+i);，p+i 是二维数组第 i 行的行指针，类型为 char (*)[20]，
                                // cin 要求为字符型指针，所以要进行类型强制转换(char*)，或用
                                //表达式*(p+i)将 p+i 转化成元素指针
    cout<<"请输入你想查找的字符串："<<endl;
    cin>>ptfind;
    for( i=0; i<N; i++)          //遍历二维数组  查找字符串
    {
        if(strcmp(ptfind,(char *)(p+i))==0)     //字符串比较，strcmp 包含在 string. h 中
        {                                       //函数参数要求为字符型指针：(char *)(p+i)等价于*(p+i)
            cout<<"找到了"<<endl;
            break;                              //如果找到了，在 i<N 时就结束循环
        }
    }

    if(i==N)                    //i 为 N 意味着没找到
        cout<<"没找到"<<endl;
}
```

【运行结果】

请输入 5 个字符串，每个字符串用 enter 键结束

Ncc

def.

c++

affd

123

请输入你想查找的字符串:

c++

找到了

6. 输入一个字符串存入一维数组中，编写函数，统计字符串的长度。

提示：定义语句为

char str[100], *pt=str; int n=0;

【算法分析】　通过函数 length 实现，参数 pt 是字符型指针，pt+i 指向字符串中的第 i 个字符，函数返回字符串的长度。函数内通过循环计数。主函数中考虑给字符数组赋值和接收返回值。

【程序代码】

```
#include<iostream>
using namespace std;
int length(char *pt);          //声明函数 length 统计字符串的长度
void main()
{
    char str[100];              //数组 str 用于保存字符串
    int n=0;                    // n 用于保存字符串长度
    cout<<"请输入一个字符串:"<<endl;
    cin>>str;
    n=length(str);             //调用函数 length()统计字符串长度，返回值赋给 n
    cout<<"字符串"<<str<<"的长度是"<<n<<endl;
}
int length(char *pt)          //函数 length，调用时指针 pt 接收字符数组首地址 str
{
    int i=0;      /
    while(*(pt+i)!='\0')      //循环移动数组元素下标到末尾
        i++;
    return i;                  //控制变量 i 的值即长度
}
```

【运行结果】

请输入一个字符串:

afffdde112

字符串 afffdde112 的长度是 10

6.2　补充提高习题

一、单项选择题

1. 变量的指针含义是(　　)。

A．该变量的值　　　　　　　　B．该变量的名
　　C．该变量的一个标志　　　　　D．该变量的地址
【解答】　D

2．若有以下程序段：

```
char str[]="ABCDE";

char *p;

p=str;
```

则下列叙述正确的是(　　)。

　　A．str 和 p 等价

　　B．str 数组长度和 p 指向的字符串长度相等

　　C．数组 str 中的内容和指针变量中的内容相等

　　D．*p 和 str[0]等价

【解答】　D

3．若有语句 int i,*p=&i; 下面均代表地址的一组选项是(　　)。

　　A．i, p, *&i　　　　　B．&*i, &i, *p　　　　　C．*&p, *p, &i　　　　　D．&i, &*p, p

【解答】　D

4．下面能正确进行字符串赋值操作的是(　　)。

　　A．char s[5]={ "ABCDE"};　　　　　B．char s[5]= "ABCDE";

　　C．char *s= "ABCDE";　　　　　D．char *s; char a; cin>> &s;

【解答】　C

5．口袋中有若干红、黄、蓝、白、黑 5 种颜色的球，每次从口袋中取出三个球，编程输出得到三种不同颜色的球的所有可能取法。下面程序用三重循环模拟取球过程，但每次取出的球如果与前面的球颜色相同就抛弃。程序的运行结果如下：

```
RED, YELLOW, BLUE

RED, YELLOW, WHITE

RED, YELLOW, BLACK

RED, BLUE, WHITE

RED, BLUE, BLACK

RED, WHITE, BLACK

YELLOW, BLUE, WHITE

YELLOW, BLUE, BLACK

YELLOW, WHITE, BLACK

BLUE, WHITE, BLACK
```

按要求在空白处填写适当的表达式或语句，使程序完整并符合题目要求。

```
#include <stdio.h>

int main()

{

    char *bColor[] = {"RED", "YELLOW", "BLUE", "WHITE", "BLACK"};

    int i, j, k, m = 0;
```

```
        for (i=0; i<5; i++)
        {
            for (_____; j<5; j++)
            {
                for (_____; k<5; k++)
                {
                    m++;
                    printf("%d:%s, %s, %s\n", _____);
                }
            }
        }
        return 0;
    }
```

A. j=0

　　k=0

　　m, *bColor[i], *bColor[j], *bColor[k]

B. j=i

　　k=j

　　m,*(bColor+i), *(bColor+j), *(bColor+k)

C. j=i+1

　　k=j+1

　　m, bColor[i], bColor[j], bColor[k]

D. j=1

　　k=1

　　m, *bColor+i, *bColor+j, *bColor+k

【解答】　C

6. 二维数组 a 有 m 行 n 列，则在 a[i][j]之前的元素个数为(　　)。

　　A. i*n+j-1　　　　　B. i*n+j+1　　　　　C. i*n+j　　　　　D. j*n+i

【解答】　C

7. 假设有下面定义语句：

```
    float a[10];
    float *p=a;
```

则 p++相当于是加上(　　)个字节。

　　A. sizeof(p)　　　　B. sizeof(float)　　　　C. sizeof(float*)　　　　D. 1 个字节

【解答】　B

8. 若二维数组 a 有 m 行 n 列，则下面能够正确引用元素 a[i][j]的为(　　)。

　　A. *(*a+i)+j　　　　B. *(*(a+i)+j)　　　　C. *(a+i*n+j)　　　　D. *(a+j*n+i)

【解答】　B

9. char (*p)[10]; 该语句定义了一个(　　)。

A. 有 10 个元素的指针数组 p，每个元素可以指向一个字符串

B. 有 10 个元素的指针数组 p，每个元素存放一个字符串

C. 指向含有 10 个元素的一维字符型数组的指针变量 p

D. 指向长度为 10 的字符串的指针变量 p

【解答】 C

10. 以下程序运行后的输出结果是(   )。

```c
#include <stdio.h>
int main()
{
    int a[3][3],*p,i;
    p=&a[0][0];
    for(i=0;i<9;i++)
    {
        p[i]=i+1;
    }
    printf("%d\n", a[1][2]);
    return 0;
}
```

    A. 6   B. 9   C. 2   D. 3

【解答】 A

11. 设有以下定义：

    int a[3][3] = {1, 2, 3, 4, 5, 6, 7, 8, 9};

    int (*ptr)[3] = a;

    int *p = a[0];

则以下能够正确表示数组元素 a[1][2]的表达式是(   )。

    A. *(*(p+ 5))   B. (*ptr+ 1) + 2   C. *((*ptr+ 1) + 2)   D. *(*(ptr+ 1) + 2)

【解答】 D

12. 下面关于表达式(*p)++ 和 *p++ 的含义分析说明中，错误的是(   )。

A. *p++ 指的是先取出 p 指向的存储单元中的内容，然后将 p 值加 1，此时 p 不再指向原来的存储单元

B. 表达式(*p)++ 和 *p++ 具有不同的含义，(*p)++ 并没有修改指针 p 的指向，而 *p++ 则修改了指针 p 的指向

C. (*p)++ 指的是先取出 p 指向的存储单元中的内容，然后将取出的数值加 1，此时 p 不再指向原来的存储单元

D. (*p)++ 指的是先取出 p 指向的存储单元中的内容，然后将取出的数值加 1，而 p 仍然指向原来的存储单元

【解答】 C

13. 以下程序运行后的输出结果是

```c
#include <stdio.h>
```

```
int main()
{
    int a[10]={1, 2, 3, 4, 5, 6, 7, 8, 9, 10}, *p=&a[3], b;
    b=p[5];
    printf("%d", b);
    return 0;
}
```

A. 5　　　　　　B. 8　　　　　　C. 6　　　　　　D. 9

【解答】 D

14. 有以下程序段，则 *(p[0]+1)所代表的数组元素是(　　)。

```
#include <stdio.h>
int main()
{
    int a[3][2]={1, 2, 3, 4, 5, 6, }, *p[3];
    p[0]=a[1];
    ...
    return 0;
}
```

A. a[1][2]　　　　B. a[0][1]　　　　C. a[1][0]　　　　D. a[1][1]

【解答】 D

15. 在以下程序段中的空白处填写适当的表达式或语句，使程序能正确引用 c 数组元素的选项是(　　)。

```
#include <stdio.h>
int main()
{
    int c[4][5], (*p)[5], i, j, d=0;
    for(i=0; i<4; i++)
    {
        for(j=0;j<5;j++)
        {
            c[i][j]=d;
            d++;
            printf("%4d", c[i][j]);
        }
        printf("\n");
    }
    p=c;
    printf("%d, %d\n", _____);
    return 0;
```

```
}
```

A. *(p+3), c[0][3]　　　　　　　B. *(p[0]+2), c[0][2]

C. *(p+1)+3, c[1][3]　　　　　　D. p+1, c[0][1]

【解答】 B

16. 下面程序的功能是用指针变量作函数参数编程计算任意 m×n 阶矩阵的转置矩阵。要求用指向一维数组的指针变量即二维数组的行指针作函数参数。程序的运行结果如下：

Please enter matrix:

1 2 3 4↙

1 2 3 4↙

1 2 3 4↙

The transposed matrix is:

1 1 1

2 2 2

3 3 3

4 4 4

按要求在空白处填写适当的表达式或语句，使程序完整并符合题目要求的选项是（　　）。

```c
#include <stdio.h>
#define ROW 3
#define COL 4
void Transpose(int (*a)[COL], int (*at)[ROW], int row, int col);
void InputMatrix(int (*s)[COL], int row, int col);
void PrintMatrix(int (*s)[ROW], int row, int col);
int main(void)
{
    int s[ROW][COL];                    // s 代表原矩阵
    int st[COL][ROW];                   // st 代表转置后的矩阵
    printf("Please enter matrix:\n");
    InputMatrix(s, ROW, COL);           //输入原矩阵，s 指向矩阵 s 的第 0 行，是行指针
    Transpose(s, st, ROW, COL);         //对矩阵 s 进行转置，结果存放于 st 中
    printf("The transposed matrix is:\n");
    PrintMatrix(st, COL, ROW);          //输出转置矩阵，*st 指向 st 的第 0 行，是行指针
    return 0;
}

//函数功能：对任意 row 行 col 列的矩阵 a 转置，转置后的矩阵为 at
void Transpose(_____,int (*at)[ROW], int row, int col)
{
    int i, j;
```

```
        for (i=0; i<row; i++)
        {
            for (j=0; j<col; j++)
            {
                _____;
            }
        }
    }


    void InputMatrix(_____, int row, int col)          //输入矩阵元素
    {
         int i, j;
        for (i=0; i<row; i++)
        {
            for (j=0; j<col; j++)
            {
                scanf("%d", _____);                //元素 s[i][j]
            }
        }
    }


    _____
    void PrintMatrix(int _____, int row, int col)      //输出矩阵元素
    {
        int i, j;
        for (i=0; i<row; i++)
        {
            for (j=0; j<col; j++)
            {
                printf("%d\t", *(*(s+i)+j));                //元素 s[i][j]
            }
            printf(" \n");
        }
    }
```

A. int (*a)[COL]   B. int (*a)[ROW]
    ((at+j)+i) = *(*(a+i+j))   *(at+j+i) = *(*(a+i)+j)
    int(*s)[ROW]   int(*s)[COL]
    *(s)+i+j   *(s+i+j)
    (*s)[COL]   (*s)[ROW]

C. int (*a)[COL] 　　　　　　　D. int *a[COL]

  ((at+j)+i) = *(*(a+i)+j)　　　　*(*(at+j)+i) = (*(a+i)+j)

  int(*s)[COL]　　　　　　　　　　int(*s)[ROW]

  *(s+i)+j　　　　　　　　　　　　*(s+i)+j

  (*s)[ROW]　　　　　　　　　　　*s[COL]

【答案】 C

17. 下列说法中错误的是(　　)。

  A. char *country[] = {"French", "England", "Japan", "China", "Finland"};这条语句定义了一个字符指针数组 country，并将初始化列表中的字符串保存到字符指针数组中

  B. 指针指向数组元素时，指针算术运算才是有意义的

  C. 指针的算术运算允许通过对指针变量重复自增来访问数组的元素

  D. 当指针变量指向一维数组的时候，sizeof(数组名)和 sizeof(指针变量名)的计算结果是不相同的

【答案】 A

18. 下面程序希望得到的运行结果如下：

Total string numbers = 3

How are you

但是现在代码存在错误，下面选项中修改正确的语句为(　　)。

```c
#include <stdio.h>
void Print(char *arr[], int len);
int main()
{
    char *pArray[] = {"How", "are", "you"};
    int num = sizeof(pArray) / sizeof(char);
    printf("Total string numbers = %d\n", num);
    Print(pArray, num);
    return 0;
}

void Print(char *arr[], int len)
{
    int i;
    for (i=0; i<len; i++)
    {
        printf("%s ", arr[i]);
    }
    printf("\n");
}
```

A. 第 6 行应该是： B. 第 6 行应该是：

  int num = sizeof(pArray/char *); int num=sizeof(pArray)/sizeof(char*);

C. 第 5 行应该是： D. 第 12 行应该是：

  char pArray[] = {"How","are","you"}; void Print(char arr[], int len)

【解答】 B

19. 若有定义"int *p[5];"，则以下叙述中正确的是(   )。

  A. 定义了一个指针数组 p，该数组含有 5 个元素，每个元素都是基类型为 int 的指针变量

  B. 定义了一个名为*p 的整型数组，该数组含有 5 个 int 类型元素

  C. 定义了一个可指向一维数组的指针变量 p，所指一维数组应具有 5 个 int 类型元素

  D. 定义了一个基类型为 int 的指针变量 p，该变量有 5 个指针

【解答】 A

20. 设有定义语句 int x[6]={2,4,6,8,5,7},*p=x,i;要求依次输出 x 数组 6 个元素中的值，不能完成此操作的语句是(   )。

  A. for(i=0;i<6;i++) B. for(i=0;i<6;i++)

    printf("%2d",*p++); printf("%2d",(*p)++);

  C. for(i=0;i<6;i++) D. for(i=0;i<6;i++)

    printf("%2d",*(p+i)); printf("%2d",*(p++));

【解答】 B

21. 设有语句"int array[3][4];"，则在下面几种引用下标为 i 和 j 的数组元素的方法中，引用方式不正确的是(   )。

  A. array[i][j] B. *(array+ i*4 + j)

  C. *(array[i]+ j) D. *(*(array+ i) + j)

【解答】 B

22. 有 int *p[10];，以下说法错误的是(   )。

  A. p++操作是合法的 B. p 是一个指针数组

  C. p 中每个元素都是一个指针变量 D. p 是数组名

【解答】 A

二、编程题

1. 通过键盘输入 N 个学生的数学、英语、物理、体育成绩，求每个学生的平均成绩和所有学生的总平均成绩，要求程序能够反复执行。

【算法分析】 参见第 5 章补充提高习题的编程题。主函数实现功能不变。学生成绩用二维数组 a[N][5]保存，每行依次保存数学、英语、物理、体育成绩和平均成绩，学生最大个数是 N，n 是实际学生个数，n<=N。数组 a 和变量 n 保存在 average 函数中，主函数通过调用 average 函数完成程序的主要功能。average 函数通过调用 input 函数、everyAve 函数和 showAver 函数实现输入、求平均和输出功能。函数参数中使用了行指针变量和指针变量。

【程序代码】

```cpp
#include<iostream>
using namespace std;
#include<iomanip>                          //包含 setw()
const int N=50;                            //设最大学生成绩个数 N
void showMenu();                           //声明函数 showMenu
void average();                            //声明函数 average,
void input(float (*p)[5],int *n);          //声明函数 input
void everyAve(float (*p)[5],int n);        //声明函数 everyAve
void showAver(float (*p)[5],int n );       //声明函数 showAver
void main()
{
    int menuFlag;        //菜单项标志，menuFlag=0:结束程序，menuFlag=1:程序正常运行
    while(1)     //整个程序包含在一个永真循环中，只有用户选择结束，程序才会停止运行
    {
        showMenu();                  //调用函数显示系统菜单
        cin>>menuFlag;               //以下程序段根据菜单输入，选择 switch 语句执行的分支
        switch(menuFlag)
        {
            case 1:   average();     //调函数求平均成绩并显示
                      break;
            case 0:   break;         //什么也不做，跳出 switch 语句
        }
        if(menuFlag!=1)
        break;                       //跳出循环
    }
}
void showMenu()                      //显示系统菜单
{
    cout<<"-------------------------------------------------------"<<endl;
    cout<<" 1. 计算学生的平均成绩，请输入 1:"<<endl;
    cout<<" 2. 退出程序，请输入 0:"<<endl;
    cout<<"-------------------------------------------------------"<<endl;
}
void average()       //定义函数，求每个学生平均成绩和总平均成绩并显示
{
    int n;               //n 为学生个数
    float a[N][5];       //数组 a[N][5]的每行依次保存数学、英语、物理、体育成绩和平均成绩
    float totalSum=0;    // totalSum 是所有平均成绩之和
```

```
    float totalAve;        // totalAve 是总平均成绩
    int i;
    input(a, &n);          //调用函数 input 实现输入，给二维数组 a 前 4 列和 n 赋值
    everyAve(a, n);        //调用函数 everyAve，计算每个学生平均成绩，保存在数组 a 最后一列中
    for(i=0; i<n; i++)     //计算总平均成绩
        totalSum=totalSum+a[i][4];
    totalAve=totalSum/n;
    showAver(a, n );       //调用函数 showAver，输出每个学生的平均成绩
    cout<<endl<<setw(10)<<"总平均成绩是:"<<totalAve<<endl;    //输出总平均成绩
}
void input(float (*p)[5], int *n)    //输入学生人数和每门成绩
{   int i, j;
    cout<<"请输入学生人数(最多不超过 50):"<<endl;
    cin>>*n;                         // *n 等价于 average 函数中的变量 n，指针表示法
    cout<<"请输入学生的数学、英语、物理、体育成绩，中间用空格隔开："<<endl;
    for(i=0; i<*n; i++)
        for(j=0; j<4; j++)
            cin>>p[i][j];            // p[i][j]等价于 average 函数中数组 a 的元素 a[i][j]
}                                    //行指针表示二维数组元素的几种方式，参见教材
void everyAve(float (*p)[5],int n)    //求每个学生的平均成绩
{
    int i, j;
    int sum;
    for(i=0; i<n; i++)
    {
        sum=0. 0;                    //sum 为每个学生的总成绩
        for(j=0; j<4; j++)
            sum=sum+p[i][j];         //累加每门成绩
        p[i][4]=sum/4;               //计算每个学生的平均成绩 p[i][4]
    }
}
void showAver(float (*p)[5], int n )    //显示每个学生的数学、英语、物理、体育和平均成绩
{
    int i,j;
    cout<<endl<<setw(10)<<"数学"<<setw(10)<<"英语"<<setw(10)<<"物理";
    cout<<setw(10)<<"体育"<<setw(10)<<"平均成绩"<<endl;
    for(i=0; i<n; i++)
    {
        for(j=0; j<5; j++)
```

```
        cout<<setw(10)<<p[i][j];      //表格形式输出
        cout<<endl;
     }
  }
```

【运行结果】

```
-------------------------------------------------
  1. 计算学生的平均成绩，请输入 1:
  2. 退出程序，请输入 0:
-------------------------------------------------
1
请输入学生人数(最多不超过 50):
3
请输入学生的数学、英语、物理、体育成绩，中间用空格隔开：
70 80.5 77.5 63
69 77.5 88 70
90 98 88 90
```

数学	英语	物理	体育	平均成绩
70	80.5	77.5	63	72
69	77.5	88	70	76
90	98	88	90	91

```
总平均成绩是：79.6667
-------------------------------------------------
  1. 计算学生的平均成绩，请输入 1:
  2. 退出程序，请输入 0:
-------------------------------------------------
```

2. 找出按字典顺序排在最前面的国名：输入 5 个国名，编程查找并输出按字典顺序排在最前面的国名(提示：所谓字典顺序，就是将字符串按由小到大的顺序排列，因此按字典顺序排在最前面的国名指的就是最小的字符串)。

程序的运行结果示例：

```
Input five countries' names:
America↙
China↙
Japan↙
England↙
Sweden↙
The minimum is:America
```

输入提示信息："Input five countries' names:\n"。

输入格式: 国名输入用 gets()函数。

输出格式："The minimum is:%s\n"。

【程序代码】

```c
#include<stdio.h>
#include<string.h>
#define RAW 5
#define COL 20
/*
函数形参说明:
(1) pNation 是一个指向二维数组 nation 的行指针;
(2) pNum 传递二维数组的行数;
(3) 采用比较函数。
*/
int GetNationByAlphabet(char (*pNation)[COL],int *pNum);
int main()
{
    int i, n = RAW, minimum;
    char nation[RAW][COL];
    printf("Input five countries' names:\n");
    for(i=0; i<n; i++)
    {
        gets(nation[i]);
    }
    minimum = GetNationByAlphabet(nation, &n);
    printf("The minimum is:%s\n", nation[minimum]);
    return 0;
}
int GetNationByAlphabet(char (*pNation)[COL],int *pNum)
{
    int i, min = 0;
    for(i=1; i<*pNum; i++)
    {
        if(strcmp(*(pNation+min), *(pNation+i))>0)
        {
            min = i;
        }
    }
    return min;
}
```

3. 月份表示。

题目内容：用指针数组保存表示每个月份的英文单词以及"Illegal month"的首地址，然后编程实现：从键盘任意输入一个数字表示月份值 n，程序输出该月份的英文表示，若 n 不在 1～12 之间，则输出"Illegal month"。

程序的运行结果示例 1：

　　Input month number:

　　3✓

　　month 3 is March

程序的运行结果示例 2：

　　Input month number:

　　12✓

　　month 12 is December

程序的运行结果示例 3：

　　Input month number:

　　14✓

　　Illegal month3

月份输入提示信息："Input month number:\n"。

输入格式："%d"。

输出格式：

月份正确时输出格式："month %d is %s\n"；

月份错误时输出格式："%s\n"。

【程序代码】

```c
#include<stdio.h>
#define RAW 13
#define COL 20
int main()
{
    int mon;
    char months[RAW][COL] = {"Illegal month", "January", "Feberary", "March", "April",
                             "May", "June", "July", "August", "September", "October",
                             "November", "December"};
    char (*pMonth)[COL] = months;
    printf("Input month number:\n");
    scanf("%d", &mon);
    if(mon>12||mon<1)
    {
        printf("%s\n", *(pMonth));
    }else
    {
```

```
        printf("month %d is %s\n", mon, *(pMonth+mon));
    }
    return 0;
}
```

4. 程序改错。

从键盘任意输入 m 个学生 n 门课程的成绩，然后计算每个学生各门课的总分 sum 和平均分 aver。

下面程序存在极为隐蔽的错误，请分析错误的原因，并修改程序，同时按照给出的程序运行示例检查修改后的程序。

```
#include <stdio.h>
#define STUD 30 //最多可能的学生人数
#define COURSE 5 //最多可能的考试科目数
void Total(int *score, int sum[], float aver[], int m, int n);
void Print(int *score, int sum[], float aver[], int m, int n);
int main(void)
{
    int i, j, m, n, score[STUD][COURSE], sum[STUD];
    float aver[STUD];
    printf("Enter the total number of students and courses:\n");
    scanf("%d%d",&m,&n);
    printf("Enter score:\n");
    for (i=0; i<m; i++)
    {
        for (j=0; j<n; j++)
        {
            scanf("%d", &score[i][j]);
        }
    }
    Total(*score, sum, aver, m, n);
    Print(*score, sum, aver, m, n);
    return 0;
}

void Total(int *score, int sum[], float aver[], int m, int n)
{
    int i, j;
    for (i=0; i<m; i++)
    {
```

```
            sum[i] = 0;
            for (j=0; j<n; j++)
            {
                sum[i] = sum[i] + *(score + i * n + j);
            }
            aver[i] = (float) sum[i] / n;
        }
    }


    void Print(int *score, int sum[], float aver[], int m, int n)
    {
        int i, j;
        printf("Result:\n");
        for (i=0; i<m; i++)
        {
        for (j=0; j<n; j++)
        {
            printf("%4d\t", *(score + i * n + j));
        }
        printf("%5d\t%6.1f\n", sum[i], aver[i]);
        }
    }
```

程序运行结果示例：

Enter the total number of students and courses:

2 3✓

Enter score:

90✓

95✓

97✓

82✓

73✓

69✓

Result:

90 95 97 282 94.0

82 73 69 224 74.7

输入 m 个学生 n 门课程的提示信息： "Enter the total number of students and courses:\n"。

输入成绩的提示信息： "Enter score:\n"。

输入格式：

输入 m 个学生 n 门课程： "%d%d"。

输入成绩："%d"。

输出格式：

输出提示信息："Result:\n"。

m 个学生 n 门课程成绩输出格式："%4d"。

总分和平均分输出格式："%5d%6.1f\n"。

【程序代码】

```c
#include <stdio.h>
#define STUD 30 //最多可能的学生人数
#define COURSE 5 //最多可能的考试科目数
void Total(int *score, int sum[], float aver[], int m, int n);
void Print(int *score, int sum[], float aver[], int m, int n);
int main(void)
{
    int i, j, m, n, score[STUD][COURSE], sum[STUD];
    float aver[STUD];
    printf("Enter the total number of students and courses:\n");
    scanf("%d%d", &m, &n);
    printf("Enter score:\n");
    for (i=0; i<m; i++)
    {
        for (j=0; j<n; j++)
        {
            scanf("%d", &score[i][j]);
        }
    }
    Total(*score, sum, aver, m, n);
    Print(*score, sum, aver, m, n);
    return 0;
}
void Total(int *score, int sum[], float aver[], int m, int n)
{
    int i, j;
    for (i=0; i<m; i++)
    {
        sum[i] = 0;
        for (j=0; j<n; j++)
        {
            sum[i] = sum[i] + *(score + i * COURSE + j);
        }
```

```
                    aver[i] = (float) sum[i] / n;
                }
        }
        void Print(int *score, int sum[], float aver[], int m, int n)
        {
            int i, j;
            printf("Result:\n");
            for (i=0; i<m; i++)
            {
                    for (j=0; j<n; j++)
                    {
                            printf("%4d", *(score + i * COURSE + j));
                    }
                    printf("%5d%6.1f\n", sum[i], aver[i]);
            }
        }
```

5. 程序改错。

下面主函数调用函数 SortString()，按奥运会参赛国国名在字典中的顺序对其入场次序进行排序，目前程序存在错误，请修改正确，并按照给出的程序运行示例检查修改后的程序。

```
        #include <stdio.h>
        #include <string.h>
        #define M 150 /*  最多的字符串个数  */
        #define N 10 /*  字符串最大长度  */
        void SortString(char *ptr[], int n);
        int main()
        {
            int i, n;
            char *pStr[M];
            printf("How many countries?\n");
            scanf("%d", &n);
            getchar(); /*  读取输入缓冲区中的回车符  */
            printf("Input their names:\n");
            for (i=0; i<n; i++)
            {
                    gets(pStr[i]); /*  输入 n 个字符串  */
            }
            SortString(pStr, n); /*  字符串按字典顺序排序  */
            printf("Sorted results:\n");
```

```
        for (i=0; i<n; i++)
        {
            puts(pStr[i]); /* 输出排序后的 n 个字符串  */
        }
        return 0;
    }
    void SortString(char *ptr[], int n)
    {
        int i, j;
        char *temp = NULL;
        for (i=0; i<n-1; i++)
        {
            for (j=i+1; j<n; j++)
            {
                if (strcmp(ptr[j], ptr[i]) < 0)
                {
                    temp = ptr[i];
                    ptr[i] = ptr[j];
                    ptr[j] = temp;
                }
            }
        }
    }
```

程序运行结果示例：

```
How many countries?
5✓
Input their names:
China✓
French✓
America✓
Russia✓
German✓
Sorted results:
America
China
French
German
Russia
```

输入国家数量提示信息："How many countries?\n"。

输入国家名字提示信息："Input their names:\n"。

输入格式：

输入国家数量："%d"。

字符串输入：使用 gets()函数。

输出提示信息："Sorted results:\n"。

输出格式：使用 puts()函数。

【程序代码】

```c
#include <stdio.h>
#include <string.h>
#define M 150            /* 最多的字符串个数 */
#define N 10             /* 字符串最大长度 */
void SortString(char (*ptr)[N], int n);
int main()
{
    int i, n;
    char pStr[M][N];
    printf("How many countries?\n");
    scanf("%d",&n);
    getchar(); /* 读取输入缓冲区中的回车符 */
    printf("Input their names:\n");
    for (i=0; i<n; i++)
    {
        gets(pStr[i]);               /* 输入 n 个字符串 */
    }
    SortString(pStr, n);             /* 字符串按字典顺序排序 */
    printf("Sorted results:\n");
    for (i=0; i<n; i++)
    {
        puts(pStr[i]);               /* 输出排序后的 n 个字符串 */
    }
    return 0;
}
void SortString(char (*ptr)[N], int n)
{
    int i, j;
    char temp[N] ;
    for (i=0; i<n-1; i++)
    {
        for (j=i+1; j<n; j++)
```

```
        {
            if (strcmp(ptr[j], ptr[i]) < 0)
            {
                strcpy(temp, ptr[i]);
                strcpy(ptr[i], ptr[j]);
                strcpy(ptr[j], temp);
            }
        }
    }
}
```

6. 找数组最值。

题目内容：按如下函数原型编程，从键盘输入一个 m 行 n 列的二维数组，然后计算数组中元素的最大值及其所在的行列下标值。其中，m 和 n 的值由用户键盘输入。已知 m 和 n 的值都不超过 10。

```
        void InputArray(int *p, int m, int n);
        int FindMax(int *p, int m, int n, int *pRow, int *pCol);
                            //函数返回最大值，pRow 和 pCol 分别返回最大值所在的行列下标
```

例如，程序的 1 次运行结果如下：

```
Input n:
3,4↙
Input 3*4 array:
1 2 3 4↙
5 6 7 8↙
9 0 -1 -2↙
max=9, row=2, col=0
```

数组行、列数输入提示信息: "Input m,n:\n"。

数组输入提示信息: "Input %d*%d array:\n"。

输入格式：

输入数组行列数："%d,%d"。

输入数组元素："%d"。

输出格式："max=%d,row=%d,col=%d\n"。

【程序代码】

```
        #include <stdio.h>
        #include <string.h>
        #define ROW 10 /* 最多的字符串个数 */
        #define COL 10 /* 字符串最大长度 */
        void InputArray(int *p, int m, int n);
        int FindMax(int *p, int m, int n, int *pRow, int *pCol);
```

```
int main()
{
    int array[ROW][COL], rows, cols, row = 0, col = 0;
    printf("Input m, n:\n");
    scanf("%d, %d", &rows, &cols);
    InputArray(*array, rows, cols);
    FindMax(*array, rows, cols, &row, &col);
    printf("max=%d, row=%d, col=%d\n", array[row][col], row, col);
    return 0;
}
void InputArray(int *p, int m, int n)
{
    int i,j;
    printf("Input %d*%d array:\n", m, n);
    for(i=0; i<m; i++)
    {
        for(j=0; j<n; j++)
        {
            scanf("%d", p+i*COL+j);
        }
    }
}
int FindMax(int *p, int m, int n, int *pRow, int *pCol)
{
    int i, j, k, l, *max;
    for(i=0; i<m; i++)
    {
        for(j=0; j<n-1; j++)
        {
            max = p+i*COL+j;
            for(k=0; k<m; k++)
            {
                for(l=0; l<n; l++)
                {
                    if(*max<*(p+k*COL+l))
                    {
                        *pRow = k;
                        *pCol = l;
                        max = p+k*COL+l;
```

```
                    }
                }
            }
        }
    }
    return 0;
}
```

7. 冒泡排序。

题目内容：采用冒泡法进行升序排序法的基本原理是：对数组中的 n 个数执行 n-1 遍检查操作，在每一遍执行时，对数组中剩余的尚未排好序的元素进行如下操作：对相邻的两个元素进行比较，若排在后面的数小于排在前面的数，则交换其位置，这样每一遍操作中都将参与比较的数中的最大的数沉到数组的底部，经过 n-1 遍操作后就将全部 n 个数按从小到大的顺序排好序了。程序的某次运行结果如下：

Input n:10✓

Input 10 numbers:2 9 3 4 0 6 8 7 5 1✓

Sorting results: 0 1 2 3 4 5 6 7 8 9

输入数据个数提示："Input n:"。

输入数据提示："Input %d numbers:"。

输入格式："%d"。

输出提示："Sorting results:"。

输出格式："%4d"。

【程序代码】

```c
#include<stdio.h>
#define N 20
void SortArray(int *pArray, int *pCounter );
int main()
{
    int i, array[N], n;
    printf("Input n:");
    scanf("%d", &n);
    printf("Input %d numbers:", n);
    for(i=0; i<n; i++)
    {
        scanf("%d", &array[i]);
    }
    SortArray(array, &n);
    printf("Sorting results:");
    for(i=0; i<n; i++)
```

```
            {
                printf("%4d", array[i]);
            }
            return 0;
        }
        void SortArray(int *pArray, int *pCounter )
        {
            int *pHead, *pEnd, temp, k;
            for(k=*pCounter; k>0; k--)
            {
                for(pHead = pArray, pEnd = pArray+1; pEnd != pArray+k; pHead++, pEnd++)
                {
                    if(*pHead > *pEnd)
                    {
                        temp = *pHead;
                        *pHead = *pEnd;
                        *pEnd = temp;
                    }
                }
            }
        }
```

8. 删除字符串中与某字符相同的字符。

题目内容：在字符串中删除与某字符相同的字符，要求用字符数组作函数参数。

程序运行结果示例：

    Input a string:

    hello, my friend!✓

    Input a character:

    !✓

    Results:hello, my friend

输入字符串的提示信息："Input a string:\n"。

输入单个字符的提示信息："Input a character:\n"。

输入格式：

字符串输入用 gets()函数。

单个字符输入用 getchar()函数。

输出格式："Results:%s\n"。

【程序代码】

```
        #include<stdio.h>
        #define N 100
```

```
    void DeleteCharacter(char *pArray, char *pCounter );
    int main()
    {
        char array[N], s;
        printf("Input a string:\n");
        gets(array);
        printf("Input a character:\n");
        s = getchar();
        DeleteCharacter(array, &s);
        printf("Results:%s\n", array);
        return 0;
    }
    void DeleteCharacter(char *pArray, char *pCounter )
    {
        int i,k;
        for(i=0; *(pArray+i)!='\0'; i++)
        {
            if(*(pArray+i)==*pCounter)
            {
                for(k=0; *(pArray+i+k+1)!='\0'; k++)
                {
                    *(pArray+i+k) = *(pArray+i+k+1);
                }
                *(pArray+i+k) = '\0';
                i--;
            }
        }
    }
```

9. 求最大数和最小数的最大公约数。

题目内容：从键盘输入 10 个正整数，求出最大数、最小数，以及它们的最大公约数。要求用数组实现。

程序运行结果示例 1：

```
Input 10 numbers:
15 23 56 87 94 105 78 19 22 43↙
maxNum=105
minNum=15
15
```

程序运行结果示例 2：

Input 10 numbers:

33 1 2 9 8 7 5 4 0 10↙

maxNum=33

minNum=0

输入提示信息："Input 10 numbers:\n"。

输入格式："%d"。

输出格式：

最大数输出格式："maxNum=%d\n"。

最小数输出格式："minNum=%d\n"。

最大公约数输出格式："%d"。

【程序代码】

```c
#include<stdio.h>
#define N 10
void SortNumbers(int *pArray);
int GetGreatestCommonDivisor(int *pArray);
int main()
{
    int i, array[N], gcd;
    printf("Input 10 numbers:\n");
    for(i=0; i<N; i++)
    {
        scanf("%d", &array[i]);
    }
    SortNumbers(array);
    gcd = GetGreatestCommonDivisor(array);
    printf("maxNum=%d\n", array[9]);
    printf("minNum=%d\n", array[0]);
    if(gcd >1)
    {
        printf("%d", gcd);
    }
    return 0;
}
/*冒泡法排序*/
void SortNumbers(int *pArray)
{
    int i, *pHead, *pEnd, temp;
    for(i=10; i>0; i--)
    {
```

```
            for(pHead = pArray, pEnd = pArray+1; pEnd !=pArray+i; pHead++, pEnd++)
            {
                if(*pHead > *pEnd)
                {
                    temp = *pHead;
                    *pHead = *pEnd;
                    *pEnd = temp;
                }
            }
        }
    }
    int GetGreatestCommonDivisor(int *pArray)
    {
        int i,ret = -1;
        for(i=*pArray; i>1; i--)
        {
            if((*pArray%i)==0 ||(*(pArray+9)%i)==0)
            {
                ret = i;
                break;
            }
        }
        return ret;
    }
```

10. 数列合并。

题目内容：已知两个不同长度的降序排列的数列(假设序列的长度都不超过 5)，请编程将其合并为一个数列，使合并后的数列仍保持降序排列。

【提示】 假设两个降序排列的数列分别保存在数组 a 和数组 b 中，用一个循环，从前往后依次比较保存在数组 a 和数组 b 中的两个剩余序列里的第一个数，将其中的较大者存到数组 c 中，当一个较短的序列存完后，再将较长的序列剩余的部分依次保存到数组 c 的末尾。假设两个序列的长度分别是 m 和 n，在比较剩余序列的循环中，用 i 和 j 分别记录两个序列待比较的数组元素位置，循环结束后，若 i 小于 m，则说明数组 a 中的数有剩余，将数组 a 中剩余的数存到数组 c 的末尾即可；若 j 小于 n，则说明数组 b 中的数有剩余，将数组 b 中剩余的数存到数组 c 的末尾即可。在第一个循环中，用 k 记录往数组 c 中存了多少个数，在第二个循环中，就从 k 这个位置开始继续存储较长序列中剩余的数。

函数原型：

```
    void Merge(int a[], int b[], int c[], int m, int n);
```

函数功能：将两个长度分别为 m 和 n、降序排列的子序列 a 和 b 合并后放到数组 c 中。

程序运行结果示例 1：

　　Input m,n:3,2↙

　　Input array a:5 3 1↙

　　Input array b:4 2↙

　　5 4 3 2 1

程序运行结果示例 2：

　　Input m,n:3, 3↙

　　Input array a:31 27 -5↙

　　Input array b:98 30 -7↙

　　98 31 30 27 -5 -7

输入两个数列长度的提示信息："Input m, n:"。

输入数列 a 的提示信息："Input array a:"。

输入数列 b 的提示信息："Input array b:"。

输入格式：

数列长度的输入格式："%d,%d"。

数列中每个数据的输入格式："%d"。

输出格式："%4d"。

【程序代码】

```c
#include <stdio.h>
#define LENGTH 5
void Merge(int a[], int b[], int c[], int m, int n);
int main()
{
    int i, j, k, m, n;
    int array[LENGTH], matrix[LENGTH], catena[LENGTH*2];
    printf("Input m, n:");
    scanf("%d, %d", &m, &n);
    printf("Input array a:");
    for(i=0; i<m; i++)
    {
        scanf("%d", &array[i]);
    }
    printf("Input array b:");
    for(j=0; j<n; j++)
    {
        scanf("%d", &matrix[j]);
    }
    Merge(array, matrix, catena, m, n);
    for(k=0; k<m+n; k++)
```

```
    {
        printf("%4d", catena[k]);
    }
    return 0;
}
void Merge(int a[], int b[], int c[], int m, int n)
{
    int i, j, k, *pA, *pB, *pC;
    for(i=0, j=0, k=0, pA=a, pB=b, pC =c; i<m&&j<n;)
    {
        if(*(pA+i)>= *(pB+j))
        {
            *(pC+k)=*(pA+i);
            i++;
            k++;
        }else
        {
            *(pC+k) = *(pB+j);
            j++;
            k++;
        }
    }
    for(; i<m; i++, k++)
    {
        *(pC+k)=*(pA+i);
    }
    for(; j<n; j++, k++)
    {
        *(pC+k)= *(pB+j);
    }
}
```

第7章　构造数据类型

7.1　教材习题

一、单项选择题

1. 设有以下定义语句，下列叙述中不正确的是(　　)。

```
struct ex
{   int x;   float y;   char z;   }example;
```

A．struct 是结构体类型的关键字
B．example 是结构体类型名
C．x、y、z 都是结构体类型成员名
D．ex 是结构体类型名

【分析】　此题考查结构体类型的定义方法，以及结构体变量的定义方法。

【解答】　B

2. 以下对 C 语言中共用体类型数据的叙述正确的是(　　)。

A．可以对共用体变量名直接赋值
B．一个共用体变量中可以同时存放所有的成员
C．共用体类型定义中不能出现结构体类型的成员
D．一个共用体变量中不可以同时存放其所有的成员

【分析】　此题考查共用体类型数据的特点：

(1) 使用共用体变量的目的是希望用同一个内存段存放几种不同类型的数据。请注意：在每一瞬时只能存放其中一种，而不是同时存放几种。

(2) 能够访问的是共用体变量中最后一次被赋值的成员，在对一个新的成员赋值后原有的成员就失去作用。

(3) 共用体变量的地址和它的各成员的地址都是同一地址。

(4) 不能企图引用变量名来得到一个值及初始化；不能用共用体变量名作为函数参数。

【解答】　D

3. 若有定义语句：

```
struct a
{
    int a1;
    int a2;
}a3;
```

下列赋值语句中正确的是(　　)。

A．a.a1=4 　　　B．a2=4 　　　C．a3={4,5} 　　　D．a3.a2=5

【分析】 此题考查结构体类型变量的引用方法，结构体类型变量的成员引用方法为

结构体变量名．成员名

【解答】 D

4．定义如下结构体类型变量和结构体类型指针：

```
struct sk
{
    int a;
    float b;
}data, *p;
```

若指针 p 已经通过 p=&data;指向结构体类型变量 data，则引用 data 中 a 域的正确方式是(　　)。

A．(*p).data.a 　　　B．(*p).a 　　　C．p->data.a 　　　D．p.data.a

【分析】 通过指针访问所指向的结构体变量的成员方法有以下两种：

(1) (*指针名)．成员名。

(2) 指针名->成员名。

【解答】 B

5．设有如下定义：

```
struct ss
{   char    name[10];
    short int    age;
    char    sex;
} std[3],*p=std;
```

下面各输入语句中错误的是(　　)。

A．scanf("%d", (*p).age); 　　　　B．scanf("%s", &std.name);

C．scnaf("%c", std[0].sex); 　　　　D．scanf("%c", p->sex));

【分析】 数组名表示数组在内存中的首地址，因此 std[0].name 本身代表的就是地址值，所以应采用以下方式来对字符数组进行输入：scanf("%s", std[0].name);

【解答】 B

6．以下对枚举类型 ss 的定义中，正确的定义是(　　)。

A．enum ss{A, B, C, D}; 　　　　B．enum ss{ 'A ', 'B', 'C', 'D'};

C．enum ss={A, B, C, D}; 　　　　D．enum ss={ 'A ', 'B', 'C', 'D'};

【分析】 枚举类型定义的一般格式是：

enum　枚举类型名{　枚举常量表;　};

题中枚举类型定义格式符合规则的只有 A。

【解答】 A

7．设有如下说明：

typedef   struct { int   n; char c; double x; }   STD;

则以下选项中，能正确定义结构体类型数组并赋初值的语句是(　　)。

A．STD tt[2]={{1, 'A',2},{62, 'B',75}};　　B．STD tt[2]={1, "A",62,2, "B",75};

　　C．struct tt[2]={{1, 'A'}, {2, 'B'}};　　　　D．struct tt[2]={{1, "A",62.5},{2,"B",75.0}};

　　【分析】　C++程序中除了可以直接使用C++提供的标准类型名(如int、chat、float、double、long等)和自己声明的结构体、共用体、指针和枚举类型外，还可以用typedef声明新的类型名来代替已有的类型名。STD是定义的结构体的新类型名，而不是变量名。

　　【解答】　A

　　8．对于下列定义的枚举类型：

　　　　enum colorl {yellow, green, blue=5, red, brown};

则枚举常量yellow和red的值分别是(　　)。

　　　　A．3，6　　　　　B．1，6　　　　　C．0，6　　　　　D．0，3

　　【分析】　枚举元素作为常量，它们是有值的，C++编译按定义时的顺序对它们赋值为0,1,2,3,…；也可以在声明枚举类型时另行指定枚举元素的值，后面枚举常量的值若没有显示赋值，则是前一枚举常量值增加1。所以yellow=0，green=1，blue=5，red=6，brown=7。

　　【解答】　C

二、填空题

　　1．设 union { int a;　char c[99]; }b; (提示：计算机是按机器"字长"分配存储空间的，字长是16或32的倍数，请读者注意)，则sizeof(b)的理论值是_____。

　　【分析】　共用体与结构体类型不同，结构体变量所占内存长度的理论值是各成员所占的内存长度之和；而共用体变量所占内存长度的理论值只是共用体成员中需要内存最多的成员的长度。

　　注意：变量在内存中的实际长度与编译器有关，与指令#pragma pack(n)有关。在VC编译环境下，n值默认为8，所以上机测试的实际值为100；若将n改为1，则上机测试的实际值为99。

　　【解答】　99

　　2．设

```
struct student
    {
      short int no;
      char name[12];
      float score[3];
    }s1,*p=&s1;
```

用指针变量p给s1的成员no赋值1001的方法是_____。

　　【分析】　通过指针访问所指向的结构体变量成员的方法：

　　(1) (*指针名). 成员名。

　　(2) 指针名->成员名。

　　【解答】　p->no=1001 或　(*p).no=1001

　　3．若有以下定义语句，则变量w在内存中分配成员空间的顺序是_____。

union aa {float x;float y;char c[6];}

　　　　　struct st {union aa v; float t[5];double ave;} w;

　　【分析】　结构类型变量 w 的每段内存单元是按定义成员的先后顺序给定的。

　　【解答】　分配存储内容单元的顺序是：共用体类型 v 成员、浮点型数组 t 成员、双精度 ave 成员。

　　4．设有类型说明：

　　　　　enum color{red, yellow=4, white, black};

则执行语句 cout<<white ; 后的输出是_____。

　　【分析】　有关枚举类型的几点说明：

　　(1) 如果枚举常量表中的枚举常量没有任何成员被赋初值，C++ 编译程序在对其初始化时，则从 0 开始以递增值依次赋给枚举常量表中的每个枚举常量。

　　(2) 如果枚举常量表中某个枚举常量带有初值，那么其后相继出现的枚举常量的值将从该初始值开始递增。

　　所以，red=0，yellow=4，white=5，black=6。

　　【解答】　5

　　5．设有下列数据定义语句，

　　　　　struct　AB{ int a; float b; } ab[2]={{4,3},{2,1}}, *p=ab;

则表达式 ++p->b 的值是_____。

　　【分析】　ab 是一维结构体数组，数组大小为 2，数组中的每一个元素都是一个结构体变量。数组进行初始化后，ab[0].a=4 , ab[0].b=3，ab[1].a=2，ab[1].b=1，指针 p 指向数组的第一个元素 ab[0]，++ 的优先级比 -> 低，所以表达式 ++p->b 的值，等价于 ++(p->b)的值，即++(ab[0].b)的值，为 3+1=4。

　　【解答】　4

三、分析程序运行结果题

　　1．
```cpp
#include <iostream>
#include<cstring>
using namespace std;
const int N=5;
struct person
{   char name[10];
    short int age;
}leader[N]={"王林", 20, "李方", 19, "张博", 21, "吴海燕", 22, "吕岩", 23};
void    main()
{
    int i;
    bool flag=0;
    char leader_name[20];    //存放要查找人的姓名
```

```
        cin>>leader_name;
        for(i=0;i<N;i++)
        {   /*判断数组中当前元素的姓名是否和要查找的人的姓名相同*/
            if(strcmp(leader_name,leader[i].name)==0)
            {   cout<<leader_name<<" 找到了，很高兴为您服务，再见！"<<endl;
                flag=1;
                break;
            }
        }
        if(flag==0)
            cout<<leader_name<<"不在这里，下次再合作，再见! "<<endl;
    }
```

【分析】 此程序的功能是以一个成员作关键字(name 成员)，在一批结构体数据中查找信息，根据查找情况进行相应输出。

【解答】

李方

输出李方找到了，很高兴为您服务，再见！

张艳燕

张艳燕不在这里，下次再合作，再见！

```
2.  #include <iostream>
    using namespace std;
    struct stu
    {
        long num;
        char name[10];
        short int age; };
    void fun(struct stu *p)
    {
        cout<<(*p).name<<endl;    //输出参数指针所指结构体变量的 name 成员
    }
    void main()
    {
        struct stu students[3]=
            {{200825001, "Zhang", 20}, {200825002, "Wang", 19}, {200825003, "Zhao", 18}};
        fun(students+2);
    }
```

【分析】 fun 函数的功能是输出参数指针所指结构体变量的 name 成员值。students 表示结构体数组的首地址。students+2 表示结构体数组元素 students[2] 的地址。fun(students+2)；是输出 students[2]的 name 成员值。

【解答】 Zhao

3．
```cpp
#include <iostream>
using namespace std;
union
{   char *name;
    short int age;
    short int income;}s;
void main( )
{
    s.name="Wangling";
    s.age=28;
    s.income=1000;
    cout<<s.age<<endl;
}
```

【分析】 共用体变量是同一个内存段存放几种不同类型的数据成员，在每一瞬时只能存放其中一种。能够访问的是共用体变量中最后一次被赋值的成员，程序中，s.income 是最后一次赋值的成员，所以当 s.income=1000; 执行后，s.age 和 s.income 的值相同，都是 1000。

【解答】 1000

4．
```cpp
#include <iostream>
using namespace std;
union    myun
{
    struct {
        short int x, y, z;
    } u;
    int k;
} a;
void main( )
{
    a.u.x=4;
    a.u.y=5;
    a.u.z=6;
    a.k=0;
    cout<<a.u.x<<endl;
}
```

【分析】 共用体 myun 的变量 a 的两个成员 a.u 和 a.k 起始地址相同。x 是结构体变量 u 的第一成员，所以 a.u 的地址和 a.u.x 的地址相同，因此 a.u.x 的地址和 a.k 的地址相同，a.k=0 即 a.u.x=0。

【解答】　0

四、程序填空题

1. 输入一个学生的姓名和成绩，要求按指针引用方式输入和输出。

```cpp
#include <iostream>
using namespace std;
struct student
{
    char name[20];
    short int_____;
} stu, *p;
void main()
{
    p=_____;
    gets(p->name);
    cin>>stu.score;
    cout<< p->name<<", "<<p->score<<endl;
}
```

【分析】　此题考查结构体类型的定义以及利用结构体指针来访问结构体成员的方法。

【解答】　score　　　　&stu

2. 下面的程序是使用结构体类型来计算复数 x 和 y 的和，请填空。

```cpp
#include <iostream>
using namespace std;
void main()
{
    struct comp
    {
    float re; float im; };
    _____ x, y, z;
    cin>>x.re>>x.im>>y.re>>y.im;
    z.re=_____; z.rm=_____;
    cout<<z.re<<"   "<<z.im<<endl;
}
```

【分析】　此题考查结构体类型变量的定义和对成员的引用。结构体 comp 类型表示复数，成员 re 表示实部，成员 im 表示虚部。

【解答】　struct comp　　　x.re+y.re　　　x.im+y.im

3. 下面程序的主要功能是输入 N 名学生的姓名和总分，存入结构体类型数组。然后查找总分最高和最低的学生，输出他们的姓名和总分。

```cpp
#include <iostream>
```

```
using namespace std;
const int N=5;
void main()
{
    struct {char name[10]; float total; } s[N];
    short int k, max, min;
    for(k=0; k<N; k++)
        cin>> s[k].total >>_____;
    max=min=0;
    for(k=1; k<N; k++)
    {
        if(s[max].total<_____) max=k;
        if(_____ >s[k].total) min=k;
    }
    cout<<"MAX: "<<s[max].name<<", "<< s[max].total<<endl;
    cout<<"MIN: "<<s[min].name<<", "<< s[min].total<<endl;
}
```

【分析】此题考查使用数组下标法,在结构体类型的数据中,以一个成员作关键字(total 成员)进行统计, 查找成绩最高和最低的学生, 并输出其相关成员的值。

【解答】　s[k].name　　s[k].total　　　s[min].total

4. 结构体类型数组中存有三个人的信息(姓名和年龄), 输出三个人中最长者的信息。

```
#include <iostream>
using namespace std;
struct man
{   char name[10];
    short int age ;
}person[]={"张萌", 28, "白雪", 24, "朴海玉", 45};
void main()
{
    struct man *p,*q;
    int old;                        // old 变量用来记录最长者的年龄
    p=&person[0] ;                  // p 指向数组中第一个元素张萌
    old=p->age ;                    //将 old 初始化为第一个元素的年龄
    q=p ;                           // q 永远指向年龄大的元素, 初值为第 1 个元素
    for( ; _____ ;p++)         //通过 p 访问数组中各个元素
    if(old<p->age)                  //如果当前 old 小于当前指针指向的年龄
    {
        q=p ;       //q 指向大年龄的元素
        old=_____;             // old 来记录当前最大的年龄
```

```
        }
        cout<<"最长者姓名："<<_____<<", 年龄："<<q->age<<endl;
                                    //输出最长的姓名和年龄
    }
```

【分析】　此题考查使用指针法，在结构体类型的数据中，以一个成员(age 成员)作关键字统计输出其中最长者的姓名。

【解答】　p<=person+2　　　　q->age　　　　q->name

五、编程题

1. 编写统计选票的程序。设有三个候选人，有 10 人参加选举，每个选举人只能输入一个候选人的姓名，要求输出各个候选人的得票数。

【算法分析】　此程序段是以 name 成员的出现次数作为计数器实现统计选票的功能。

【程序代码】

```cpp
#include <iostream>
using namespace std;
struct person
{   char name[20];
    int count;
}leader[3]={"Li", 0, "Zhang", 0, "Wang", 0};
void main()
{
    int i, j;
    char leader_name[20];
    for (i=1; i<=10; i++)
    {   cin>>leader_name;
        for (j=0; j<3; j++)
            if (strcmp(leader_name, leader[j].name)==0) leader[j].count++;
    }
    for (i=0; i<3; i++)
    cout<<leader[i].name<<"票数为："<<leader[i].count<<endl;
}
```

【运行结果】

```
Li  Li  Wang  Wang  Zhang  Li  Wang  Wang  Li  Wang
Li 票数为：4
Zhang 票数为：5
Wang 票数为：1
```

2. 建立 N 个人的通讯录，包括姓名、地址和电话号码。编写程序，实现按关键字姓名查找某人的电话号码。

【算法分析】　本题考查结构体数组元素的查找算法。结构体类型中有三个成员均为字符型数组，调试时输入 5 条记录。在结构体类型数组中查找满足条件的元素，若找到，输出该数组元素的各个成员，否则输出"未找到"的信息。

　　【程序代码】

```
#include <iostream>
#include <cstring>
using namespace std;
struct tx
{
    char name[10];
    char address[20];
    char phone[20];}x[5];
void main()
{
    int i, k=-1;
    char y[20];
    for(i=0; i<5; i++)                //建立通讯录
    {
        cout<<"请输入姓名、地址和电话:\n";
        gets(x[i].name);
        gets(x[i].address);
        gets(x[i].phone);
    }
    cout<<"请输入要搜索的姓名:\n";
    gets(y);
    for(i=0; i<5; i++)
    if(strcmp(x[i].name, y)==0)
    {
        k=i;                        //比较是否有同名的
        break;   }
    if(k!=-1)
    {
        cout<<"找到了"<<endl;        //找到了
        cout<<x[k].name<<", "<<x[k].address<<", "<<x[k].phone<<endl;
    }
    else
        cout<<"没找到";              //没找到
}
```

　　【运行结果】

输入数据

姓名	地址	电话
Xiaoming	Beijing	010
Xiaoqiang	Shanghai	020
Xiaoguo	Yantai	0535
Xiaoyang	Jinan	0531
Xiaolan	Weihai	0751

运行结果为

请输入姓名、地址和电话

Xiaoming

Beijing

010

…… 按上表输入数据，此处省略

请输入要搜索的姓名：

Xiaoyang

找到了

Xiaoyang，Jinan，0531

3. 建立一个结构体类型数据库，含 N 个学生的考试成绩；结构体包括姓名、数学、计算机、英语、体育。要求调用子函数完成按总分从高到低的排序，主函数完成创建数据库/输出排序后的数据的功能。

提示：const int N=5;，结构体类型数组有 N 个元素。

【算法分析】 函数采用选择排序算法进行排序，函数参数为结构体类型指针。调用函数时，形参指针获取实参结构体数组地址来完成排序。

【程序代码】

```cpp
#include<iostream>
#include<iomanip>
#include<cstring>
using namespace std;
#define N 5
void sum(struct student *p,int n);          //声明函数 sum，实现求学生的总成绩
void sort(struct student *p,int n);         //用函数 sort 对学生总成绩进行排序
struct student
{   char name[20];
    float math;
    float computer;
    float english;
    float sports;
```

```
        float total;
};
void main()
{       struct student stu[N];
        int i;
        for(i=0; i<N; i++)
        {       cout<<"请输入学生的姓名:";
                cin>>stu[i].name;
                cout<<"请输入学生的数学、计算机、英语、体育成绩：";
                cin>>stu[i].math>>stu[i].computer>>stu[i].english>>stu[i].sports;
        }
        sum(stu, N);    //求总成绩
        sort(stu, N);   //排序
        /*输出*/
        cout<<"学生姓名    数学成绩    计算机成绩    英语成绩    体育成绩    总成绩\n";
        for(i=0; i<N; i++)
            cout<<stu[i].name<<setw(12)<<stu[i].math<<setw(12)<<stu[i].computer<<setw(12)
                <<stu[i].english<<setw(12)<<stu[i].sports<<setw(12)<<stu[i].total<<endl;
}


void sum(struct student *p, int n)  //用函数 sum 求学生的总成绩
{
    int i;
    for(i=0; i<N; i++)
        (p+i)->total=(p+i)->math+(p+i)->computer +(p+i)->english+(p+i)->sports;
}


void sort(struct student *p, int n)  //用函数 sort 对学生总成绩进行排序
{   int i, j, k,
    float temp;
    char tempName[20];
    for (i=0; i<N-1; i++)               //外循环 N-1 轮，每循环一轮找一个总成绩的最大下标
    {
        k=i;                           //假定开始时最大成绩在开头，i 是第 i 轮未排序数组的开头
        for(j=i+1;j<N;j++)
        {   if((p+j)->total>(p+k)->total)
                k=j;                   //记住最大成绩所在下标
        }
        //交换数据
```

```
            struct student t;
            t=*(p+i);
            *(p+i)= *(p+k);
            *(p+k)=t;
        }
    }
```

【运行结果】

输入数据

姓名	数学成绩	计算机成绩	英语成绩	体育成绩
王一玲	55	56	57	58
卢雨西	85	86	87	88
胡小音	65	66	67	68
张萌萌	75	76	77	78
李平安	45	46	47	48

运行结果为

请输入学生的姓名：王一玲

请输入学生的数学、计算机、英语、体育成绩：55　　56　　57　　58

…… 按上表输入数据，此处省略

学生姓名	数学成绩	计算机成绩	英语成绩	体育成绩	总成绩
卢雨西	85	86	87	88	346
张萌萌	75	76	77	78	306
胡小音	65	66	67	68	266
王一玲	55	56	57	58	226
李平安	45	46	47	48	186

4．定义一个结构体类型变量(包括年、月、日)，计算 11 月 20 日在本年中是第几天。

【算法分析】 采用 switch 语句对输入的月份进行判断，来计算此月在本年中的起始天数，然后加上输入数据中的日期(本月的第几天)。注意的是：如果是闰年并且月份大于 3，天数要再加 1，因为闰年比非闰年 2 月份多 1 天。例如，2011/11/20 的计算方法是：前 10 个月的天数 + 20 = 324。

【程序代码】

```
#include <cstring>
#include <iostream>
using namespace std;
struct date
{   int year;
    int month;
    int day;
```

```
    }a;
    void main()
    {   int sum;
        cout<<"输入您要计算的日期"<<endl;
        cin>>a.year>>a.month>>a.day;
        switch (a.month)
        {
            case 1:    sum=0;     break;
            case 2:    sum=31;    break;
            case 3:    sum=59;    break;
            case 4:    sum=90;    break;
            case 5:    sum=120;   break;
            case 6:    sum=151;   break;
            case 7:    sum=181;   break;
            case 8:    sum=212;   break;
            case 9:    sum=243;   break;
            case 10:   sum=273;   break;
            case 11:   sum=304;   break;
            case 12:   sum=334;   break;
        }
        int   run=(a.month>=3)&&((a.year%4==0&&a.year%100!=0)||(a.year%400==0));
                                        //int 变量 run 用来标示当前年是否是闰年
        sum=sum +a.day+run;
        cout<<"您输入的日期是本年中的第"<<sum<<"天"<<endl;
    }
```

【运行结果】

　　输入您要计算的日期

　　2011 11 20

　　您输入的日期是本年中的第 324 天

　　5. 建立一个链表，每个节点包括学号、姓名、年龄。输入一个年龄，如果链表中的节点所包含的年龄等于此年龄，则将此节点删除。

　　【算法分析】　此题考查动态链表的建立和删除。所谓建立动态链表，是指在程序执行过程中从无到有地建立起一个链表，即一个一个地开辟节点和输入各节点数据，并建立起前后相连的关系。根据题意，先建立一个动态链表，输入要删除的节点的年龄，然后进行链表的查找，找到要删除的节点后从链表中删除。函数 create 完成建立链表的功能，函数 del 完成删除节点的功能。

　　【程序代码】

```
    #include <iostream>
    #include <cstring>
```

```cpp
using namespace std;
#define   LEN   sizeof(struct student)
struct student              //定义结构体类型
{   int num;
    char name[20];
    int age;
    student *next;
};
int n;                      //全局变量，记录链表中节点个数
struct student *creat(void) //建立链表
{
    student *head, *p1, *p2;
    n=0;
    p1=p2=new student;      //动态开辟结构体节点空间
    cin>>p1->num>>p1->name>>p1->age;    //输入结构体变量的成员值
    head=NULL;
    while(p1->num!=0)       //如果输入的结构体变量的 num 成员值为 0，则结束循环
    {
        n=n+1;              //链表中节点个数增 1
        if(n==1)head=p1;
        else p2->next=p1;   //将节点 p1 链接到链表尾部
        p2=p1;
        p1=new student;     //动态开辟结构体节点空间
        cin>>p1->num>>p1->name>>p1->age;    //输入结构体变量的成员值
    }
    p2->next=NULL;          //设置链表结束标志
    return(head);
}
struct student *del(struct student *head, int age)    //删除节点
{
    student *p1, *p2;
    if (head==NULL) {cout<<"\nlist null!\n"; return head;}
    if (head!=NULL&&head->next==NULL)       //链表中只有一个节点
    if(head->age!=age)                      //该节点不是要删除的节点
    {   return   head; }
    else                                    //该节点是要删除的节点
    {
        cout<<"delete:"<<age<<"successful!";
        delete head;                        //删除节点
        n=n-1;                              //链表中节点个数减一
```

```
            return NULL;                          //返回空链表
        }
        for(p1=head;p1->next!=NULL; p1=p1->next)   //遍历链表，查找要删除的节点
        {
            if (age==p1->age)
            {
                if (p1==head) head=p1->next;
                else p2->next=p1->next;
                cout<<"delete:"<<age<<"successful!";
                delete p1;   //删除找到节点
                n=n-1;       //链表中节点个数减 1
            }
            else p2=p1;
        }
        return(head);
    }
    void main()
    {
        student *head;
        int age,num;
        cout<<"input records:\n";
        head=creat();
        cout<<"input the deleted age:";
        cin>>num;
        head=del(head,num);
    }
```

【运行结果】

    input records：

    1   xiaoming   20

    2   xiaoqiang   22

    3   xiaoli   18

    4   xiaoliu   15

    5   xiaolan   23

    6   xiaolin   18

    0   0   0

    input the deleted age:18

    delete 18 successful!

    delete 18 successful!

6. 建立职工工资管理数据库见下表，计算总工资(基本工资+浮动工资+奖金)，统计并

输出总工资最高的职工姓名和总工资。

Name(char 10)	Wage(int)	Floating Wages (int)	Bonus (int)	Total Wages (int)
贾宇	2300	1980	2000	
张莹	1908	2000	1000	
李蒙	2490	1080	980	
王同辽	980	1200	680	
叶库伦	1290	1800	390	

【算法分析】 以职工的姓名、基本工资、浮动工资、奖金和总工资建立员工信息表，定义结构体类型；用 5 条记录做实验，建立含有 5 个元素的结构体数组；实现员工总工资的计算和最高工资的统计工作。

【程序代码】

```
#include<iostream>
#include<string>
#define N 5
using namespace std;
struct Wage          //定义员工结构体类型
{   string name;
    int wage;
    int f_wage;
    int bonus;
    int total;
}person[N];          //定义员工结构体数组

void main()
{   int maxSalary_i;   //声明 maxSalary_i 保存总工资最高的职工所在行下标,
                       //则相应最高的总工资表示为 person[maxSalary_i].total
    int i;             //i 为数组下标
    /*下面循环将工资表的前四项输入数组中,按行输入*/
    cout<<"输入顺序为：员工姓名,基本工资,浮动工资,奖金\n";
    for(i=0; i<5; i++)     //共 5 条记录数据
    {   cin>>person[i].name>>person[i].wage>>person[i].f_wage>>person[i].bonus;
        /*下面循环计算总工资 person[i][4]*/
        person[i].total=person[i].wage+person[i].f_wage+person[i].bonus;
    }
    /*下面循环将在总工资 person[i][4]列中找出总工资最高的位置,记录在 maxSalary_i 中*/
    maxSalary_i=0;        //假定循环开始前，总工资最高的位置是第 0 个位置
```

```
    for(i=1; i<5; i++)     //循环比较每个职工总工资 person[i][4]与最高工资 person[maxSalary_i]
        if(person[i].total>person[maxSalary_i].total)
            maxSalary_i=i;      //记录最高工资位置
    /*输出总工资最高的职工号 person[maxSalary_i][0]和总工资 person[maxSalary_i][4]*/
    cout<<"总工资最高的员工姓名为"<<person[maxSalary_i].name
        <<", 总工资为"<< person[maxSalary_i].total<<endl;
}
```

【运行结果】

输入顺序为：员工姓名，基本工资，浮动工资，奖金

贾宇	2300	1980	2000
张莹	1908	2000	1000
李蒙	2490	1080	980
王同辽	980	1200	680
叶库伦	1290	1800	390

总工资最高的员工姓名为贾宇，总工资为 6280

7.2　补充提高习题

一、单项选择题

1．对于结构体变量，下列说法正确的是(　　)。

　　struct　st1{int　a, b;　float　x, y;}s1, s2;

　　struct　st2{int　a, b;　float　x, y;}s3, s4;

　A．s1、s2、s3、s4 可以相互赋值

　B．只有 s1 和 s2、s3 和 s4 之间可以相互赋值

　C．s1、s2、s3、s4 之间均不可以相互赋值

　D．结构体变量不可以整体赋值

【解答】　B

2．关键字 typedef 的作用是(　　)。

　　A．定义宏标识名　　　　　　　　　B．定义变量

　　C．给已有的类型名取别名　　　　　D．定义类名

【解答】　C

3．有以下定义语句：

　　struct st1{int a,b;float x,y;};

　　struct st2{int a,b; struct st1 s1; } ss;

则对成员变量 x 的引用形式正确的是(　　)。

　　A．ss.s1.x　　　　　B．st2.st1.x　　　　　C．st2.s1.x　　　　　D．ss.x

【解答】　A

4. 设有以下说明语句，对其描述正确的是(　　)。

```
typedef struct
{   int n;
    char ch[8];
}PER;
```

A. PER 是结构体变量名　　　　　　　B. PER 是结构体类型名

C. typedef struct 是结构体类型　　　　D. struct 是结构体类型名

【解答】　B

5. 有以下定义：

```
struct student
{
    int no;
    char name[30];
    struct
    {   unsigned int year;
        unsigned int month;
        unsigned int day;
    }birthday;
} stu;
    struct student *t = &stu;
```

若要把变量 t 中的生日赋值为"1980 年 5 月 1 日"，则正确的赋值方式为(　　)。

A. year = 1980;　　　　　　　　　　B. t.year = 1980;

　　month = 5;　　　　　　　　　　　　t.month = 5;

　　day = 1;　　　　　　　　　　　　　t.day = 1;

C. t.birthday.year = 1980;　　　　　D. t-> birthday.year = 1980;

　　t.birthday.month = 5;　　　　　　t-> birthday.month = 5;

　　t.birthday.day = 1;　　　　　　　t-> birthday.day = 1;

【解答】　D

6. 以下结构类型可用来构造链表的是(　　)。

A. struct aa{ int a；int * b；};　　　　B. struct bb{ int a；struct　bb * b；};

C. struct cc{ int * a；struct　cc b；};　　D. struct dd{ int * a；struct　aa b；};

【解答】　B

7. 以下对结构体变量 stu1 中成员 age 的引用非法的是(　　)。

```
struct student
{
    int age;
    int num;
} stu1,*p;
p=&stu1;
```

A．stu1.age　　　　　B．student.age　　　　　C．p->age　　　　　D．(*p).age

【解答】　B

8．以下对枚举类型名的定义正确的是(　　　)。

A．enum　a={ "one", "two", "three" };　　　　B．enum　a { "one", "wo", "three" };

C．enum　a={one, two, three};　　　　D．enum　a {one=9, two=-1, three};

【解答】　D

9．设有以下说明语句，则下面的叙述中错误的是(　　　)。

```
struct ex
{
    int x ;
    float y;
    char z ;
} example;
```

A．example 是结构体类型名　　　　B．ex 为结构体标签

C．struct 是结构体类型的关键字　　　　D．x、y、z 都是结构体成员名

【解答】　A

10．以下描述正确的是(　　　)。

A．不同结构体类型的成员名不同

B．枚举类型和结构体、共用体一样，也是一种构造数据类型

C．结构体和共用体变量都不能进行比较操作

D．既可以对两个共用体变量进行比较操作，也可以将共用体变量作为函数参数

【解答】　C

11．以下程序执行后的输出结果是(　　　)。

```
#include <stdio.h>
struct STU
{
    char name[10];
    int num;
};

void Fun1(struct STU c)
{
    struct STU b={"LiGuo", 2042};
    c=b;
};

void Fun2(struct STU *c)
{
    struct STU b={"SunDan", 2044};
```

```
        *c=b;
    };

    int main()
    {   struct STU a={"YangHan", 2041}, b={"WangYi", 2043};
        Fun1(a);
        Fun2(&b);
        printf("%d %d\n", a.num, b.num);
        return 0;
    }
```

A. 2041　　　　　B. 2042　　　　　C. 2042　　　　　D. 2041
　　2044　　　　　　　2044　　　　　　　2043　　　　　　　2043

【解答】　A

12. 以下程序的功能是计算每个学生 3 门课成绩的总和，按要求在空白处填写适当的表达式或语句，使程序完整并符合题目要求的选项是(　　)。

```
#include <stdio.h>
struct stu
{
    char num[10];
    float score[3];
};

int main()
{
    struct stu s[3]={{"20021", 90, 95, 85}, {"20022", 95, 80, 75}, {"20023", 100, 95, 90}},
        *p=s;
    int i, j;
    float sum;

    _____

    return 0;
}
```

A. sum=0;　　　　　　　　　　　　　　B. sum=0;
　　for(i=0;i<3;i++)　　　　　　　　　　for(i=0;i<3;i++)
　　{　　　　　　　　　　　　　　　　　{
　　　　sum=sum+p->score[i];　　　　　　　sum=sum+p->score[i];
　　}　　　　　　　　　　　　　　　　　　p++;
　　printf("%6.2f\n", sum);　　　　　　　}
　　　　　　　　　　　　　　　　　　　printf("%6.2f\n",sum)
```
```

C. for (j=0; j<3; j++)   0.00/1.00
    {
        sum=0;
        for(i=0; i<3; i++)
        {
            sum=sum+p->score[i];
            p++;
        }
        printf("%6.2f\n", sum);
    }

D. for (j=0; j<3; j++)
    {
        sum=0;
        for(i=0; i<3; i++)
        {
            sum=sum+p->score[i];
        }
        printf("%6.2f\n", sum);
        p++;
    }

【解答】 D

13. 某学生的记录描述如下，能将其正确定义并将变量中的"出生日期"赋值为 1984 年 11 月 11 日的是(   )。

学号	姓名	性别	出生日期		
			年	月	日

A. struct student
    {
        int number;
        char name[20];
        char sex;
        struct
        {
            int year;
            int month;
            int day;
        } birth;
    } s;

    s.birth.year = 1984;
    s.birth.month = 11;
    s.birth.day = 11;

B. struct student
    {
        int number;
        char name[20];
        char sex;
    } s;

```
            struct
            {
                int year;
                int month;
                int day;
            } birth;
            birth.year = 1984;
            birth.month = 11;
            birth.day = 11;
        C.  struct student
            {
                int number;
                char name[20];
                char sex;
                int year;
                int month;
                int day;
            } s;

            year = 1984;
            month = 11;
            day = 11;
        D.  struct student
            {
                int number;
                char name[20];
                char sex;
                struct
                {
                    int year;
                    int month;
                    int day;
                } birth;
            } s;

            s.year = 1984;
            s.month = 11;
            s.day = 11;
```

【解答】　A

14. 若使程序运行后的输出结果如下：

201501

201502

201503

则空白处填写的表达式或语句应该是(　　)。

```c
#include <stdio.h>

struct student
{
    int age;
    char num[8];
};

int main()
{
    struct student stu[3]={{20,"201501"}, {21,"201502"}, {19,"201503"}};
    struct student *p=stu;

    _____

    _____

    _____

    return 0;
}
```

A. printf("%s\n", (*p).num);　　　　　　B. printf("%s\n", (p++).num);

　 printf("%s\n", (++p)->num);　　　　　　 printf("%s\n", (p++).num);

　 printf("%s\n", stu[2].num);　　　　　　 printf("%s\n", (p++).num);

C. printf("%s\n", stu[0]->num);　　　　　D. printf("%s\n", (++p)->num);

　 printf("%s\n", stu[1]->num);　　　　　　 printf("%s\n", (++p)->num);

　 printf("%s\n", stu[2]->num);　　　　　　 printf("%s\n", (*p).num);

【解答】 A

15. 以下是时钟模拟显示程序，按要求在空白处填写适当的表达式或语句，使程序完整并符合题目要求的选项是(　　)。

```c
#include <stdio.h>

typedef struct clock
{
    int hour;
    int minute;
    int second;
}CLOCK;


/* 函数功能：时、分、秒时间的更新 */
```

```c
void Update(_____)
{
    static long m = 1;
    t->hour = m / 3600;
    t->minute = _____;
    t->second = _____;
    m++;
    if (t->hour == 24) m = 1;
}


/* 函数功能：时、分、秒时间的显示 */
void Display(CLOCK *t)
{
    printf("%2d:%2d:%2d\r", t->hour, t->minute, t->second);
}


/* 函数功能：模拟延迟 1s 的时间 */
void Delay(void)
{
    long t;
    for (t=0; t<50000000; t++)
    {
        /* 循环体为空语句的循环，起延时作用 */
    }
}


int main()
{
    long i;
    CLOCK myclock;
    myclock.hour = myclock.minute = myclock.second = 0;
    for (i=0; i<100000; i++) /* 利用循环，控制时钟运行的时间 */
    {
        Update(&myclock); /* 时钟值更新 */
        Display(_____); /* 时间显示 */
        Delay(); /* 模拟延时 1s */
    }
    return 0;
}
```

A. CLOCK *t

　　(m − 3600 * hour) / 60

　　m / 60

　　&myclock

B. CLOCK t

　　(m − 3600 * hour) / 60

　　m % 60

　　myclock

C. CLOCK *t

　　(m − 3600 * t->hour) / 60

　　m % 60

　　&myclock

D. CLOCK t

　　(m − 3600 * t->hour) / 60

　　m / 60

　　myclock

【解答】　C

16. 下面程序的输出结果是(　　　)。

```c
#include <stdio.h>
int main()
{
    union
    {
        int i[2];
        int k;
        int c;
    }t,*s = &t;

    s->i[0] = 10;
    s->i[1] = 20;
    s->k=30;
    printf("%d\n", s->k);
    printf("%d\n", s->i[0]);
    printf("%d\n", s->c);
    return 0;
}
```

	A.	B.	C.	D.
	30	30	10	30
	10	10	20	30
	随机数	20	30	30

【解答】　D

17. 设某大学有下列登记表，采用了最佳方式对它进行类型定义的选项是(　　　)。

姓名	性别	出生日期			职业状况		
		年	月	日	所在学院	职称	职务

A. #include <stdio.h>

　struct date /* 定义日期结构体类型 */

　{

　　int year; /* 年 */

```
        int month; /* 月 */
        int day; /* 日 */
    };
    struct professionalState /* 定义职业结构体类型 */
    {
        char college[80]; /* 所在学院*/
        char professionalTitle[20]; /* 职称 */
        char duty[20]; /* 职务 */
    };
    int main()
    {
        char name[20]; /* 姓名 */
        char sex; /* 性别 */
        struct date birthday; /* 出生日期 */
        struct professionalState occupation; /* 职业状况 */
        ...
        return 0;
    }
B. #include <stdio.h>
    int main()
    {
        char name[20]; /* 姓名 */
        char sex; /* 性别 */
        char college[80]; /* 所在学院*/
        char professionalTitle[20]; /* 职称 */
        char duty[20]; /* 职务 */
        int year; /* 年 */
        int month; /* 月 */
        int day; /* 日 */
        .....
        return 0;
    }
C. #include <stdio.h>     1.00/1.00
    struct date /* 定义日期结构体类型 */
    {
        int year; /* 年 */
        int month; /* 月 */
        int day; /* 日 */
    };
```

```
        struct professionalState /* 定义职业结构体类型 */
        {
            char college[80]; /* 所在学院*/
            char professionalTitle[20]; /* 职称 */
            char duty[20]; /* 职务 */
        };
        struct person /* 定义职工个人信息结构体类型 */
        {
            char name[20]; /* 姓名 */
            char sex; /* 性别 */
            struct date birthday; /* 出生日期 */
            struct professionalState occupation; /* 职业状况 */
        };
        int main()
        {
            ...
            return 0;
        }
    D.  #include <stdio.h>
        struct date /* 定义日期结构体类型 */
        {
            int year; /* 年 */
            int month; /* 月 */
            int day; /* 日 */
        };
        int main()
        {
            char name[20]; /* 姓名 */
            char sex; /* 性别 */
            struct date birthday; /* 出生日期 */
            char college[80]; /* 所在学院*/
            char professionalTitle[20]; /* 职称 */
            char duty[20]; /* 职务 */
            ...
            return 0;
        }
```

【解答】 C

18. 下面程序的功能是统计候选人的得票数。设有 3 个候选人 zhang、li、wang(候选人姓名不区分大小写),10 个选民,选民每次输入一个得票的候选人的名字,若选民输错候选人姓名，则按废票处理。选民投票结束后程序自动显示各候选人的得票结果和废票信息。
要求用结构体数组 candidate 表示 3 个候选人的姓名和得票结果。按要求在空白处填写适当
的表达式或语句，使程序完整并符合题目要求的选项是(　　　)。

```c
#include <stdio.h>
#include <string.h>
#define NUM_ELECTORATE 10
#define NUM_CANDIDATE 3
struct candidate
{
    char name[20];
    int count;
}candidate[3] = {"li",0, "zhang",0, "wang",0};

int main()
{
    int i, j, flag = 1, wrong = 0;
    char name[20];
    for (i=1; i<=NUM_ELECTORATE; i++)
    {
        printf("Input vote %d:", i);
        scanf("%s", name);
        strlwr(name); /* C 语言的标准库函数，功能是将 name 中的字符
                         全部变成小写字母 */
        flag = 1;

        for (j=0; j<NUM_CANDIDATE; j++)
        {
            if (_____)
            {
                _____;
                flag = 0;
            }
        }

        if (flag)
        {
            wrong++; /* 废票计数 */
            _____;
        }
```

```
        }
        printf("Election results:\n");

        for (i=0; i<NUM_CANDIDATE; i++)
        {
            printf("%s:%d\n", _____);
        }

        printf("Wrong election:%d\n", wrong);
        return 0;

    }
```

A. name == candidate[j].name
count++
flag = 0
name, count

B. strcmp(name, candidate[j].name) == 0
candidate[j].count++
flag = 1
name, count

C. strcmp(name, candidate[j].name) == 0
candidate[j].count++
flag = 0
candidate[i].name, candidate[i].count

D. name = candidate[j].name
count++
flag = 1
candidate[i].name[i], candidate[i].count

【解答】 C

19. 下面说法错误的是(　　)。

A. 用指向结构体变量的指针作函数参数,是将结构体变量的地址传给被调函数,因此在被调函数中对结构体内容的修改会影响原结构体变量

B. 用结构体变量作函数参数,是将结构体变量的所有成员的内容传给被调函数,因此在被调函数中对结构体内容的修改不影响原结构体变量

C. 结构体在内存中所占的字节数不仅与所定义的结构体类型有关,还与计算机系统本身有关

D. 在一个结构体内不能包含另一个不同类型的结构体作为其成员

【解答】 D

20. 有以下说明和定义语句,下面各输入语句中错误的是(　　)。

```
#include <stdio.h>
int main()
{
    struct student
    {
        int age;
        char sex;
        char name[8];
    };
```

```
        struct student std;
        struct student *p=&std;
        ...
        return 0;
    }
```
    A. scanf("%c",&std[0].sex);
    B. scanf("%s",&std.name);
    C. scanf("%d",&(*p).age);
    D. scanf("%c",&(p->sex));

【解答】 A

21. 已知 short 占 2 个字节，float 占 4 个字节，若有以下说明，则下面哪个叙述是正确的。

```
    struct
    {
        short a;
        float b;
    } v1;
    union
    {
        short a;
        float b;
    } v2;
```

    A. 执行 sizeof(v1)获得的结果是 8 个字节，对结构体变量 v1 中的任何一个成员都可以进行初始化

    B. 执行 sizeof(v2)获得的结果是 6 个字节，对共用体变量 v2 中的任何一个成员都可以进行初始化

    C. 执行 sizeof(v1)获得的结果是 8 个字节，只能对结构体变量 v1 中的第一个成员进行初始化

    D. 执行 sizeof(v2)获得的结果是 4 个字节，对共用体变量 v2 中的任何一个成员都可以进行初始化

【解答】 A

22. 以下选项中不能正确把 cl 定义成结构体变量的是(　　　)。

    A. struct   B. struct color
```
        {                              {
            int red;                       int red;
            int green;                     int green;
            int blue;                      int blue;
        } cl;                          } cl;
```

C.　typedef struct   D.　struct color cl
　　{   {
　　　　int red;   int red;
　　　　int green;   int green;
　　　　int blue;   int blue;
　　} COLOR;   }
　　COLOR cl;

【解答】　D

二、编程题

1. 编写函数 create，建立一个学生信息的动态链表；编写函数 print，将建立的链表中各个节点的数据依次输出；编写一个函数 del，删除动态链表中的一个指定的节点(由实参指定某一学号，表示要删除该学生节点)；编写函数 insert，用来向动态链表中插入一个节点。编写主函数，调用以上函数来完成链表的建立、输出、删除和插入节点。

【算法设计】
要建立动态链表，首先要定义链表节点结构，即结构体类型。

```
struct student
{   long num;            //学号
    float score;          //成绩
    student *next;        //下一个节点地址
};
```

其次再分别设计建立一个学生信息的动态链表函数 create、链表中各个节点的数据依次输出的函数 print、根据学生学号删除该学生节点的函数 del、用来向动态链表中插入一个节点的函数 insert。函数 create 和函数 insert 在调用时都以输入的学生为 0 结束。

【程序代码】

```
#include <iostream>
using namespace std;
#define NULL 0
struct student
{   long num;
    float score;
    struct student *next;
};
int n;
void main()
{   struct student *creat(void);
    struct student *del(struct student *,long);
    struct student *insert(struct student *,student *);
```

```cpp
    void print(struct student *);
    struct student *head,*stu;
    long del_num;
    cout<<"input records:"<<endl;
    head=creat();                              //返回头指针
    print(head);                               //输出全部节点
    cout<<endl<<"input the deleted number:";
    cin>>del_num;                              //输入要删除的学号
    while(del_num!=0)
    {   head=del(head,del_num);                //删除学号后链表的头地址
        print(head);                           //输出全部节点
        cout<<"input the deleted number:";
        cin>>del_num;
    }
    cout<<endl<<"input the inserted record:";  //输入要插入的节点
    stu=new student;                           //开辟一个新节点
    cin>>stu->num>>stu->score;
    while(stu->num!=0)
    {   head=insert(head,stu);                 //返回地址
        print(head);                           //输出全部节点
        cout<<endl<<"input the inserted record:";  //输入要插入的节点
        stu=new student;
        cin>>stu->num>>stu->score;
    }
}
struct student *creat(void)                    //建立链表的函数
{   struct student *head;
    struct student *p1, *p2;
    n=0;
    p1=p2=new student;                         //开辟一个新单元，并使p1、p2指向它
    cin>>p1->num>>p1->score;
    head=NULL;
    while(p1->num!=0)
    {   n=n+1;
        if(n==1) head=p1;
        else p2->next=p1;
        p2=p1;
        p1=new student;
        cin>>p1->num>>p1->score;
```

```
    }
    p2->next=NULL;
    return(head);    }
struct student *del(struct student *head,long num)         //删除节点的函数
{   struct student *p1, *p2;
    if (head==NULL)                                        //为空表
    {cout<<"list null!"<<endl; return(head);}
    p1=head;                                               //使 p1 指向第一个节点
    while(num!=p1->num && p1->next!=NULL) // p1 指向的不是所要找的节点且后面还有节点
    {p2=p1; p1=p1->next;}                      // p1 后移一个节点
    if(num==p1->num)                          //查找成功
    {   if(p1==head) head=p1->next;           //若p1指向的是首节点,把第二个节点地址赋予head
        else p2->next=p1->next;               //否则将下一节点地址赋给前一节点地址
            cout<<"delete:"<<num<<endl;
            n=n-1;
    }
    else cout<<"cannot find "<<num;           //找不到该节点
    return(head);
}
struct student *insert(struct student *head, struct student *stud)    //插入节点的函数
{   struct student *p0,*p1,*p2;
    p1=head;                                  //使 p1 指向第一个节点
    p0=stud;                                  //指向要插入的节点
    if(head==NULL)                            //原来的链表是空表
        {head=p0;p0->next=NULL;}              //使 p0 指向的节点作为头节点
    else
    {   while((p0->num>p1->num) && (p1->next!=NULL))
        {   p2=p1;                            //使 p2 指向刚才 p1 指向的节点
            p1=p1->next;}                     //p1 后移一个节点
        if(p0->num<=p1->num)
        {
        if(head==p1) head=p0;                 //插到原来第一个节点之前
            else p2->next=p0;                 //插到 p2 指向的节点之后
            p0->next=p1;}
        else
            {p1->next=p0; p0->next=NULL;}      //插到最后的节点之后
    }
    n=n+1;                                     //节点数加 1
    return (head);
```

```
        }
        void print(struct student *head)        //输出链表的函数
        {
            struct student *p;
            cout<<"Now, These "<<n<<" records are: "<<endl;
            p=head;
            if(head!=NULL)
            do
            {cout<<p->num<<"   "<<p->score<<endl;
                p=p->next;
            }while(p!=NULL);
        }
```

2. 用结构体定义时钟类型，编程从键盘任意输入两个时间(例如 4 时 55 分和 1 时 25 分)，计算并输出这两个时间之间的间隔，要求不输出时间差的负号。结构体类型定义如下：

```
        typedef struct clock
        {
            int hour;
            int minute;
            int second;
        } CLOCK;
```

函数原型：

```
        CLOCK CalculateTime(CLOCK t1, CLOCK t2);
```

函数功能：计算并返回两个时间 t1 和 t2 之间的差。

程序运行结果示例 1：

　　　Input time one:(hour，minute):4, 55✓

　　　Input time two: (hour，minute):1, 25✓

　　　3hour, 30minute

程序运行结果示例 2：

　　　Input time one:(hour，minute):1, 33✓

　　　Input time two: (hour，minute):5, 21✓

　　　3hour, 48minute

输入提示：

　　　"Input time one:(hour，minute):"

　　　"Input time two: (hour，minute):"

输入格式："%d,%d"。

输出格式："%dhour,%dminute\n"。

【程序代码】

```
        #include <stdio.h>
```

```
#include<math.h>
typedef struct clock
{
    int hour;
    int minute;
    int second;
} CLOCK;
CLOCK CalculateTime(CLOCK t1,CLOCK t2);
int main()
{
    CLOCK time1, time2, diffTime;
    printf("Input time one:(hour, minute):");
    scanf("%d, %d", &time1.hour, &time1.minute);
    printf("Input time two: (hour, minute):");
    scanf("%d, %d", &time2.hour,&time2.minute);
    diffTime = CalculateTime(time1, time2);
    printf("%dhour, %dminute\n", diffTime.hour, diffTime.minute);
    return 0;
}
CLOCK CalculateTime(CLOCK t1, CLOCK t2)
{
    CLOCK time;
    int temp;
    temp = fabs((t1.hour*60+t1.minute)-(t2.hour*60+t2.minute));
    time.hour = temp/60;
    time.minute = temp%60;
    return time;
}
```

3. 某校的惯例是在每学期的期末考试之后发放奖学金。发放的奖学金共有五种，每项奖学金获取的条件分别如下：

(1) 院士奖学金：期末平均成绩高于 80 分(>80)，并且在本学期内发表 1 篇或 1 篇以上论文的学生每人均可获得 8000 元；

(2) 五四奖学金：期末平均成绩高于 85 分(>85)，并且班级评议成绩高于 80 分(>80)的学生每人均可获得 4000 元；

(3) 成绩优秀奖：期末平均成绩高于 90 分(>90)的学生每人均可获得 2000 元；

(4) 西部奖学金：期末平均成绩高于 85 分(>85)的西部省份学生每人均可获得 1000 元；

(5) 班级贡献奖：班级评议成绩高于 80 分(>80)的学生干部每人均可获得 850 元。

只要符合上述条件就可获得相应的奖项，每项奖学金的获奖人数没有限制，每名学生也可以同时获得多项奖学金。例如小明的期末平均成绩是 87 分，班级评议成绩 82 分，同时他还是一位学生干部，那么他可以同时获得五四奖学金和班级贡献奖，奖金总数是 4850 元。

现在给出若干学生的相关数据(假设总有同学能满足获得奖学金的条件)，请编程计算哪些同学获得的奖金总数最高。

结构体类型定义如下：

```
typedef struct winners
{
    char name[20];
    int finalScore;
    int classScore;
    char work;
    char west;
    int paper;
    int scholarship;
} WIN;
```

函数原型：

```
void Addup(WIN stu[], int n);
```

函数原型：

```
int FindMax(WIN student[], int n);
```

程序运行结果示例：

```
Input n:4↙
Input name:YaoMing↙
Input final score:87↙
Input class score:82↙
Class cadre or not?(Y/N):Y↙
Students from the West or not?(Y/N):N↙
Input the number of published papers:0↙
name:YaoMing,scholarship:4850
Input name:ChenRuiyi↙
Input final score:88↙
Input class score:78↙
Class cadre or not?(Y/N):N↙
Students from the West or not?(Y/N):Y↙
Input the number of published papers:1↙
name:ChenRuiyi,scholarship:9000
Input name:LiXin↙
Input final score:92↙
Input class score:88↙
```

Class cadre or not?(Y/N):N✓

Students from the West or not?(Y/N):N✓

Input the number of published papers:0✓

name:LiXin, scholarship:6000

Input name:ZhangQin✓

Input final score:83✓

Input class score:87✓

Class cadre or not?(Y/N):Y✓

Students from the West or not?(Y/N):N✓

Input the number of published papers:1✓

name:ZhangQin,scholarship:8850

ChenRuiyi get the highest scholarship 9000

输入学生人数提示："Input n:"。

输入学生姓名提示："Input name:"。

输入学生期末平均成绩提示："Input final score:"。

输入学生班级评议成绩提示："Input class score:"。

输入是否为学生干部提示："Class cadre or not?(Y/N):"。

输入是否为西部学生提示："Students from the West or not?(Y/N):"。

输入发表文章数量提示："Input the number of published papers:"。

输入格式：

输入学生人数："%d"；

输入学生姓名："%s"；

输入学生成绩："%d"；

输入是否为学生干部：" %c" (注意：%c 前面有一个空格)；

输入是否为西部学生：" %c" (注意：%c 前面有一个空格)；

输入发表文章数量："%d"。

输出格式：

输出学生获得的奖学金："name:%s,scholarship:%d\n"；

输出获得奖学金总数最高的学生："%s get the highest scholarship %d\n"。

【程序代码】

```
#include <stdio.h>
#include<math.h>
typedef struct winners
{
    char name[20];
    int finalScore;
    int classScore;
    char work;
    char west;
```

```
    int paper;
    int scholarship;
} WIN;
void Addup(WIN stu[], int n);
int FindMax(WIN student[], int n);
int main()
{
    int n, i;
    printf("Input n:");
    scanf("%d", &n);
    WIN stu[n];
    for(i=0; i<n; i++)
    {
        printf("Input name:");
        scanf("%s", stu[i].name);
        printf("Input final score:");
        scanf("%d", &stu[i].finalScore);
        printf("Input class score:");
        scanf("%d", &stu[i].classScore);
        printf("Class cadre or not?(Y/N):");
        scanf(" %c", &stu[i].work);
        printf("Students from the West or not?(Y/N):");
        scanf(" %c",&stu[i].west);
        printf("Input the number of published papers:");
        scanf("%d", &stu[i].paper);
        Addup(stu, i);
        printf("name:%s, scholarship:%d\n", stu[i].name, stu[i].scholarship);
    }
    i = FindMax(stu, n);
    printf("%s get the highest scholarship %d\n", stu[i].name, stu[i].scholarship);
    return 0;
}
void Addup(WIN stu[],int n)
{
    stu[n].scholarship = 0;
    if(stu[n].finalScore>80 && stu[n].paper>0)
    stu[n].scholarship += 8000;
    if(stu[n].finalScore >85 && stu[n].classScore>80)
    stu[n].scholarship += 4000;
```

```
        if(stu[n].finalScore>90)
        stu[n].scholarship += 2000;
        if(stu[n].finalScore>85 && stu[n].west == 'Y')
        stu[n].scholarship += 1000;
        if(stu[n].classScore>80 && stu[n].work =='Y')
        stu[n].scholarship += 850;
    }
    int FindMax(WIN student[],int n)
    {
        int max,i;
        for(i=0,max=0;i<n;i++)
        {
            if(student[max].scholarship <student[i].scholarship)
            max = i;
        }
    }
```

4. 现在要评选最牛群主，已知有 3 名最牛群主的候选人(分别是 tom、jack 和 rose)，有不超过 1000 人参与投票，最后要通过投票评选出一名最牛群主，从键盘输入每位参与投票的人的投票结果，即其投票的候选人的名字，请你编程统计并输出每位候选人的得票数，以及得票数最多的候选人的名字。候选人的名字中间不允许出现空格，并且必须小写。若候选人名字输入错误，则按废票处理。

程序运行结果示例 1：

```
Input the number of electorates:8✓
Input vote 1:tom✓
Input vote 2:jack✓
Input vote 3:rose✓
Input vote 4:tom✓
Input vote 5:rose✓
Input vote 6:rose✓
Input vote 7:jack✓
Input vote 8:rose✓
Election results:
tom:2
jack:2
rose:4
rose wins
```

程序运行结果示例 2：

```
Input the number of electorates:5✓
```

```
Input vote 1: tom✓
Input vote 2: mary✓
Input vote 3: rose✓
Input vote 4: jack✓
Input vote 5: tom✓
Election results:
tom:2
jack:1
rose:1
tom wins
```

提示输入候选人数量："Input the number of electorates:"。

提示输入候选人："Input vote %d:"。

输入格式：

输入候选人数量："%d"；

输入候选人姓名："%s"。

输出格式：

输出候选人得票数："%s:%d\n"；

输出票数最多的候选人姓名："%s wins\n"；

输出评选结果提示信息："Election results:\n"。

【程序代码】

```c
#include <stdio.h>
#include<string.h>
#define N 3
struct Candidate
{
    char name[10];
    int voteNum;
} cand[N];
void StatisticNumber(struct Candidate *pCand, char (*pVote)[10], int n);
int main()
{
    int n,i,max=0;
    strcpy(cand[0].name, "tom") ;
    strcpy(cand[1].name, "jack");
    strcpy(cand[2].name, "rose");
    cand[0].voteNum = 0;
    cand[1].voteNum = 0;
    cand[2].voteNum = 0;
    printf("Input the number of electorates:");
```

```
        scanf("%d", &n);
        char vote[n][10];
        for(i=0; i<n; i++)
        {
            printf("Input vote %d:", i+1);
            scanf("%s", vote[i]);
        }
        StatisticNumber(cand, vote, n);
        printf("Election results:\n");
        for(i=0; i<N; i++)
        {
            printf("%s:%d\n", cand[i].name, cand[i].voteNum);
            if(cand[i].voteNum>cand[max].voteNum)
            max = i;
        }
        printf("%s wins\n", cand[max].name);
        return 0;
    }
    void StatisticNumber(struct Candidate *pCan, char (*pVote)[10], int n)
    {
        int i;
        for(i=0; i<n; i++)
        {
            if(!strcmp(pCan[0].name, *(pVote+i)))
            pCan[0].voteNum++;
            if(!strcmp(pCan[1].name, *(pVote+i)))
            pCan[1].voteNum++;
            if(!strcmp(pCan[2].name, *(pVote+i)))
            pCan[2].voteNum++;
        }
    }
```

5. 请输入星期几的第一个字母(不区分大小写)来判断一下是星期几，如果第一个字母一样，则继续判断第二个字母(小写)，否则输出"data error"。

程序运行结果示例 1：

please input the first letter of someday:

S↙

please input second letter:

u↙

sunday

程序运行结果示例 2：

please input the first letter of someday:

F✓

friday

程序运行结果示例 3：

please input the first letter of someday:

h✓

data error

第一个字母的输入提示信息："please input the first letter of someday:\n"。

第二个字母的输入提示信息："please input second letter:\n"。

用户输入错误提示信息："data error\n"。

输入格式：" %c" (注意：%c 前面有一个空格)。

输出格式：

星期一："monday\n";

星期二："tuesday\n";

星期三："wednesday\n";

星期四："thursday\n";

星期五："friday\n";

星期六："saturday\n"。

【程序代码】

```
#include <stdio.h>
int main()
{
    int i, day, repetition =0;
    char c1, c2, (*pWeekday)[10];
    char weekday[][10]={"Sunday", "Monday", "Tuesday", "Wednesday", "Thursday",
                        "Friday", "Saturday"};
    printf("please input the first letter of someday:\n");
    scanf(" %c", &c1);
    pWeekday = weekday;
    for(i=0; i<7; i++)
    {
        if(*(pWeekday[i]) == c1)
        {
            day = i;
            repetition++;
        }
    }
```

```
if(repetition >1)
{
    printf("please input second letter:\n");
    scanf(" %c", &c2);
    day = 0;
    for(i=0; i<7; i++)
    {
        if(*(*(pWeekday+i)+1)==c2 && *(pWeekday[i])== c1)
        {
            day=i;
            repetition =1;
        }
    }
}
if(repetition == 1)
{
    printf("%s\n",weekday[day]);
}else
{
    printf("data error\n");
}
return 0;
}
```

第8章　文　　件

8.1　教 材 习 题

一、单项选择题

1. 要把处理后的数据写回数据文件时应(　　)。
　　A. 将磁盘中的信息存入计算机 CPU　　　B. 将计算机内存中的信息存入磁盘
　　C. 将计算机 CPU 的信息存入磁盘　　　　D. 将磁盘中的信息存入计算机内存

【分析】　程序运行时，数据都是暂存在内存中的。文件的读/写是指将数据文件中的数据从磁盘读入到内存/把处理后的内存数据存入到磁盘。

【解答】　B

2. 一个短整数 –23451 在二进制文件中只占 2 个字节；在文本文件中要占(　　)个字节。
　　A. 2　　　　　　　B. 3　　　　　　　C. 5　　　　　　　D. 6

【分析】　–23451 在文本文件中要占 6 个字节，依次存放 6 个字符：'-'、'2'、'3'、'4'、'5'、'1'。

【解答】　D

3. C/C++ 可以处理的文件类型是(　　)。
　　A. 文本文件和数据文件　　　　　　　B. 数据文件和二进制文件
　　C. 文本文件和二进制文件　　　　　　D. 以上答案都不对

【分析】　略。

【解答】　C

4. 在 d:\user 下以读写方式新建一个名为 file1 的文本文件，fopen 函数的调用方式正确的是(　　)。
　　A. FILE *fp;　　fp=fopen("d:\\user\\file1", "r");
　　B. FILE *fp;　　fp=fopen("d:\user\file1", "r+");
　　C. FILE *fp;　　fp=fopen("d:\\user\\file1", "wb");
　　D. FILE *fp;　　fp=fopen("d:\\user\\file1", "w+");

【分析】　r 表示只读；r+ 可以读写，但文件必须存在；wb 只能写，不能读。

【解答】　D

5. C 语言中系统的标准输入文件是指(　　)。
　　A. 键盘　　　　　　B. 显示器　　　　　C. 软盘　　　　　　D. 硬盘

【分析】　C 语言中，键盘是系统的标准输入文件，显示器是系统的标准输出文件。

【解答】　A

6．C 语言中，文件由(　　　　)。

A．记录组成 　　　　　　　　　　B．由数据行组成

C．数据块组成 　　　　　　　　　　D．字符(字节)序列组成

【分析】 C 语言中，文件由数据组成，数据又分为字符数据和字节数据。

【解答】 D

7．若 fp 为文件指针，且已读到文件的末尾，则表达式 feof(fp)的返回值是(　　　　)。

A．EOF 　　　　　B．–1 　　　　　C．非零值 　　　　　D．NULL

【分析】 文件打开后，当文件内部指针移至文件尾，即 EOF(-1)时，函数 feof 的返回值为非 0 值。

【解答】 C

8．要求打开 d:\user 文件夹下的名为 abc.txt 的文件进行追加操作，下面的函数调用语句中符合要求的是(　　　　)。

A．fopen("d:\user\abc.txt", "wb") 　　　　B．fopen("d:\\user\\abc.txt", "a")

C．fopen("d:\\user\\abc.txt", "r") 　　　　D．fopen("d:\\user\\abc.txt", "rb")

【分析】 略

【解答】 B

二、分析程序，写出以下程序的功能

假定在当前盘目录下有 2 个文本文件，其文件名和内容如下：

文件名： a1.txt　a2.txt

内容： 121314#　252627#

```
#include <iostream>
using namespace std;
void fc(FILE *fp1)              //函数参数为文件指针
{  /* 该函数实现将文件指针 fp 对应的文本文件在标准输出设备(屏幕)上输出  */
    char c;
    while((c=fgetc(fp1))!='#')   //循环控制条件是从文件中读取的字符不为'#'
    putchar(c);                  //输出当前字符
}
void main()
{
    FILE *fp;                    //定义文件指针
    if((fp=fopen("a1.txt", "r"))==NULL)  //以只读方式打开文本文件 a1.txt
    {
        cout<<"Can not open a1.txt file!\n";
        exit(0);                 //退出程序
    }
    else
    {
```

```
        fc(fp);                              //调用函数 fc 输出文本文件 a1.txt
        fclose(fp);                          //关闭文件
    }
    if((fp=fopen("a2.txt", "r"))==NULL)
    {
        cout<<"Can not open a2.txt file!\n";
        exit(0);
    }
    else
    {
        fc(fp);           //调用函数 fc 输出文本文件 a2.txt
        fclose(fp);
    }
    cout<<endl;
}
```

程序运行后的输出结果为_____。

【分析】此程序调用函数 fc 来完成将文件中的第一个'#'之前的字符读取出来并显示在屏幕上。其操作顺序是：先在屏幕上输出文件 a1.txt 中的#之前的字符，紧接着再输出文件 a2.txt 中的#之前的字符。

【解答】 121314252627

8.2 补充提高习题

一、单项选择题

1. 对 C++ 流文件进行操作时，需要包含(   )文件。
    A．iostream   B．fstream   C．stdio   D．stdlib
【解答】 B

2. 在 C++ 中打开一个文件，就是将该文件与一个(   )建立关联；关闭一个文件就取消这种关联。
    A．类   B．流   C．对象   D．结构
【解答】 B

3. 关于 getline( )函数的下列描述中，(   )是错的。
    A．该函数是用来从键盘上读取字符串的
    B．该函数读取的字符串长度是受限制的
    C．该函数读取字符串时遇到终止符便停止
    D．该函数中所使用的终止符只能是换行符
【解答】 D

4．关于 read( )函数的下列描述中，(　　)是对的。

    A．该函数只能从键盘输入中获取字符串

    B．该函数所获取的字符多少是不受限制的

    C．该函数只能用于文本文件的操作中

    D．该函数只能按规定读取所指定的字符数

【解答】　D

5．系统的标准输出文件是指(　　)。

    A．键盘　　　　　　　B．显示器　　　　　　　C．软盘　　　　　D．硬盘

【解答】　B

6．下面的程序执行后，文件 test 中的内容是(　　)。

```c
#include <stdio.h>
#include <string.h>
void Fun(char *fname,char *st)
{
    FILE *myf; int i;
    myf=fopen(fname,"w" );
    if (myf == NULL)
    {
        printf("cannot open the file.\n");
        exit(0);
    }

    for(i=0;i<strlen(st); i++)
    {
        fputc(st[i],myf);
    }

    fclose(myf);
}

int main()
{
    Fun("test","new world");
    Fun("test","hello");
    return 0;
}
```

    A．hello rld　　　　　B．hello　　　　　C．new worldhello　　　　D．new world

【解答】　B

7. 有如下程序，若文本文件 f1.txt 中原有内容为：good，则运行以下程序后，文件 f1.txt

中的内容为(　　)。

```c
#include <stdio.h>
int main()
{
    FILE *fp1;
    fp1=fopen("f1.txt","w");

    if (fp1 == NULL)
    {
        printf("cannot open the file.\n");
        exit(0);
    }

    fprintf(fp1,"abc");
    fclose(fp1);
    return 0;
}
```

　　A. good　　　　　　　　B. goodabc　　　　　　C. abcgood　　　　D. abc

【解答】 D

8. 下列关于 C 语言数据文件的叙述中，正确的是(　　)。

　　A. 文件由 ASCII 码字符序列组成，C 语言只能读写文本文件

　　B. 文件由二进制数据序列组成，C 语言只能读写二进制文件

　　C. 文件由数据流形式组成，可按数据的存放形式分为二进制文件和文本文件

　　D. 文件由记录序列组成，可按数据的存放形式分为二进制文件和文本文件

【解答】 D

9. 以下程序希望把从终端输入的字符输出到名为 abc.txt 的文件中，直到从终端读入字符#号时结束输入和输出操作，但程序有错。出错的原因是(　　)。

```c
#include <stdio.h>
int main()
{
    FILE *fout; char ch;
    fout=fopen('abc.txt','w');
    if (fout == NULL)
    {
        printf("cannot open infile.\n");
        exit(0);
    }

    ch=fgetc(stdin);
```

```
    while(ch!='#')
    {
        fputc(ch,fout);
        ch=fgetc(stdin);
    }

    fclose(fout);
    return 0;
}
```

A. 文件指针 stdin 没有定义   B. 函数 fgetc()调用形式错误

C. 函数 fopen()调用形式错误   D. 输入文件没有关闭

【解答】 C

10. 阅读以下程序，对程序功能的描述中正确的是(   )。

```
#icnlude <stdio.h>
int main()
{
    FILE *in, *out;
    char ch, infile[10], outfile[10];
    printf("Enter the infile name:\n");
    scanf("%s", infile);
    printf("Enter the outfile name:\n");
    scanf("%s", outfile);
    if ((in = fopen(infile, "r")) == NULL)
    {
        printf("cannot open infile.\n");
        exit(0);
    }

    if ((out = fopen(outfile, "w")) == NULL)
    {
        printf("cannot open outfile.\n");
        exit(0);
    }

    while (!feof(in))
    {
        fputc(fgetc(in), out);
    }
    fclose(in);
```

```
        fclose(out);
        return 0;
    }
```
　　A. 程序完成将一个磁盘文件中的信息复制到另一个磁盘文件中的功能

　　B. 程序完成将磁盘文件的信息在屏幕上显示的功能

　　C. 程序完成将两个磁盘文件合二为一的功能

　　D. 程序完成将两个磁盘文件合并，并在屏幕上输出的功能

【解答】 A

11. 在 C 语言中，从计算机内存中将数据写入文件中，称为(　　)。

　　A. 输出　　　　　　B. 修改　　　　　　C. 输入　　　　　　D. 删除

【解答】 A

12. 若要以"a+"方式打开一个已存在的文件，则以下叙述正确的是(　　)。

　　A. 文件打开时，原有文件内容被删除，只可做写操作

　　B. 文件打开时，原有文件内容不被删除，位置指针移动到文件开头，可做重写和读操作

　　C. 文件打开时，原有文件内容不被删除，位置指针移动到文件末尾，可做添加和读操作

　　D. 以上各种说法都不正确

【解答】 C

二、编程题

　　有 2 个学生，每个学生有 3 门课的成绩，从键盘输入数据(包括学号、姓名、3 门课成绩)，计算出平均成绩，将原有的数据和计算出的平均成绩存放在磁盘文件"stud.txt"中。

【算法分析】

(1) 建立结构体类型，定义结构体数组存放学生基本信息(设有两名学生)：结构体成员为学号、姓名、成绩数组、平均成绩。

(2) 给结构体类型数组赋值(录入学生已有信息)。

(3) 进行数据处理，求平均值。

(4) 生成文本文件"stud.txt"，存入当前工作路径。

【程序代码】

```
#include <iostream>
#include <iomanip>
using namespace std;
cout int N 2;
struct student
{
    char num[6];
    char name[8];
```

```
        int score[3];
        float avr;
    } stu[N];
    int main()
    {
        int i,j,sum;
        FILE *fp;
        for(i=0; i<N; i++)
        {
            cout<<"\n please input No. "<<i+1<<" student\'s information and score:\n";
            cout<<"stuNumber: ";
            cin>>stu[i].num;
            cout<<"name: ";
            cin>>stu[i].name;
            sum=0;
            for(j=0;j<3;j++)
            {
                cout<<"score"<<j+1<<" : " ;
                cin>>stu[i].score[j];
                sum+=stu[i].score[j];
            }
            stu[i].avr=sum/3.0;
            cout<<"average score: "<<setprecision(4)<<stu[i].avr<<endl;
        }
        fp=fopen("stud.txt", "w");
        for(i=0; i<N; i++)
        if(fwrite(&stu[i], sizeof(struct student), 1, fp)!=1)
        cout<<"file write error\n";
        fclose(fp);
        return 0;
    }
```

第 9 章　编译预处理

9.1　教材习题

一、单项选择题

1. 以下叙述中不正确的是(　　)。

A. 预处理命令行都必须以#号开头

B. 在程序中可以出现多条预处理命令

C. C 程序在执行过程中对预处理命令进行处理

D. 以下是正确的定义：#define IBM-PC

【分析】　预处理命令在命令行的开头使用"#"定义，并且末尾没有"；"。预处理命令的执行是在程序编译之前进行的。

【解答】　C

2. 下列叙述正确的是(　　)。

A. 源程序只有在用到宏时，才将其替换成一串符号

B. 当宏出现在字符串中时，也替换成一串符号

C. 宏名不能嵌套定义

D. 宏定义是有定义域的，也可以用 undef 来终止宏的定义域

【分析】在程序编译之前，会将宏名用它定义时所对应的字符串来替换，可以用 define 和 undef 关键字来限定宏的使用范围，并且可以嵌套宏定义。

【解答】　D

3. 以下说法中正确的是(　　)。

A. #define 和 printf 都是 C 语句

B. #define 是 C 语句，而 printf 不是 C 语句

C. printf 是 C 语句，但 #defiine 是预处理命令

D. #define 和 printf 都不是 C 语句

【分析】　预处理命令不是 C/C++ 语言本身的组成部分，不能直接对它们进行编译。#define 是宏定义。printf 是 C 语言的系统函数，加"；"构成函数调用语句。

【解答】　C

4. 设有如下宏定义：

```
#define N 3
#define Y(n) ((N+1)*n)
```
则执行语句：z=2*(N+Y(6)); 后，z 的值为(　　)。

  A．出错　　　　　　　　　　　　B．42；

  C．8　　　　　　　　　　　　　　D．54

  【分析】 Y(6)进行带参宏展开为 Y(6)= ((N+1)*6)，z=2*(N+Y(6))展开为 z = 2*(N + ((N + 1)*6))，再将 N 用 3 替换后，z=2*(3+((3+1)*6))，计算结果 z=54。

  【解答】 D

  5．以下程序的输出结果是(　　)。

```
#define   M(x, y, z)   x*y+z
void   main( )
{
    int a=1,b=2,c=3;
    cout<<M(a+b, b+c, c+a)<<endl;
}
```
  A．19　　　　　　　　　　　　　　B．17

  C．15　　　　　　　　　　　　　　D．12

  【分析】 带参数的宏 M(a+b, b+c,c+a)按照宏定义替换为 a+b* b+c+ c+a，然后将 a、b、c 的值代入，输出结果为 12。

  【解答】 D

二、写出程序运行结果

  1．程序运行结果是＿＿＿＿＿＿＿＿＿＿＿＿＿＿＿＿＿。

```
#include <iostream>
using namespace std;
#define   POWER(x)   (x)*(x)
void   main( )
{
    int a=1, b=2, t;
    t=POWER(a+b);
    cout<<t<<endl;
}
```
  【分析】 带参数的宏 POWER(a+b)按照宏定义替换为 (a+b)* (a+b)，将 a、b 的值代入，得 t = (1+2)*(1+2)=9。

  【解答】 9

  2．程序运行结果是＿＿＿＿＿＿＿＿＿＿＿＿＿＿＿＿＿。

```
#include <iostream>
```

```
using namespace std;
#define SQR(X)   X*X
void     main ( )
{
    int a=16, k=2, m=1;
    a/=SQR(k+m)/SQR(k+m);
    cout<<a<<endl;
}
```

【分析】　带参数的宏 SQR(k+m)/SQR(k+m)按照宏定义替换为 k+m* k+m/k+m* k+m，将 a、k、m 的值代入，得 a=a/(k+m* k+m/k+m* k+m)=16/(2+1*2+1/2+1*2+1)=2。

【解答】　2

3. 程序运行结果是_____。

```
#include <iostream>
using namespace std;
void main()
{
    int x=10, y=20, z=x/y;
#ifdef   STAR   1
    cout<<"x="<<x<<" , "<<"y="<<y<<endl;
#endif
    cout<<"z="<<z<<endl;
}
```

【分析】　#ifdef 是条件编译命令。如果满足条件就编译相应的内容，称为条件编译。此程序使用了条件编译，因为 STAR 未定义，所以语句 cout<<"x="<<x<<" ，"<<"y="<<y<<endl; 未被编译，运行时就不会被执行。

【解答】　z=0

三、编程题

1. 定义一个带参的宏，使两个参数的值互换(输入两个参数作为使用宏时的实参，输出交换后的两个值)。

【算法分析】　定义一个带参的宏为 S(x,y)，其中 x 和 y 为参数。

【程序代码】

```
#include<iostream>
using namespace std;
#define S(x,y)   int t; t=x; x=y; y=t;
void main()
{
    int x,y;
```

```
        cin>>x>>y;
        S(x,y);
        cout<<"x="<<x<<",y="<<y<<endl;
    }
```
【运行结果】
```
    2   3
    x=3, y=2
```

2．给出年份 year，定义一个宏，以判别该年份是否是闰年。

提示：宏名可定为 LEAP_YEAR，形参为 y，即定义宏的形式为

　　#define LEAP_YEAR(y) (用户设计字符串)

【算法分析】　将闰年的判断逻辑表达式 (y%4==0&&y%100!=0||y%400==0) 使用宏定义实现。

【程序代码】
```
        #include<iostream>
        using namespace std;
        #define LEAP_YEAR(y)   (y%4=0&&y%100!=0||y%400==0)     //闰年的判断条件作字符串
        void main()
        {
            int year;
            cin>>year;
            if(LEAP_YEAR(year))
              cout<<year<<" is a leap year"<<endl;
            else
              cout<<year<<" is not a leap year"<<endl;
        }
```
【运行结果】
```
    2009
    2009 is not a leap year
    2004
    2004 is a leap year
    2000
    2000 is a leap year
```

9.2　补充提高习题

一、单项选择题

1．下面叙述中不正确的是(　　　)。

A. 使用宏的次数较多时，宏展开后源程序长度增长，而函数调用不会使源程序变长

B. 函数调用是在程序运行时处理的，分配临时的内存单元。而宏展开则是在编译之前进行的，在展开时不分配内存单元，不进行值传递

C. 宏替换占用编译时间

D. 函数调用占用编译时间

【解答】 D

2. C++ 编译系统对宏命令的处理是(　　)。

A. 和其他 C 语言语句同时进行编译的

B. 在对其他成分正式编译之前处理的

C. 在执行时进行代换处理的

D. 在程序连接时处理的

【解答】 B

3. 标有 /**/ 语句的执行次数为(　　)。

```cpp
#include <iostream>
using namespace std;
#define N 2
#define M N+1
#define NUM (M+1)*M/2
void main()
{
    int i, n;
    for(i=1, n=0; i<=NUM; i++)
        n++;  /**/
}
```

　　A. 8　　　　　　　B. 6　　　　　　　C. 7　　　　　　　D. 5

【解答】 A

4. 在"文件包含"预处理语句中，当#include 后面的文件名用双引号括起时，寻找被包含文件的方式为(　　)。

A. 直接按系统设定的标准方式搜索目录

B. 先在源程序所在目录搜索，若找不到，再按系统设定的标准方式搜索

C. 仅仅搜索源程序所在目录

D. 仅仅搜索当前目录

【解答】 D

5. 以下程序的输出结果是(　　)。

```cpp
#include <iostream>
using namespace std;
#define LETTER 0
void main()
{
```

```
    char str[20]= "C Language", c;
    int i;
    i=0;
    while((c=str[i])!='\0')
    {
        i++;
        #if LETTER
        if(c>='a'&&c<='z') c=c-32;
        #else
    if(c>='A'&&c<='Z') c=c+32;
        #endif
        cout<<c;
    }
}
```

A．C Language　　　　　　　B．c language

C．C LANGUAGE　　　　　　D．c LANGUAGE

【解答】　B

二、编程题

分别用函数和带参数的宏，编程实现从三个数中找出最大者。

【算法分析】　函数和宏调用机制不一样，宏展开是在编译时进行符号替代，而函数调用是在程序运行时通过实参和形参传值进行调用的。

【程序代码】

```
    #include <iostream>
    using namespace std;
    #define MAX(a,b)    ((a)>(b)?(a):(b))        //宏定义
    int max(int a, int b, int c)                //函数定义
    {
        int m;
        m=a>=b?a:b;
        m=m>=c?m:c;
        return m;
    }
    void main()
    {
        int x, y, z;
        cout<<"please input 3 number:";
        cin>>x>>y>>z;
```

```
        cout<<"MAX called result:"<<MAX(MAX(x,y),z)<<endl;
        cout<<"max function called result:"<<max(x,y,z)<<endl;
    }
```

【运行结果】

please　input　3　number: 5　8　6

MAX　called　result : 8

max function called result: 8

实验部分

实验 1　C/C++程序调试初步

一、实验目的

（1）熟悉 Windows 环境下 VC++ 6.0 的运行环境，学会独立使用系统编辑、编译、连接和运行 C/C++ 程序。

（2）掌握调试简单的 C/C++ 程序的方法和步骤，并学会分析出错信息和修改程序当中的错误。

（3）通过运行简单的 C/C++ 程序，初步了解 C/C++ 程序的一般编写方法。

二、实验内容

（1）认真阅读教材 VC++ 6.0 上机环境及方法，按照实验范例中介绍的内容进行操作，掌握简单的 C/C++ 程序的实现方法和步骤，为调试后续程序打下基础。

（2）通过本次实验，了解 C/C++ 程序的运行，从输入源程序开始，经过编辑源程序文件（.cpp）、编译生成目标文件（.obj）、连接生成可执行文件（.exe）和执行四个步骤。

（3）要求了解 VC++ 6.0 的主要功能、学会调试简单程序、读懂出错信息，并根据出错信息提示排除程序中的错误。

（4）完成实验报告（实验报告范例参见附录）。实验报告要求：写清操作步骤；书写每步操作的结果，或观察到的现象，总结实验中的问题并书写实验总结与实验心得。

三、实验范例

【例 1.1】　编程，实现在屏幕上显示如下 1 行文字。

Welcome to the C language world!

在 VC++ 6.0 的集成环境下，编辑运行以下源文件。要求调试成功后，将源程序存盘。源程序文件名为 example1.cpp。

```
#include<iostream >
using namespace std;
void main()
{
    printf("Welcome to the C language world!\n");
    cout<<"Welcome to the C language world!"<<endl;
}
```

【操作提示】

(1) 设置存储位置。在读写存储设备上(如硬盘或可移动存储介质上)建立用于保存实验程序用的专用文件夹 cexer，如图 1.1 所示。

图 1.1　在 D 盘上建立实验专用文件夹 cexer

(2) 启动 VC++ 6.0。

方法 1　从开始菜单栏或桌面图标启动，如图 1.2 所示。

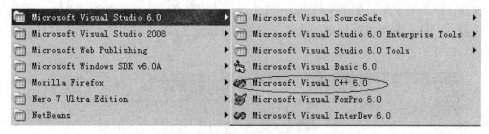

图 1.2　从菜单栏启动 VC++

方法 2　在开始/运行对话框中输入命令 C:\Program Files\Microsoft Visual Studio\COMMON\ MSDev98\Bin\MSDEV.EXE 直接运行，如图 1.3 所示。

图 1.3　从开始/运行对话框启动 VC++

说明：本实验假设 VC++ 安装在 C 盘的默认文件夹中，以下所有实验使用相同设置，注意 VC++ 6.0 的可执行文件名是 MSDEV.EXE。

(3) 建立实验文件 example1.cpp。从 VC++ 开发环境主菜单中依次选择 File(文件)/New(新建)；在弹出的对话框中选择 Files(文件)标签页，在其下拉列表项中选择 "C++ Source File"；然后在右侧 Location(目录)对话框中输入第一步建立的保存实验用的专用文件夹 D:\cexer；最后在上方对应的 File(文件)对话框中输入 example1.cpp，注意此时可以不输

入扩展名 .cpp，程序会自动创建，如图 1.4 所示。

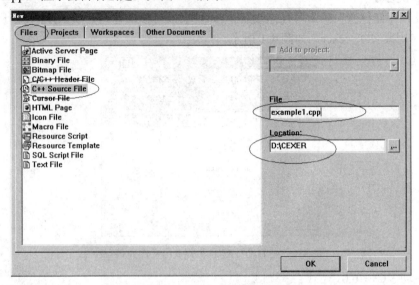

图 1.4　新建 C++ 源文件

说明： 点击确定后，如果文件 example1.cpp 已经存在，则出现如图 1.5 所示的提示信息，选择 Y(是)，表示覆盖原来的文件，选择 N(否)，则返回如图 1.4 所示的对话框重新选择。

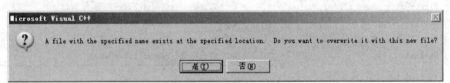

图 1.5　源文件存在提示

(4) 保存源程序。在出现的如图 1.6 所示的代码编辑窗口中，正确输入本例的源程序；点击工具栏保存按钮 ，或从菜单中依次选择 File(文件)/Save(保存)。注意文件名后的"＊"表示文件未保存，保存后该标志消失。

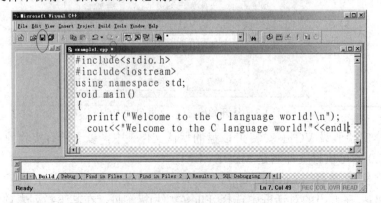

图 1.6　程序编辑区域

说明： 如果需要调整编辑区中源程序字体的大小，可以从菜单中依次选择 Tools(工具)/Options(选项)/Format(格式)，在出现如图 1.7 所示的对话框中设置字体。

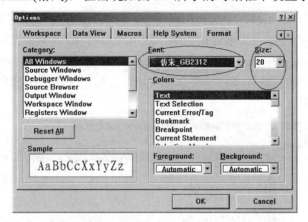

图 1.7　设置字体

(5) 编译源程序。从工具栏中选择按钮 ![btn]，或者从菜单中依次选择 Build(组建)/Compile example1.cpp，编译源程序。如果是首次编译该程序，则出现如图 1.8 所示的缺省工作区创建窗口，选择 Y(是)，创建工作区。如果源程序正确，则出现如图 1.9 所示的成功编译提示，同时激活工具栏对应的程序运行按钮 ![btn2]。源程序正确编译后，所在文件夹 D:\cexer 下生成后缀为 dsp、ncb 和 plg 的同名文件，并且产生子文件夹 Debug，其下生成文件 example1.obj、example1.pch、vc60.idb 和 vc60.pdb。其中 example1.obj 为目标代码文件。

图 1.8　缺省工作区创建

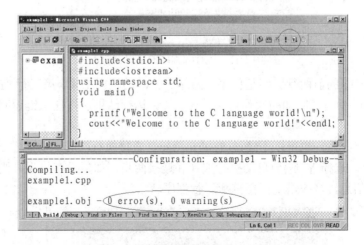

图 1.9　编译源程序

说明：　如果出现"0 error(s)"，表示编译无错，正常生成 .obj 文件，否则程序一定存在语法错误，必须修改源程序，重新执行编译。如果出现"0 warning(s)"，表示程序编译无警告错误，否则程序虽然可以运行，但不能确保结果一定是预期的，取决于产生警告信息的原因。

(6) 连接源程序。从工具栏中选择按钮 ▦，或者从菜单中依次选择 Build(组建)/Build example1.exe，连接源程序。如果连接正确，则出现如图 1.10 所示的成功连接提示。同时在子文件夹 Debug 下生成文件 example1.exe、example1.ilk 和 example1.pdb。其中 example1.exe 是对应的可执行文件，可以直接运行，但由于程序中没有等待语句，所以直接执行时结果一闪即逝。

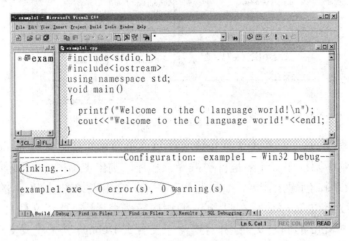

图 1.10　连接源程序

(7) 运行程序。从工具栏中选择按钮 ▯，或者从菜单中依次选择 Build(组建)/Execute example1.exe(Ctrl + F5)，执行源程序。程序运行后的结果如图 1.11 所示。

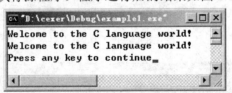

图 1.11　运行源程序的用户窗口

说明：图 1.11 的前两行文字是程序 example1.exe 的输出结果，第三行"Press any key to continue"是 VC++ 自己附加的操作提示，表示阅读运行结果后按任意键返回到 VC++ 编辑界面。

源程序在修改后，也可以不经过(5)和(6)两步，直接执行(7)步，此时会弹出提示窗口，如图 1.12 所示。选择 Y(是)会自动执行编译和连接两步，如果没有错误，则运行程序。否则会提示错误信息，修改错误后再重新运行程序。

图 1.12　程序修改后执行运行

【易错分析】

如果源程序有错误，在第(5)步会出现错误提示，下面对几种常见错误进行分析。注：借助添加错误方式，讲解调试程序的方法。

(1) 错误代码为

　　error C2144: syntax error : missing ';' before …

① 添加错误。假如，将源程序第3行末尾漏掉了分号(;)，编译源程序，如图1.13所示。在下方编译信息(Build)窗口中显示，错误数目：2 error(s)；出错行号：example1.cpp(4)括号中的数字表示出错行号；错误代码：error C2144；错误提示："syntax error : missing ';' before type 'void'"。

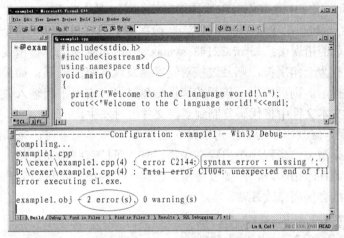

图1.13　源程序编译后出现错误

② 定位错误。在编译信息(Build)窗口中双击第一个错误信息，则程序编辑窗口的光标会自动定位到源程序的第4行，如图1.14所示。在编译信息(Build)窗口双击不同的错误提示行，则编辑窗口会在不同的源程序错误行切换。

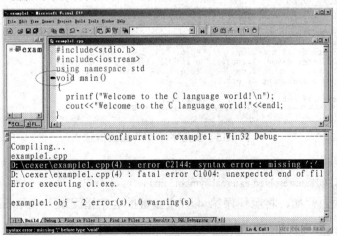

图1.14　定位程序错误信息

③ 错误分析。本例中的错误信息解释为在类型 void 前面缺少 "；"，虽然提示错误是第4行，但是错误实际产生在上一行的末尾，所以，发生错误时，同时也要检查出错提示

行的上一行是否有错。

④ 改正错误。修改程序的第 3 行,在行末添加分号";",重新编译源程序。

(2) 错误代码为

error C2018: unknown character '0xa3'

① 添加错误。假如,将源程序第 6 行 printf 函数末尾的半角右括号输入的是全角的右括号")"(通过输入法切换半角/全角状态),编译源程序,如图 1.15 所示。在下方编译信息 (Build)窗口中显示,错误数目:3 error(s);错误信息:error C2018: unknown character '0xa3', error C2018: unknown character '0xa9' 和 error C2143: syntax error : missing ')'。当然缺少";"符号同样出现此错误。

② 错误分析。程序中除双引号中原样输出字符外,都是半角字。如果只看第一个错误信息 error C2018: unknown character '0xa3',从源程序中不容易看出是哪个字符输入错误,如果此时参考相邻的错误信息 error C2143: syntax error : missing ')',该错误表示语句缺少右括号或右括号误打为全角字符,则经过核对较容易发现并修改错误;如果附近行没有可以帮助理解的错误提示,则可能表示该行的错误信息过多,需要重新输入该行。提示:该错误经常会在从非文本文件中将代码复制到当前文件中时发生。

③ 改正错误。修改程序的中全角字符右括号")"为半角字符,重新编译源程序,则程序中的所有错误消失。当程序中出现多个错误时,可能有些错误是相关的,是由同一个原因引起的。因此在改错阶段,不需要将所有错误一次性改完,可以先修改一部分错误,再重新编译,可能会提高修改效率。

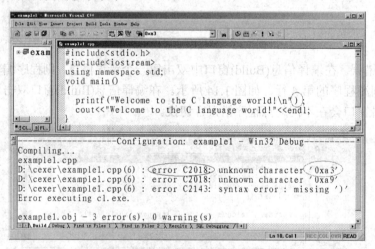

图 1.15 全角字符")"错误信息

(3) 错误代码为

error LNK2001: unresolved external symbol _main

① 添加错误。假如,将源程序第 4 行主函数的名字错误录入成 mian,编译源程序,此阶段没有错误,连接源程序,出现错误提示,如图 1.16 所示。错误信息"error LNK2001: unresolved external symbol _main",表示错误发生在连接阶段,不能找到外部符号"_main",注意 main 前的下划线是编译系统内部表示,实际上名字是没有下划线的。

② 错误分析。由于源程序缺少主函数,所以程序无法运行。

③ 改正错误。修改程序第 4 行中的"mian"为"main",重新编译连接源程序,则序中的错误消失。

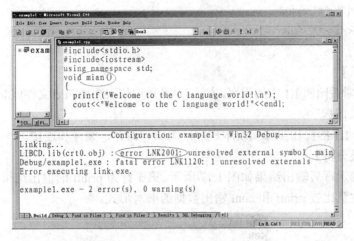

图 1.16 主函数名错误

(4) 其他常见错误。

① 假如第一行首部的"#"漏掉,出现部分错误提示如下:

a. error C2143: syntax error : missing ';' before '<'

b. error C2501:'include' : missing storage-class or type specifiers

c. error C2143: syntax error : missing ';' before '<'

分析:通过错误提示无法知道该行是由于缺少"#"而引起的错误,但根据 VC++ 环境采用了关键字变色显示技术,比较第 1 行和第 2 行,很容易发现该行的关键字"include"没有变色。

② 假如第 6 行 'printf' 错误录入成 'print',则会出现错误提示如下:

error C2065:'print' : undeclared identifier

分析:错误信息表示 'print' 是未定义的标识符,此种类型的错误经常发生,如变量名在定义时和引用时前后不一致,主要是由拼写错误引起的。

③ 假如第 6 行 printf 函数的右双引号" "漏掉,出现错误提示如下:

a. error C2001: newline in constant

b. error C2146: syntax error : missing ')' before identifier 'cout'

分析:错误提示并没有直接指出是由于缺少了";"引起的错误,这种错误信息的修改需要改错经验的积累。

【例 1.2】 编辑源程序,并运行程序。源程序文件名为 example2.cpp。

```
#include<iostream >
using namespace std;
void main()
{
    int a, b, mul;
```

```
        a=12; b=34;
        mul=a*b;
        printf("%d\n", mul);
        cout <<a<<"*"<<b<<"="<< mul<<endl;
    }
```

【操作提示】

(1) 首先正常关闭例 1.1 中的程序。方法：从菜单中依次选择 File(文件)/Close workspace(关闭工作空间)，关闭程序。

(2) 仿照例 1.1 的操作步骤实现本程序的编辑、保存、编译和连接。

【运行结果分析】

程序在正确运行后输出结果如图 1.17 所示。第 1 行为 printf 的输出结果，第 2 行为 cout 的输出结果，注意比较 printf 和 cout 输出数据的书写形式。

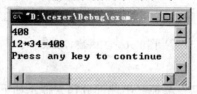

图 1.17　程序运行结果

【错误分析】

在 没 有 正 确 关 闭 上 一 个 文 件 example1.cpp 的 基 础 上，输 入 了 本 实 验 的 文 件 example2.cpp，在编译阶段没有错误，但在连接阶段出现错误提示"error LNK2005: _main already defined in example1.obj"，如图 1.18 所示。错误信息表示存在两个主函数，一个 main 出现在当前编辑的程序 example2.cpp 中，通过编辑框的标题可以看到该文件名，另一个 main 出现在上一个编辑的程序 example1.cpp 中，通过错误提示信息可得知。

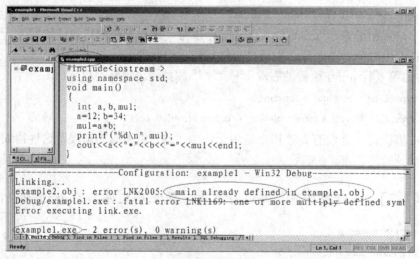

图 1.18　主函数重名错误

错误修改方法：

方法 1：按照"操作提示"中的第一步正确关闭工作区，再重新打开刚才编辑的程序

example2.cpp。从主菜单中依次选择 File(文件)/Open(打开)，在弹出的对话框中选择文件 example2.cpp，确定装入文件；或者通过主菜单依次选择 File(文件)/Recent Files(最近文件)，选择文件 example2.cpp，如图 1.19 所示。

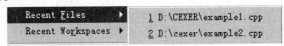

图 1.19　快速打开文件

方法 2：从编辑区左侧的工作空间窗口中，选择标签页 FileView(文件视图)，展开下拉列表项目，出现两个文件名，如图 1.20 所示。选中 example1.cpp，按 Delete 键从列表中删除文件 example1.cpp，重新保存、编译、连接和运行程序即可。

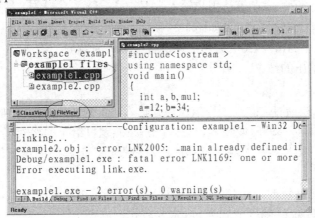

图 1.20　从项目列表中删除文件

练习题

将例 1.2 分别进行修改，并对修改后的程序运行结果进行分析。

(1) 删除 printf 函数中的 "\n"；

(2) 删除 cout 末尾的 "endl"；

(3) 修改 printf 行使得该行的输出结果为 12*34 = 408；

(4) 修改 cout 行使得该行的输出结果为 408；

(5) 修改 printf 函数中的 "%d" 为 "%2d"；

(6) 修改 printf 函数中的 "%d" 为 "%5d"；

(7) 修改 cout 行使得该行的输出结果同(6)中的输出结果。

【例 1.3】　若有以下程序，要求给 i 赋 10，给 j 赋 20，正确输入数据并分析输出结果。源程序文件名为 example3.cpp。

```
#include<iostream >
using namespace std;
void main()
{
    int i,j;
    scanf("i=%d, j=%d", &i, &j);
```

```
        printf("i=%d, j=%d\n", i, j);
    }
```

【运行结果分析】

程序在正确输入后运行，此时在运行窗口中按照以下格式输入数据：

    i=10，j=20 <回车>

上述的"<回车>"表示从键盘上按回车键，而不是输入字符串"<回车>"。使用 scanf 函数输入数据后只有按回车键后，程序才能接收输入的数据并继续执行，否则会一直等待。如果程序运行后会出现一个空白窗口，表示程序在等待用户输入数据。正确输入数据后，程序的运行结果如图 1.21 所示。

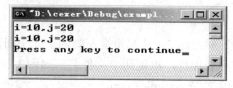

图 1.21　程序运行结果

注：第 1 行的"i=10，j=20"为用户从键盘上输入的数据。第 2 行的"i=10，j=20"为程序中 printf 函数输出的结果。

【易误分析】

scanf 函数输入数据时，必须严格按照格式输入，否则变量不能正确赋值，比如在输入多个数据时，其分隔符不能随便输入，必须严格按照题目给定的格式输入。如果变量前面的符号"&"漏掉，虽然程序在编译连接阶段没有报错，但程序的运行结果不正确。

练习题

对例 1.3 分别进行修改，并对修改后的程序运行结果进行分析。

(1) 改写程序中 scanf 输入方式为 cin 输入方式。

(2) 改写程序中 printf 输出方式为 cout 输出方式。

(3) 在程序的 scanf 行前插入一行，"printf("请输入两个整数，格式：i=10, j=20");"，分析该语句对程序运行结果是否影响，语句有何作用。

(4) 重新运行程序，分别按照以下格式输入数据，

① 输入　i=10　j=20　<回车>

② 输入　10 ，20　　<回车>

分析程序的运行结果与原来输入 i=10，j=20　<回车> 的运行结果有何不同。

(5) 将程序中 scanf("i=%d,j=%d",&i,&j); 一行替换成两行，如下：

    scanf("i=%d,", &i);

    scanf("j=%d", &j);

运行程序输入：

    第一行输入：i=10,　<回车>

    第二行输入：j=20　<回车>

观察程序的运行结果与修改前的程序运行结果有何不同，如果采用原来程序的一行输入方式，即输入"i=10，j=20　<回车>"，程序的运行结果会受影响吗？还可以采用其他正确的输入方式吗？总结一下 scanf 函数的输入方式。

(6) 将程序中 scanf("i=%d, j=%d", &i, &j); 一行中字符"&"删除，重新运行程序，按照原来格式输入数据，程序运行结果有何不同？试着改变数据的输入格式，运行程序，能得到正确的运行结果吗？

实验 2 认识数据类型

一、实验目的

(1) 熟练掌握 C/C++ 语言中的数据类型。
(2) 掌握定义基本数据类型及其赋值的方法。
(3) 了解数据类型在内存中的存储方式和输出格式。

二、实验内容

(1) 认真阅读教材中介绍的各种数据类型的定义方法，正确理解字符型和整型数据之间的转换、浮点数的有效位数与输出精度。

(2) 掌握使用 scanf 和 cin 输入各种常用数据类型的方法，对在 scanf 中使用的各种格式控制符要加深记忆。

(3) 掌握使用 printf 和 cout 输出各种常用数据类型的方法，对在 printf 中使用的各种格式控制符和 cout 用于格式控制的相关方法要加深记忆。将 printf 与 scanf 中的格式控制符进行对比。

(4) 完成实验报告。

三、实验范例

【例 2.1】 编辑并运行以下程序，分析运行结果。

```cpp
#include <iostream>
using namespace std;
void main()
{
    char c1, c2;
    c1 = 'a';
    c2 = 'b';
    printf("%c %c\n", c1, c2);
}
```

【运行结果分析】

程序在正确运行后输出结果如下：

　　a　b

程序对两个字符变量按照字符格式 "%c" 输出，注意两个字符之间有 1 个空格。

【易错分析】

在对字符变量赋值的语句中，错误地将单引号录成双引号，如 c1="a"; 。在编译阶段的错误提示如下：

```
error C2440: '=' : cannot convert from 'char [2]' to 'char'
```

该错误信息表示赋值语句的右边由 2 个字符组成(字符 'a' 和字符串结束标志 '\0')，而左边只有一个字符，不能把两个字符同时赋给 1 个字符变量。该类错误是常见错误。

练习题

将例 2.1 分别进行修改，并对修改后的程序运行结果进行分析。

(1) 在程序的 printf 语句后新增语句：

```
printf("%d %d\n", c1, c2);
```

观察输出结果，与教材附录中的 ASCII 表对照，解释程序的输出结果。

(2) 修改程序中的变量定义 char c1,c2; 为

```
short int c1, c2;
```

程序输出结果不变，理解字符型与整型变量的关系。

(3) 修改程序中对变量 c1、c2 的赋值语句为

```
c1=97;
```

```
c2=98;
```

程序输出结果不变，总结输出字符的一般方法。

(4) 修改程序中对变量 c1、c2 的赋值语句为

```
c1=1;
```

```
c2=2;
```

观察输出结果，与教材附录 A 中的 ASCII 表对照，解释程序的输出结果。分析哪些字符的输出与 ASCII 表中的结果相同。

(5) 修改程序中对变量 c1、c2 的赋值语句

```
c1=9;
```

```
c2=57;
```

观察输出结果，与教材附录中的 ASCII 表对照，解释程序的输出结果。分析 ASCII 表中哪些字符具有控制作用，其作用是什么？

(6) 修改程序的赋值语句为 scanf 语句：

```
scanf("%c", &c1);
```

```
scanf("%c", &c2);
```

① 输入数据：ab<回车>，观察程序的运行结果。

② 输入数据：a<回车>，观察程序的运行结果。

(7) 修改程序的赋值语句为 scanf 语句：

```
scanf("%d", &c1);
```

```
    scanf("%d", &c2);
```
① 输入数据：ab<回车>，观察程序的运行结果。
② 输入数据：97　98<回车>，观察程序的运行结果。

【例 2.2】 实型数据的舍入误差测试。

```
#include <iostream>
using namespace std;
void main()
{
    float a, b;
    a=12345.6789e3;
    b=a+10;
    printf("a=%f\n", a);
    printf("b=%12.2f\n", b);
}
```

【运行结果分析】

程序在正确运行后输出结果如下：

```
    a=12345679.000000
    b= 12345689.00
```

单精度类型为 7 位有效数字，在第 8 位进行四舍五入，%f 格式输出数据默认为 6 位小数点，注意数据的精度和数据的输出小数位数是不同的。在输出指定宽度的浮点数时，小数点本身也占 1 位宽度，若指定宽度大于数据本身宽度，则在前面补充空格。

【易错分析】

对单精度或双精度数输出时，错误地将输出格式写成"%d"，由于 printf 函数不会自动将小数转换成整数输出，因此会得到错误的输出结果。同样在输入数据时，对于浮点数，按照"%d"格式输入也会得到不正确的赋值。试着在程序中增加 scanf 函数，将程序中的"%f"换做"%d"，观察输出结果，理解错误原因。

练习题

将例 2.2 分别进行修改，并对修改后的程序运行结果进行分析。

(1) 当程序在编译时会出现如下的警告信息：

```
    warning C4305: '=' : truncation from 'const double' to 'float'
```

该信息表示对变量 a 赋双精度型数据时，会出现丢失精度情况。修改对变量 a 的赋值，使得重新编译后不再出现该警告信息。

(2) 修改对变量 a 的赋值语句为

```
    a=12345.6789e5;
```

分析输出结果，观察变量 a 和 b 是否相等，加深对单精度数有效数字的理解，避免数据的计算错误和精度丢失。

(3) 修改变量 a、b 的类型定义语句为

double a, b;

　　同时保留(2)中的修改，重新运行程序，分析输出结果，与(2)中的结果进行分析对比，理解双精度数的有效位数。

　　(4) 将 printf 函数改为 cout 的输出方式，保持程序的输出结果不变。

　　提示：在程序的开头需要增加一行：

　　　　#include <iomanip>

　　输出时需要用到 cout 的宽度控制 setw(宽度)、精度控制 setprecision(精度)和输出标志的设置 setiosflags(参数)，参数可以是 ios::fixed、ios::right 等。

实验 3　使用运算符与表达式进行计算

一、实验目的

(1) 认识 C/C++ 中的运算符，理解常用运算符的意义。

(2) 掌握 C/C++ 表达式的运算规则，理解优先级和结合性的含义。

(3) 学会在程序中利用各种运算符设计 C/C++ 表达式。

二、实验内容

(1) 认真阅读教材附录 B，加深对运算符的优先级和结合性的理解，熟练使用常用运算符设计表达式，并通过实验理解左结合和右结合的不同。

(2) 掌握变量的自增/自减运算的法则，能够将含有自增/自减运算符的复杂表达式转换成等价的多个简单表达式，加深对单目运算符的右结合性的理解。

(3) 学会使用逻辑运算符和关系运算符构建复杂的数学逻辑表达式，重点理解由逻辑运算符 "&&" 和 "||" 连接的表达式计算时的副作用(对右边表达式的影响)。

(4) 完成实验报告。

三、实验范例

【例 3.1】　编辑并运行以下程序，分析运行结果。

```cpp
#include <iostream>
using namespace std;
#define PI 3        //宏定义命令，不加；
void main()
{
    int i=3, j=3, m, n, sum;
    m=++i;
    n=j++;
    printf("%d, %d, %d, %d, ", i, j, m, n);
    sum=(i+j-m+n)%PI;
    printf("%d", sum);
}
```

【运行结果分析】

程序在正确运行后输出结果如下：

　　4, 4, 4, 3, 1

m=++i，表示先将变量 i 的值加 1 后再赋给 m(先自增后使用)，所以 m=i=4；而表达式 n=j++ 表示先将变量 j 的值赋给 n，然后再将 j 的值加 1(先使用后自增)，所以 n=3，j=4。

【易错分析】

(1) 如果在程序行"#define PI 3"中，省略 PI 和 3 之间的空格，则程序编译时会出现错误：

　　ex3-1.cpp(10) : error C2065: 'PI' : undeclared identifier

程序第 10 行对变量 sum 赋值一行出现的"PI"没有定义，因为 #define 指令相当于定义了一个符号 PI3，该符号没有取任何值，因此符号 PI 成了没有定义的标识符。

(2) 如果在程序行 #define PI 3 的末尾添加分号，如下所示：

　　#define PI 3;

编译并运行程序，发现程序的运行结果和程序未修改前相同。如果此时修改对变量 sum 的赋值语句为

　　sum=(i+j-m+n)%(PI+1);

重新编译该程序，则出现错误信息如下：

　　ex3-1.cpp(10) : error C2143: syntax error : missing ')' before ';'

事实上，在 C 语言程序编译前首先要进行 C 语言的预处理工作，此时将进行宏扩展(或称宏展开)，即将 sum 语句替换为

　　sum=(i+j-m+n)%(3; +1);　　　　　//注意 3;

上述语句很容易看出错误的原因。

(3) 当书写的表达式出现多个连续的"+"或"-"时，对于容易引起二义性的表达式可以适当加上( )来明确其优先级。分析如下表达式：

　　i=j=3 ;

　　n=- -j+++i;　　　//注意两个"-"之间有一个空格

则按照优先级和结合性可知，该表达式等价于 n = (-(-(j++))+i)，因此 n 的结果为 7。

练习题

将例 3.1 分别进行修改，并对修改后的程序运行结果进行分析。

(1) 修改 #defined PI 3 为

　　#defined PI　　3.14

则程序编译后出现如下错误信息：

　　ex3-1.cpp(11) : error C2297: '%' : illegal, right operand has type 'const double'

因为 % 运算符右边的操作数应该是一个整数，而题目中的 PI 是一个双精度数，编译器无法完成自动转换。请使用强制类型转换完成对 sum 的赋值，使得程序可以进行 % 运算。

思考　C 语言中可以完成自动类型转换的运算符有哪些？

(2) 修改对变量 n 的赋值语句为

　　n=j++　+　j++　+　j++;

程序运行后，n=9，程序首先执行 n=j+j+j，然后再执行 3 次 j=j+1。

(3) 修改对变量 m 的赋值语句为

    m=++i + ++i + ++i;

程序运行后，m=16，根据 C 语言运算符和优先级表可知，"++"的优先级高于"+"，并且"+"运算符服从左结合。所以上述表达式等价于以下计算序列：

    i=i+1;
    i=i+1;
    m=i+i;
    i=i+1;
    m=m+i;

注意：该运算结果依赖于 C 语言的编译器如何实现对表达式的编译，在 TC 平台和 VS2008 平台下的运行结果为 18，表示先执行 3 次 i=i+1，然后再执行 m=i+i+i。由于该运算的平台依赖性，不便于 C 语言程序的移植，编码中应尽量不使用类似的表达式，而改用多个简单语句。

(4) 将程序中的"++"换成"--"重新执行程序，分析程序运行结果。按照(2)和(3)的修改方式再次修改并执行程序，分析程序的运行结果，加深对"++"和"--"的对比理解。

【例 3.2】 编辑并运行以下程序，分析运行结果，并用数学语言或自然语言叙述各输出表达式的意义。

```
#include <iostream>
using namespace std;
void main()
{
    int x=5, y=2;
    const int a=10;
    int i=0, j=0;
    printf("1:%d, %d, %d, %d\n", x, !x, !!x, !(!!i+!!j));
    printf("2:%d, %d, %d, %d\n", i==0, i=0, (i==0)&&(j==0), (i=0)&&(j==0));
    printf("3:%d, %d, %d\n", i==0||j==0, (i=0)||j==0, i=0||j==0);
    printf("4:%d, %d, %d\n", x>y, !(x>y), !x>y);
    printf("5:%d, %d\n", x>y?x:y, x>y?x>a?x:a:y>a?y:a);
    printf("6:%d\n", y*=++x-=a-y);
}
```

【运行结果分析】

程序在正确运行后输出结果如下：

    1: 5, 0, 1, 1
    2: 1, 0, 1, 0
    3: 1, 1, 1
    4: 1, 0, 0

5: 5, 10

6: -4

(1) !x 等价于 x==0，该逻辑常用于判断文件是否结束，详见第 9 章。

!!x 相当于 x!=0，注意区别 !!x 与 x，前面是逻辑值，结果只能取 0 或 1。

!(!!i+!!j) 等价于 ((i!=0)+(j!=0))==0，该逻辑表示如果 i 和 j 同时为 0，则取真值(1)，否则取假值(0)，等价于逻辑表达式(i==0)&&(j==0)。

(2) (i=0)&&(j==0)等价于((i=0)!=0)&&(j==0)，因为第 1 个表达式(i=0)!=0 的逻辑为假，从而整个表达式的值为假。

(3) (i=0)||j==0 等价于((i=0)!=0)&&(j==0)，因为第 1 个表达式的值为假，第 2 个表达式的值为真，所以整个表达式的值为真。

i=0||j==0 等价于 i=(0 ||(j==0))，即最后求得 i=1，所以整个表达式的值为 1。

(4) !(x>y) 等价于 x<=y，而!x>y 表示 (x==0) >y，即 x 与 0 比较的结果与 y 进行比较。

(5) x>y?x>a?x:a:y>a?y:a 等价于(x>y)?((x>a)?x:a):(y>a?y:a)，功能为求 x、y 和 a 这三个数的最大值。" ?: "运算服从右结合，当出现多个" ?: "，最好用括号明确指示其优先性。

(6) 按照优先性和结合性，该表达式等价于下述计算序列：

++x;　x=x-(a-y); y =y*x ;

【易错分析】

(1) 由于 C 语言运算符较多，优先级和结合性容易混淆，对容易引起二义的表达式最好加( )明确表示其运算优先级。

(2) 避免将一个表达式表述过长，按照运算优先级将其分解成多个子表达式。

(3) 在进行关系比较时，将表达式 x==5 写成 x=5，从而比较运算变成了赋值运算。

(4) 在用 && 或 || 连接两个表达式时，避免在右边的表达式中出现赋值的情况，如表达式 x==3&&y=5，第二个表达式 y=5 依赖于第一个表达式 x==3 的判断结果。

练习题

将例 3.2 分别进行修改，并对修改后的程序运行结果进行分析。

对 x、y、i、j 重新赋值为以下几组值：

x = 2 ;　y =5 ;　i=1 ;　j=0;

x=11 ;　y=11 ;　i =1 ;　j=1 ;

重新运行程序并分析程序运行结果，注意 printf 函数的参数传递过程为自右向左。

实验 4　顺序结构程序设计

一、实验目的

(1) 熟悉调试顺序结构程序的方法。

(2) 掌握变量的赋值方法。

(3) 熟练应用输入、输出语句设计简单的顺序结构程序。

(4) 熟练调用数学函数完成计算。

二、实验内容

(1) 掌握调试顺序结构程序的一般方法，学会使用调试工具栏和变量观察窗口加深对程序顺序执行的理解。

(2) 熟练掌握 C/C++ 两种风格的数据输入和输出。

(3) 正确使用 const 定义常变量和 #define 定义符号常量，并比较在程序中使用的不同。

(4) 查阅并使用<cmath>中的常用数学函数，将普通数学表达式正确转换为程序代码。

(5) 完成实验报告。

三、实验范例

【例 4.1】　输入圆的半径和圆柱的高，输出圆的周长，圆柱体的体积。

```cpp
#include <iostream>
#include <iomanip>
using namespace std;
void main()
{
    const float PI= 3.1415;
    float radius, height, perimeter, volume;
    cout <<"输入圆的半径 radius 和圆柱体的高度 height(示例: 2   4): "<<endl;
    cin>>radius>>height;
    perimeter=2*PI*radius;
    volume=PI*radius*radius*height;
    cout<<setiosflags(ios::fixed)<<setprecision(2);
    cout<<"圆的周长是:"<<setw(6)<<perimeter<<endl;
```

```
        cout<<"圆柱体的体积是:"<<setw(6)<<volume<<endl;

    }
```

【运行结果分析】

在正确运行程序后输入：

　　2 4 <回车>

则程序的输出结果为

圆的周长是：12.57

圆柱体的体积是：50.26

程序中使用 setw(6)设置输出宽度，使用 setprecision(2)设置输出小数位数，注意输出结果的表示，即 12.57 前面有一个空格，共占用 6 个宽度位。

【调试程序】

以下通过程序调试技术对程序进行单步执行，注意观察程序执行过程中变量值的变化。程序既可以通过菜单(Build)执行，也可以通过专用工具栏(Debug)调试，下面为方便使用，采用工具栏方式进行调试操作。

(1) 显示调试工具栏。在 VC 开发环境中的菜单栏依次选择 Tools(工具)/Customize(配置)；在弹出的对话框中选择 Toolsbar (文件)标签页，从左侧下拉列表选中 Debug 选项，如图 4.1 所示。

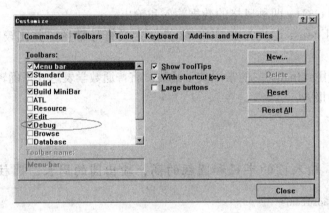

图 4.1　配置调试工具栏

出现的调试工具栏如图 4.2 所示。

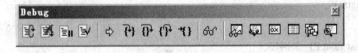

图 4.2　调试工具栏

(2) 开始调试程序。首先确保在 VC 编译窗口已经打开例 4.1 的程序，且编译能够正确运行。用鼠标点击调试工具栏的图标 ，该图标对应文字提示"Step over(F10)"，表示单步执行程序、不进入函数内部，即将函数当成一个整体；而其左边的图标 ，对应文字提示"Step into(F11)"，表示单步执行程序、进入函数内部，即对函数中的语句也要一步一步执行，注意在没有函数调用时，点击这两个图标对调试程序而言没有差别。点击 后，程序开始单步执行(如果此时有防火墙，提示是否允许程序 MSDEV.EXE，需要选择允许)，如图 4.3 所示，编辑窗口的左侧黄色光标显示程序执行到的当前行，程序刚开始执行时，光标停留在主函数的开始处。窗口左下方显示程序中定义的相关变量信息，窗口右下方为可以临时查看的变量或表达式的信息。

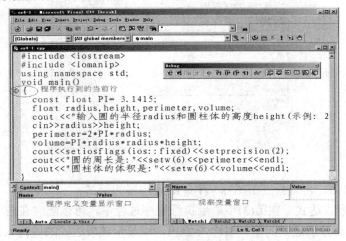

图 4.3　启动程序调试

（3）单步执行程序。点击图标  两次，观察左下方窗口程序中当前变量的情况，如图 4.4 所示。

Name	Value
height	-1.07374e+008
perimeter	-1.07374e+008
PI	3.14150
radius	-1.07374e+008
volume	-1.07374e+008

图 4.4　当前程序变量定义情况

注意到 PI 的值为红色，表示该符号量刚被赋值或修改，其他变量都是一个随机值，理解自动变量的初始值。再次点击图标 两次，则程序出现变量输入窗口，如图 4.5 所示。

图 4.5　输出窗口

注意，此时如果再点击图标 ，不会有反应，观察到 Windows 下方任务栏增加了一个输出窗口 ，切换到该窗口，按照题目要求输入半径和高度如下：

　　2　4　<回车>

输入完数据后再次返回到调试窗口，观察到刚输入的变量 radius=2，height=4，并且变量值显示为红色。再次点击图标 两次，观察刚计算的变量 perimeter 和 volume 的结果。继续点击图标 ，直到执行到程序的最后一行(即"}"所在行)。此时切换到结果输出窗口，观察程序的运行结果。

（4）结束程序调试。点击工具栏图标 ，该图标对应文字提示"Stop Debugging

(Shift + F5)", 停止程序的调试。否则,如果此时继续选择点击图标 **0** 单步执行程序,则会弹出文件查找窗口,如图 4.6 所示。

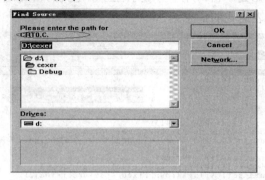

图 4.6 文件查找窗口

点击 Cancel 后,再重新点击图标 **圆**,结束程序的调试。

(5) 添加观察表达式。在第(3)步单步执行程序过程中,可以随时在右下方的表达式观察窗口输入任意合法表达式的值,如输入 2*PI,则显示该表达式的值为 6.28300。

【易错分析】

(1) 源程序在编译时出现一个警告信息如下:

warning C4305: 'initializing' : truncation from 'const double' to 'const float'

可以通过将程序中相应的赋值语句改为 const double PI = 3.1415; 或 const float PI= 3.1415f; 消除错误。

(2) 将程序中的常量赋值修改为

const PI= 3.1415926;

则程序运行结果异常,C++ 标准不允许 PI 没有类型,在其他编译环境下会出现编译错误。

练习题

将例 4.1 分别进行修改,并对修改后的程序运行结果进行分析。

(1) 修改常量 PI 的定义如下:

const float PI= 3.1415926;

重新单步运行程序,并分析程序运行结果。

(2) 在表达式观察窗口,加入 PI * radius * radius,单步执行程序,观察该表达式值的变化情况。

(3) 修改程序,增加圆柱体表面积计算公式,通过两种方式实现:第一种在源程序中使用赋值语句实现;第二种在表达式观察窗口加入观察表达式实现。

【例 4.2】 计算如下数学表达式的值,取 $x = 1$,$y = 1$,$z = 90$。

$$\log x + \sqrt{e^y} + \sin z + x^y$$

```
#include <iostream>
#include <iomanip>
#include <cmath>
```

```
using namespace std;
void main()
{
    const double PI= 3.1415;
    double x, y, z;
    double log1, exp1, sqrt1, sin1, pow1, expr;
    cout <<"输入变量 x, y, z 的值(示例: 1   1   90): "<<endl;
    cin>>x>>y>>z;
    log1 = log(x);                      // log: 求以 e(2.71828)为底的对数
    exp1 = exp(y);                      // exp: 求 e 的 y 次幂
    sqrt1 = sqrt(exp1);                 // sqrt: 求平方根函数
    sin1 = sin(z/180*PI);              // sin: 求正弦函数
    pow1 = pow(x, y);                  // pow: 求 x 的 y 次幂
    expr = log1 + sqrt1 + sin1 +pow1 ;
    cout<<setiosflags(ios::fixed)<<setprecision(2);
    cout<<"表达式的值为:"<<setw(7)<<expr<<endl;
}
```

【运行结果分析】

在正确运行程序后输入：

1   1   90 <回车>

则程序的输出结果为

表达式的值为: 3.65

【易错分析】

(1) 取消包含头文件<cmath> 一行，重新编译程序，观察错误信息。

(2) 对程序输入：

-1   0   0

则程序运行结果异常，函数 log 的参数不能是 −1，应注意所用数学函数的定义域。

练习题

将例 4.2 分别进行修改，并对修改后的程序运行结果进行分析。

(1) 对程序分别输入下列几组值：

① 2.71828   0   180

② 1   2   -180

③ 100   1   45

重新运行程序，并分析程序运行结果，理解数学函数的功能。

(2) 修改表达式的输出精度，并任选一组值，单步执行程序，并观察程序中变量的取值。

(3) 选择一个你所知道的数学函数，查询<cmath>头文件看是否存在该函数。如果存在，试编写一个应用该函数计算的数学表达式，编程并验证运算结果。

实验5　选择结构程序设计

一、实验目的

(1) 加深 C 语言的逻辑量的理解。

(2) 熟练运用关系表达式、逻辑表达式作为程序的控制条件，理解判断条件与程序流程的关系。

(3) 熟练掌握 if-else 语句和 switch 语句的程序结构设计方法，设计简单程序。

二、实验内容

(1) 掌握调试选择结构程序的一般方法，通过调试技术观察各种选择结构的程序实际执行路径。

(2) 熟练使用选择结构将具有复杂条件的数学表达式转换为程序代码。

(3) 使用调试技术跟踪程序的执行逻辑，排除程序的逻辑错误，加深对程序采用缩进格式书写优点的理解。

(4) 完成实验报告。

三、实验范例

【例5.1】　已知三个数 num1、num2、num3，将最大值放于 max 中。

```cpp
#include <iostream>
using namespace std;
void main()
{   int num1, num2, num3, max;
    cout<<"输入三个整数:(示例: 3   2   4)"<<endl;
    cin >>num1>>num2>>num3;
    if(num1>=num2)
        max=num1;
    else
        max=num2;
    if(num3>max)
        max=num3;
    cout<<"三个数的最大值为: "<<max<<endl;
}
```

【运行结果分析】

在正确运行程序后输入：

3　2　4　<回车>

则程序的输出结果为

三个数的最大值为: 4

程序首先使用双分支结构(if-else)实现求 num1 和 num2 的最大值，并将最大值保存在变量 max 中；然后再使用单分支结构(if)实现求 max 和 num3 的最大值，将最大值保存在 max 中。

【易错分析】

(1) 省略 else 上一行末尾的分号，重新编译程序，出现错误信息如下：

ex5-1.cpp(10) : error C2143: syntax error : missing ';' before 'else'

错误信息含义为 else 语句前缺少分号，这是常见的一种错误。else 前面只有在出现右花括号“}”时，才不需要加分号，因为此时的“}”表示复合语句。

(2) 在 else 上一行末尾后面再添加一个分号，重新编译程序，出现错误信息如下：

ex5-1.cpp(10) : error C2181: illegal else without matching if

错误信息含义为前面没有 if 语句与 else 语句进行匹配。如果在第一个 if 语句后面添加分号也会发生该错误，初学者习惯在每一行末尾加一个分号，这也是一个常见错误。

【调试程序】

首先修改源程序，使得程序存在逻辑错误，将第一个语句 if(num1>=num2)改为

if(num1<num2)

重新运行程序，输入“2　3　1”，则程序输出最大值为 2，说明程序存在逻辑错误。

(1) 定位逻辑错误。按照实验 4 介绍的单步调试方法，点击调试工具栏的图标 <kbd>0</kbd> (或按 F10 键)启动程序调试，并继续点击图标 <kbd>0</kbd> 单步执行程序直到语句 cin 所在行，在输出窗口上输入数据“2　3　1”，此时光标停留在编辑区的“if(num1<num2)”语句行，如图 5.1 所示。

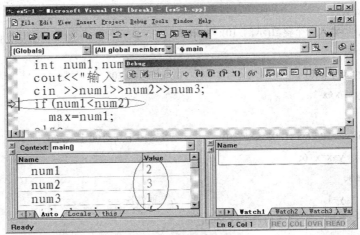

图 5.1　定位程序出错行

再次点击图标 <kbd>0</kbd> 单步执行，发现程序执行的是语句“max=num1;”，由此可以判断 if 语句的逻辑不正确，点击图标 <kbd>多</kbd> 终止程序的调试。

(2) 修改错误并重新调试。将 if 语句修改正确，重新启动单步调试，如前所示继续单步执行程序到 if 语句，此时再次单步执行，观察到当前行变成了语句"max=num2;"所在行，即程序逻辑正确，同时在单步执行过程中注意观察下方窗口中变量 max 取值的变化。

练习题

将例 5.1 分别进行修改，并对修改后的程序运行结果进行分析。

(1) 对程序分别输入下列几组值：

　　① 1　3　2

　　② 3　2　1

　　③ 2　3　1

重新运行程序，并分析程序运行结果，理解数学函数的功能。

(2) 修改程序增加功能：将三个整数 num1、num2、num3 的最小值放在 min 中。

(3) 修改程序实现功能：将三个整数 num1、num2、num3 的中间值放在 middle 中。

(4) 修改程序实现功能：将三个实数 num1、num2、num3 的最大值放在 max 中。

【例 5.2】 计算下列分段函数的值。

$$f(x)=\begin{cases} \dfrac{1}{x}+x-1, & x<5\,且\,x\neq 0 \\ x^2+6, & 10\leq x<100\ \,且\,x\neq 20 \\ 1, & x\,取其他值 \end{cases}$$

```cpp
#include <iostream>
using namespace std;
void main()
{
    int x, y;
    cout<<"输入一个整数(示例: 10): "<<endl;
    cin >>x;
    if(x<5&&x!=0)                        // x<5 且 x≠0
        y=1/x+x-1;
    else
        if(x>=10&&x<100&&x!=20)          // x≥10 且 x<100 且 x≠20
            y=x*x+6;
        else
            y=1;                         //其他情况
    cout<<"x="<<x<<", f(x)="<<y<<endl;
}
```

【运行结果分析】

在正确运行程序后输入：

10　<回车>

则程序的输出结果为

　　　　x=10, f(x)=106

　　程序使用嵌套的 if-else 语句实现函数值的三个分支的逻辑判断，按照程序执行逻辑，输入 10 会执行第二个分支。由此按照第二个公式计算，结果为 106。

　　【易错分析】

　　(1) 注意到，原题中的第一个公式中存在 1/x，因此对于大于 1 或小于 −1 的整数，其结果均为 0。而例题程序中只能输入整数，因此出现上述错误，需要对程序进行修改使其能够处理实数。在处理一般数值类的题目时，尤其要注意其数值的定义域和值域。

　　(2) 在转换数学逻辑表达式 10≤x<100 时，错误地写成 10<=x<100，而后者按照优先级等价于(10<=x)<100，从而对于任意取值的 x，该表达式的值永真，从而与原题中的逻辑不符。这种错误通常较为隐蔽，需要精心设计输入数据才能发现。

　　练习题

　　将例 5.2 分别进行修改，并对修改后的程序运行结果进行分析。

　　(1) 对程序进行修改，使其能够输入实数，并对 x 的如下取值进行验证：

　　　　① x= 0.5　② x =50.5　③ x=100.5

　　(2) 如果程序中的 else 被漏写了，则程序会存在什么错误？采用单步调试的方法验证你的结论。

　　(3) 将程序中所有的双分支 if-else 全部用单分支 if 重新改写，对改写后的程序进行验证，试分析比较前后两者实现的差异。

　　【例 5.3】 把一个十进制整数转换成八进制或十六进制输出。要求：从键盘输入十进制数，再输入要转换成的进制数(八进制或十六进制)。

```cpp
#include <iostream>
#include <iomanip>
using namespace std;
void main()
{
    int num, notation;
    cout<<"输入一个十进制数:(示例: 100)"<<endl;
    cin >>num;
    cout<<"输入要转换成的进制数(示例: 8 )"<<endl;
    cin>>notation;
    switch(notation)
    {
        case 8:
            cout <<setiosflags(ios::showbase)<<oct<<num<<endl;
            break;
        case 16:
```

```
                cout <<setiosflags(ios::showbase)<<hex<<num<<endl;
                break;
            default:
                cout <<"不能转换为该进制"<<endl;
        }
    }
```

【运行结果分析】

在正确运行程序后，再根据屏幕提示依次输入如下数据：

输入一个十进制数：

100　　<回车>

输入要转换成的进制数：

8 <回车>

则程序的输出结果为

0144

程序使用 switch 结构实现三个分支，按照要转换成的进制数，执行第一个分支的代码序列，输出八进制结果，然后遇到 break 退出 switch 结构。题目中使用 setiosflags(ios::showbase)来显示进制的基数，即八进制显示前导 0，十六进制显示前导 0x。

【易错分析】

(1) 在 switch 一行的末尾添加分号，重新编译程序，出现部分警告和错误信息如下：

ex5-3.cpp(11) : warning C4060: switch statement contains no 'case' or 'default' labels

ex5-3.cpp(13) : error C2046: illegal case

ex5-3.cpp(15) : error C2043: illegal break

警告信息表示 switch 结构不含有 case 标号或者 default 标号，即 switch 结构不能为空，至少要含有一个分支。错误信息表示非法使用 case 语句和非法使用 break 语句，即 case 只能在 swtich 结构中使用，而 break 语句只能出现在 switch 或循环语句中。

(2) 删除"case 8"分支中的 break 一行，再次运行程序，分别输入 100 和 8，则程序会输出两个转换结果，即八进制和十六进制两个分支都被执行，注意该错误属于逻辑错误，编译器并不能检查出错误。可以采用单步调试的方法来跟踪程序执行路径，从而发现该错误。但必须准备好合理的数据，使之能按照既定的程序路径运行。

练习题

将例 5.3 分别进行修改，并对修改后的程序运行结果进行分析。

(1) 对程序分别输入下列几组值：

① num = 128　　notation = 16

② num = 1000　　notation = 2

重新运行程序，并分析程序运行结果。

(2) 在 cout 中使用 setbase(notation)代替 oct 和 hex，将 switch 结构中的 case 8 和 case 16 两个分支进行合并，保持程序的功能不变。

(3) 将程序使用双分支 if-else 或单分支 if 重新改写，保持程序的功能不变。

实验6　循环结构程序设计

一、实验目的

(1) 熟练掌握 while、do-while 和 for 三种循环语句的语法规则，设计简单循环结构程序。

(2) 熟练使用 break 和 continue 语句设计循环结构程序。

二、实验内容

(1) 学会利用循环进行一般数学问题的数值计算，熟练掌握三种循环结构的互相转换。

(2) 学会利用循环进行非数值计算的程序设计。

(3) 掌握利用断点调试技术快速观察程序的执行状态，理解程序的执行逻辑。

(4) 完成实验报告。

三、实验范例

【例 6.1】　求 $s = 1! - 2! + 3! - 4! + 5! + \cdots + n!$。

```cpp
#include <iostream>
using namespace std;
void main()
{
    long sum=0, fac=1;
    int n, num, flag=1;
    cout<<"计算 1!-2!+3!-4!+…+n!，输入 n(示例: 5)"<<endl;
    cin>>num;
    for(n=1; n<=num; n++)
    {
        fac=fac*n;              //计算 n!
        sum=sum+flag*fac;       //逐项累计
        flag = -flag;           //奇偶项符号变化
    }
    cout<<"计算结果: "<<sum<<endl;
}
```

【运行结果分析】

在正确运行程序后输入数据如下：

5　　<回车>
则程序的输出结果为

　　　　计算结果：101

　　程序采用单重循环结构计算，其中 fac 用来计算每一个加法或减法因子 n!，sum 用来累计所有的因子项，flag 交错因子对于奇数项是 1、偶数项为 −1。

　　【易错分析】

　　(1) 将主函数中第 1 行数据定义语句修改为

　　　　long sum, fac;

　　重新运行程序，输入 5，则输出结果不正确。因为 sum 和 fac 没有赋初值，是一个不确定数。乘法运算时累积项的初值赋为 1，而加法运算时累计和的初值赋为 0。

　　(2) 将 for 语句错误输入为 for(n=1, n<=num; n++)，则编译时出现错误：

　　　　ex6-1.cpp(9) : error C2143: syntax error : missing ';' before ')'

　　该错误含义为右括号前面缺少分号，因为编译器无法知道是由于用户将分号错误输成逗号。另外，如果将 for 语句错误输入为 for(n=1; n<=num; n++;)，则编译时出现错误：

　　　　ex6-1.cpp(9) : error C2059: syntax error : ';'

　　该错误表示分号是一个语法错误。编译器没有指明真正的错误原因，必须通过分析 for 语句的语法结构才知道多了一个分号。

　　(3) 在 for 语句一行的末尾多输入一个分号，则程序编译时没有错误，而程序运行结果不正确。以下结合断点调试技术快速定位这种逻辑错误。

　　【断点调试】

　　(1) 设置断点。通过断点调试的方法可修改程序中的逻辑错误等，此次实验要求学会断点调试。

　　在编辑区将光标定位到 for 语句所在行，点击工具栏图标 🖐，该图标对应文字提示"Insert/Remove Breakpoint(F9)"，表示在当前行设置或清除断点。在当前行左侧出现一个红色标志 ●，表示该行被设置为断点行。

　　(2) 运行程序。点击工具栏图标 🗐，该图标对应文字提示"Go(F5)"，表示按照调试模式运行程序，遇到断点会自动停在断点所在行，但该断点必须是程序逻辑能够到达的语句。在运行结果窗口输入测试数据：5<回车>，此时程序当前行停在 for 语句所在行，如图 6.1 所示。

图 6.1　断点调试

（3）分析错误。点击图标 ，单步执行程序，程序当前行变为语句"fac = fat * n;"所在行，观察到变量窗口中 n 的值为 7，按照程序设计的本意，此时 n 的值应为 1，由此断定上一行存在问题，经过语义分析得出：由于 for 语句末尾的";"充当了空语句体，从而循环已经执行完毕。此时循环变量 n 的值是循环出口的值 7。

（4）改正错误。将程序 for 语句末尾的分号删除，保存程序。点击图标 ，终止当前调试。点击图标 ，按照第(2)步的方法执行到语句"fac = fat * n;"所在行。此时观察到变量窗口中 n 的值为 1，说明程序已经正常。此时可以终止程序的调试，并清除程序所加断点，清除断点操作和加断点操作相同。

注意：断点调试的关键是要先能够较为准确地了解错误的具体位置，在可能出错的位置前增加断点，可以通过增加多个断点，逐一排除的方法定位和排除错误。

练习题

将例 6.1 试改动 1 处，然后使用断点调试方法进行修改，并对修改后的程序运行结果进行分析。

【**例 6.2**】 猴子第一天摘下若干个桃子，当天吃了一半，还不过瘾，又多吃了一个。第二天又将剩下的桃子吃掉一半，又多吃了一个。以后每天都吃前一天剩下的一半零一个。到第 10 天再想吃时，只剩下一个桃子了。求第一天共摘下多少个桃子。

分析：由

$$第 10 天桃子数 = 第 9 天桃子数 / 2 - 1$$

得到

$$第 9 天桃子数 = (第 10 天桃子数 + 1) \times 2$$

从而得到递推规律：

$$第 n 天桃子数 = (第 n+1 天桃子数 + 1) \times 2$$

```cpp
#include <iostream>
using namespace std;
void main()
{
    int pnum=1;              //第 10 天桃子数
    int day=10;              //当前是第几天
    while(day>1)
    {
        ++pnum;              //多吃 1 个
        pnum=pnum*2;         //吃一半
        day--;               //天数递减
    }
    cout<<"第一天桃子数： "<<pnum<<endl;
}
```

【运行结果分析】

在正确运行程序后输出：

> 第一天桃子数: 1534

程序采用单重循环结构，根据递推公式计算，循环次数可以由问题直接推算得到。

【易错分析】

(1) 将 while 语句所在行末尾添加分号：

> while(day>1);

重新运行程序，显示输出窗口后没有任何反应，因为程序此时陷入了死循环。即表达式 day>1 永真，而循环体为空语句。此时只能强行终止运行窗口。

(2) 将 while 循环体的一对花括号去掉，编译程序时没有错误，但执行程序后显示输出窗口后没有任何反应，因为程序此时陷入了死循环。原因是此时 while 的循环体只有一个语句 ++pnum;，因此无法改变循环变量 day 的值，使表达式 day>1 永真。所以当循环体中含有多个语句时，应该用花括号将其表示成复合语句。

练习题

将例 6.2 分别进行修改，并对修改后的程序运行结果进行分析。

(1) 修改 while 语句所在行如下：

> while(day-->1)

同时删除语句 day--;，运行后程序结果是否正确，验证你的结论。

(2) 将 while 结构改为 for 结构和 do-while 结构重新实现该程序，并总结三种结构互相转换的规律。

(3) 修改 while 语句所在行如下：

> while(day>1);

要求使用断点调试方法定位该错误并排除错误。

【例 6.3】　谁在说谎：一个侦探逮捕了 5 个嫌疑犯。这 5 个人因为供出的作案地点各有出入，进一步审讯了他们之后，他们分别提出了如下的申明：

A："5 个人当中有 1 个人说了谎。"

B："5 个人当中有 2 个人说了谎。"

C："5 个人当中有 3 个人说了谎。"

D："5 个人当中有 4 个人说了谎。"

E："5 个人全说谎。"

然而只能释放说真话的人，请问，该释放哪几个人呢？

分析　每个人说的话只有两种可能，真或假。用变量 a 表示 A 说的话，a=1 表示 A 说真话，a=0 表示 A 说假话，同样变量 b、c、d、e 分别表示 B、C、D、E 说的话。如果 A 说的是假话(a==0)，则说明 "5 个人当中有 1 个人说了谎" 是错误的，即 a+b+c+d+e!=4；如果 A 说的是真话(a==1)，则说明 "5 个人当中有 1 个人说了谎" 是正确的，即 a+b+c+d+e==4。

同理求得其他逻辑。

```cpp
#include <iostream>
using namespace std;
void main(){
    int a, b, c, d, e;
    for(a=0; a<2; a++)
        for(b=0; b<2; b++)
            for(c=0; c<2; c++)
                for(d=0; d<2; d++)
                    for(e=0; e<2; e++)
                    {
                        if(!(a==0&&a+b+c+d+e!=4||a==1&&a+b+c+d+e==4)) continue;
                        if(!(b==0&&a+b+c+d+e!=3||b==1&&a+b+c+d+e==3)) continue;
                        if(!(c==0&&a+b+c+d+e!=2||c==1&&a+b+c+d+e==2)) continue;
                        if(!(d==0&&a+b+c+d+e!=1||d==1&&a+b+c+d+e==1)) continue;
                        if(!(e==0&&a+b+c+d+e!=0||e==1&&a+b+c+d+e==0)) continue;
                        if(a==1) cout <<"A 说真话，可以释放"<<endl;
                        if(b==1) cout <<"B 说真话，可以释放"<<endl;
                        if(c==1) cout <<"C 说真话，可以释放"<<endl;
                        if(d==1) cout <<"D 说真话，可以释放"<<endl;
                        if(e==1) cout <<"E 说真话，可以释放"<<endl;
                    }
}
```

【运行结果分析】

在正确运行程序后输出：

　　D 说真话，可以释放

【易错分析】

将程序中所有的 continue 全部换成 break，重新运行程序，则输出结果不变。原因是输出结果属于巧合。如果将语句 for(d=0; d<2; d++)和 for(e=0; e<2; e++)的次序颠倒，则使用 break 和 continue 的结果不再一样，请使用断点调试的方法快速定位出错位置，并分析出错原因。

练习题

将例 6.3 分别进行修改，并对修改后的程序运行结果进行分析。

(1) 修改 if 语句的判断逻辑，使其更为简化。

(2) 增加程序的无解输出，即如果没有一个满足条件的解，则输出无解。

(3) 对你所知道的类似逻辑推理问题，编程求出问题的解。

实验7　数组及其应用

一、实验目的

(1) 掌握数组定义、赋值、初始化的语法规则。

(2) 学会使用数组和字符串编写应用程序，处理批量数据。

(3) 了解常用字符函数的功能及会调用字符函数。

二、实验内容

(1) 熟练使用一维数组求解相关数值问题，了解数组越界问题。

(2) 熟练使用字符数组处理字符串，使用常用字符串函数处理字符串。

(3) 使用二组数组解决二维数值计算与输出控制。

(4) 完成实验报告。

三、实验范例

【例7.1】 编写程序，求整型数组中的最大值、最小值和平均值。

```cpp
#include <iostream>
using namespace std;
void main()
{
    int array[10], i, max, min;
    float sum;
    cout<<"Please input 10 integers:"<<endl;
    for(i=0; i<10; i++)
        cin>>array[i];
    max=array[0]; min=array[0]; sum=array[0];  //赋初值
    for(i=1; i<10; i++)
    {
        if(max<array[i])
            max=array[i];          //求最大值
        if(min>array[i])
```

```
        min=array[i];          //求最小值
        sum+=array[i];         //累加求和
    }
    cout<<"Max="<<max<<", Min="<<min<<endl;
    cout<<"Ave="<<sum/10<<endl;
}
```

【运行结果分析】

在正确运行程序后输入数据如下：

　　1 2 3 4 5 6 7 8 9 10　<回车>

则程序的输出结果为

　　Max=10, Min=1

　　Ave=5.4

程序中 max 和 min 的初值首先设为第 1 个元素，而后逐一与后续元素比较大小，分别保存最大值和最小值。平均值 Ave 通过累加和除以数组元素个数得到。

【易错分析】

(1) 将第 1 个 for 语句所在行修改为

　　for(i=0; i<=10; i++)

则程序运行后必须输入 11 个元素后才能继续执行，并且执行完毕会弹出应用程序出错窗口。原因是第 1 个 for 语句循环 11 次，最后 1 次是给 array[10]赋值，而该数组元素并不存在，从而使得数组越界，把系统内部使用的内存给覆盖掉了。如果在 array 前面再定义一个变量如下：

　　int temp, array[10], i, max, min;

重新运行程序，输入 11 个元素，则程序会对前 10 个元素按程序功能求解后正常输出，没有任何出错信息。原因是 temp 在此处充当了数组第 11 个元素的角色，如果同时在程序的最后增加输出 temp 的语句如下：

　　cout <<"temp:"<<temp<<endl ;

发现输出结果中 temp 的值恰好是刚才输入的第 11 个元素，原因是 VC++ 对定义的局部变量进行内存分配时，按高地址到低地址，而数组元素 10 个元素的地址又是连续的，使得 temp 与 a[9]地址相邻，成为数组的未定义元素 a[10]。

(2) 将第 2 个 for 语句所在行修改如下：

　　for(i=1; i<=10; i++)

则程序运行后输入 10 个元素后会发现运行结果不正确，但是没有任何错误信息。原因是 a[10]不是程序中合法定义的变量。采用(1)增加 temp 变量的方式可以类似地进行结果分析。

练习题

对例 7.1 进行修改，并对修改后的程序运行结果进行分析。

(1) 平均值的输出结果保留两位小数。

(2) 比较最大和最小值时，从最后一个元素开始向前逐一比较。

(3) 从键盘输入 n (<=10)，然后再输入 n 个数，求 n 个数的最大和最小值。

【例 7.2】 编写程序，在 10 个学生中进行姓名的模糊查找(即只要姓名中含有待查找字符串即可)。

```cpp
#include <iostream>
#include <cstring>
using namespace std;
void main()
{
    char name[10][20]={"zhangsan", "wangsan", "lisi", "wangwu", \
                       "zhaosi", "sunwu", "sanmao", "lisa", "luci", "husan"};
    char str1[20];              //要查找的名字
    char str2[20];              //等待比较的当前名字
    int i, len1, len2;
    cout<<"Please input name:"<<endl;
    cin>>str1;
    len1 = strlen(str1);
    for(i=0; i<10; i++)
    {
        strcpy(str2, name[i]);
        len2 = strlen(str2);
        while(len2-len1>=0)          //等待比较的名字长度不比要查询的名字短
        {
            if(strcmp(str1, str2+len2-len1)==0){
                cout<<name[i]<<" ";
                break;
            }
            str2[--len2]='\0';       //将最后一个字符清零，字符串长度减少
        }
    }
}
```

【运行结果分析】

在正确运行程序后输入如下数据：

　　　san　　<回车>

则程序的输出结果为

　　　zhangsan wangsan sanmao husan

程序中外循环来逐一将 10 个姓名与用户输入的待查询姓名进行比较。内循环用于在字符串 str2 中搜索是否包含字符串 str1，即进行模糊匹配。

【易错分析】

(1) 将 strcpy 语句写成 strcpy(str2, name[i][0]);，编译出现错误如下：

　　　error C2664: 'strcpy' : cannot convert parameter 2 from 'char' to 'const char *'

即第二个参数需要一个常量地址，而 name[i][0]表示的是第 i 个字符串的第 1 个字符，而不是地址。

练习题

对例 7.2 进行修改，并对修改后的程序运行结果进行分析。

(1) 将 while 循环改用 for 循环实现。

(2) 如果姓名使用汉字，程序结果仍然正确吗？

【例 7.3】　编程实现按以下格式输出杨辉三角形的前 10 行。

```
1
1    1
1    2    1
1    3    3    1
1    4    6    4    1
1    5   10   10    5    1
```

```cpp
#include <iostream>
#include <iomanip>
using namespace std;
void main()
{
    int i, j;
    int a[10][10];
    for(i=0; i<10; i++)          //数组赋初值
    {
        a[i][0]=1;               //每行第 1 个元素值为 1
        a[i][i]=1;               //对角线上元素值为 1
    }
    for(i=2; i<10; i++)          //计算杨辉三角形中各元素的值
        for(j=1; j<i; j++)
            a[i][j]=a[i-1][j-1]+a[i-1][j];
    //当前元素的值等于上一行当前列与上一行前一列的元素的和
    for(i=0; i<10; i++)          //输出杨辉三角形
    {
        for(j=0; j<=i; j++)
            cout<<setw(5)<<a[i][j];
        cout<<endl;
    }
}
```

【运行结果分析】

在正确运行程序后输出题目中给出的杨辉三角形。在程序的输出结果部分，外循环用来控制输出的行数，内循环用来控制每行输出的数字个数。杨辉三角形的数字规律是：边界上数值为 1，其他内部数值等于上一行的当前列和前一列的和。

【易错分析】

省略输出部分的 cout<<endl; ，则输出结果不正确。该语句用来实现在内循环输出完每行的数字后，输出换行。

练习题

将例 7.3 进行修改，并对修改后的程序运行结果进行分析。

(1) 在语句 for(j=0; j<=i; j++)上一行增加语句：

　　cout<<setw(5*(10-i))<<" ";

该语句会使图形发生什么变化? 提示：加上预处理命令 #include <iomanip>。

(2) 如果将图形的形状改成等腰三角形，应该如何修改，请结合(1)中的结论。

(3) 改写程序，实现将图形中输出的数字全部换成字符 A。

实验 8　函数及其应用

一、实验目的

(1) 掌握函数定义、调用、函数间的数据传递、返回值等语法规则。
(2) 掌握函数的嵌套调用和递归调用的方法。
(3) 掌握全局变量和局部变量的概念和使用方法。

二、实验内容

(1) 熟练编写用户自定义函数，掌握函数声明的方法和调用函数实现程序功能。
(2) 结合单步调试技术理解递归的逐层进入和逐层返回。
(3) 熟练使用静态变量和全局变量进行程序设计。
(4) 完成实验报告。

三、实验范例

【例 8.1】 写一个判断素数的函数，并利用该函数验证哥德巴赫猜想：即一个大于 2 的偶数必能分解成两个素数之和，如 $10 = 3 + 7$，3 和 7 都是素数。

```cpp
#include <iostream>
#include <cmath>
using namespace std;
int is_prime(int n);            //函数的提前声明
void   main()
{
    int even, i; ;
    cout<<"输入一个大于 2 的偶数: "<<endl;
    cin>>even;
    for(i=2; i<=even/2; i++)
        if(is_prime(i)&&is_prime(even-i))
            cout<<even<<"="<<i<<"+"<<even-i<<endl;
}
int is_prime(int n)         //判断素数的函数
{
    int i, k=sqrt(n);
```

```
        for(i=2; i<=k; i++)          //因子只需要检查到平方根
            if(n%i==0)               //如果能整除则一定不是素数
                return(0);
        return 1;                    //所有可能的因子都检查完毕，是素数
    }
```

【运行结果分析】

在正确运行程序后输入如下数据：

　　　10　　<回车>

则程序的输出结果为

　　　10=3+7

　　　10=5+5

程序中将输入的偶数分成两个数相加，分别验证是否为素数，注意子函数中循环的终值只需要等于输入偶数的平方根即可。

【易错分析】

在函数 is_prime 语句 return 1;前面增加语句 else，重新编译程序，没有编译错误。重新运行程序后，输入 10，则给出的结果也正确。再次运行程序后，输入 12，则给出的结果中含有 12 = 3 + 9，而 9 不是素数。该错误属于逻辑错误，必须选择恰当的测试数据才能发现。

练习题

将例 8.1 分别进行修改，并对修改后的程序运行结果进行分析。

(1) 给程序增加错误输出功能，即当输入的偶数不能分解为两个素数之和时，显示出错信息"哥德巴赫猜想验证失败！"。

(2) 修改程序使得程序在输出一组结果后，停止循环检查，同时输出"哥德巴赫猜想验证成功！"。

【例 8.2】　用递归函数求十进制数对应的二进制数。

```
#include <iostream>
using namespace std;
void dectobin(int num);
void main()
{   int decnum;
    cout<<"输入一个大于 0 的十进制整数:"<<endl;
    cin>>decnum;
    dectobin(decnum);
}
void dectobin(int num)
{
    if(num>0)
    {
        dectobin(num/2);              //处理最后 1 位的前面部分
```

```
        cout<<num%2;                //输出余数
    }
}
```

【运行结果分析】

在正确运行程序后输入如下数据：

    10   <回车>

则程序的输出结果为

    1010

程序按照除以 2 取余数的思想，将所有余数逆序输出。

【调试分析】

(1) 设置断点。在主函数 dectobin(decnum); 所在行设置断点，选择调试方式运行程序，即点击工具栏图标 ▤↓ 执行程序，输入测试数据 5<回车>，程序执行到断点所在行停止，等待用户命令。

(2) 逐层进入递归函数。点击调试工具栏图标 ㉿ 进入函数内部，如图 8.1 所示。

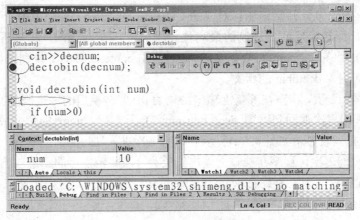

图 8.1　单步函数调试

变量窗口显示 num 的当前值为 5，是从主函数的 decnum 传递过来的。点击 context 后的下拉列表显示如图 8.2(a)所示。

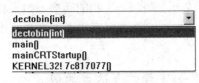

(a) 第 1 次进入函数 dectobin

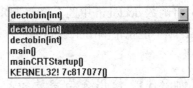

(b) 第 2 次进入函数 dectobin

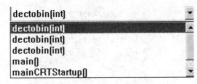

(c) 第 3 次进入函数 dectobi

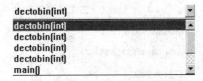

(d) 第 4 次进入函数 dectobin

图 8.2　函数调用序列

该图显示函数的调用顺序，即现在处于 dectobin 函数中，而 dectobin 是由主函数 main 调用，main 是由启动函数 mainCRTStartup 调用，mainCRTStartup 由内核 KERNEL32! 7c817077 调用。

继续点击图标 $\{+\}$ 2 次，则当前行变为 dectobin(num/2);，再次点击图标 $\{+\}$，则程序显示图 8.1 的界面状态，但此时变量窗口显示 num 的当前值为 2，即刚才的 num/2，此时点击 context 后的下拉列表显示如图 8.2(b)所示，表示第 2 次进入 dectobin 函数。

继续点击图标 $\{+\}$ 3 次，变量窗口显示 num 的当前值为 1，此时点击 context 后的下拉列表显示如图 8.2(c)所示，表示第 3 次进入 dectobin 函数。

继续点击图标 $\{+\}$ 3 次，变量窗口显示 num 的当前值为 0，此时点击 context 后的下拉列表显示如图 8.2(d)所示，表示第 4 次进入 dectobin 函数。

(3) 从最内层逐级返回。点击图标 $\{+\}$ 2 次，由于 num=0 不满足 if 条件，所以跳到 if 分支之后，再次点击图标 $\{+\}$，程序返回到语句 dectobin(num/2); 所在行，num 的值恢复成上一次调用的值 1，此时点击 context 后的下拉列表显示如图 8.2(c)所示，程序已经从里层向外开始逐级回退。

点击图标 $\{0+\}$ 2 次，注意该图标对应的文字提示是 "Step Over(F10)"，程序在屏幕上输出结果为 1，即转换后的二进制的最高位。继续点击图标 $\{0+\}$，程序再次返回到语句 dectobin(num/2); 所在行，num 的值变成 2，此时点击 context 后的下拉列表显示如图 8.2(b)所示，即第 2 次进入 dectobin 的状态。

点击图标 $\{0+\}$ 2 次，程序在屏幕上输出结果为 0，即转换后的二进制的次高位。继续点击图标 $\{0+\}$，程序再次返回到语句 dectobin(num/2); 所在行，num 的值变成 5，此时点击 context 后的下拉列表显示如图 8.2(a)所示，即第 1 次进入 dectobin 的状态。

点击图标 $\{0+\}$ 2 次，程序在屏幕上输出结果为 1，即转换后的二进制的最后 1 位。点击图标 $\{0+\}$，程序返回到主函数的 dectobin(decnum); 所在行，此时程序递归调用执行完毕，点击图标 $\{$$\}$ 结束程序调试。

练习题

将例 8.2 分别进行修改，并对修改后的程序运行结果进行分析。

(1) 程序运行后输入 0，则没有结果输出，试改写程序使得输入 0 时也有转换结果。

(2) 将函数 dectobin 中的 2 修改为 8，则程序变成十进制到八进制的转换。如果将 2 修改为 16，则不能正常输出十进制到十六进制的转换结果，请修改程序实现十进制到十六进制的转换。

【例 8.3】 使用全局变量和静态变量计算如下数学表达式的值。

$$1! * 1 + 2! * (1 + 2) + 3! * (1 + 2 + 3) + \cdots + n! * (1 + 2 + \cdots + n)$$

```cpp
#include <iostream>
using namespace std;
long int fact=1;                          //全局变量
int autoinc();
void main()
```

```
    {
        int n, i;
        long total=0, sum=0;
        cout<<"计算: 1!*1+2!*(1+2)+...+n!*(1+2+...+n) 输入 n:"<<endl;
        cin>>n;
        for(i=1; i<=n; i++){
            sum += autoinc();          //求 1 + 2 + … + i
            total += fact * sum;
        }
        cout<<"运算结果: "<<total<<endl;
    }
    int autoinc()
    {
        static int n=0;                //静态变量
        fact*=++n;                     // n!
        return n;
    }
```

【运行结果分析】

在正确运行程序后输入如下数据:

　5　　<回车>

则程序的输出结果为

　　2083

程序使用全局变量 fact 计算 n!, 在函数 autoinc 中定义初值为 0 的静态变量 n, 每次调用函数时自动加 1, 即调用 n 次函数 autoinc 时, 其返回值就是 n。程序使用 sum 对 1 + 2 + … + i 求和, total 对所有项进行累加。

【易错分析】

人们容易忘记对全局变量或静态变量赋初值。如果将函数 autoinc 中的静态变量 n 的初值省略, 不会对程序的执行有任何影响, 因为静态变量 n 的默认值就是 0, 正好与初值相同。但如果将全局变量 fact 的初值省略, 重新运行程序, 不论输入任何值, 结果都为 0, 因为此时 fact 的初值默认为 0, 进行乘法运算时结果总为 0。

练习题

对例 8.3 进行修改, 并对修改后的程序运行结果进行分析。

将函数 autoinc 中定义的静态变量改为全局变量重新实现程序的功能。

实验9　指针及其应用

一、实验目的

(1) 了解指针概念的特殊性。
(2) 理解指针的概念及指针的运算及用法。
(3) 掌握函数、指针和数组的用法。
(4) 掌握指针作为函数参数的作用。
(5) 掌握字符指针和字符串之间的关系。

二、实验内容

(1) 熟练使用指针间接访问变量并查看变量的地址，掌握指针的基本运算。
(2) 熟练使用指针实现函数参数传递。
(3) 熟练使用指向字符串的指针变量实现字符串的操作。
(4) 完成实验报告。

三、实验范例

【例9.1】 写出程序的运行结果。

```cpp
#include <iostream>
using namespace std;
void main()
{
    int i1=10, i2=20, *pi;
    double d1=100, d2=200, *pd;
    char c1='A', c2='B', *pc;
    /*显示整型变量的地址及值*/
    pi=&i2;
    cout <<"&i1="<<&i1<<", &i2="<<&i2<<endl;
    cout <<"&pi="<<&pi<<", pi="<<pi<<", *pi="<<*pi<<endl;
    pi++;   // 指向变量 i1
    cout <<"&pi="<<&pi<<", pi="<<pi<<", *pi="<<*pi<<endl;
    /*显示双精度实型变量的地址及值*/
    pd=&d2;
```

```
cout <<"&d1="<<&d1<<", &d2="<<&d2<<endl;
cout <<"&pd="<<&pd<<", pd="<<pd<<", *pd="<<*pd<<endl;
pd++;     // 指向变量 d1
cout <<"&pd="<<&pd<<", pd="<<pd<<", *pd="<<*pd<<endl;
/*显示字符型变量的地址及值*/
pc=&c2;
cout <<"&c1="<<static_cast<const void*>(&c1); //输出 c1 的地址
cout <<", &c2="<<static_cast<const void*>(&c2)<<endl;
cout <<"&pc="<<&pc;
cout<<", pc="<<static_cast<const void*>(pc)<<", *pc="<<*pc<<endl;
pc++;     //注意此时并没有指向 c1
cout <<"&pc="<<&pc;
cout<<", pc="<<static_cast<const void*>(pc)<<", *pc="<<*pc<<endl;
}
```

【运行结果分析】

程序正确运行后输出结果为

&i1=0013FF7C, &i2=0013FF78

&pi=0013FF74, pi=0013FF78, *pi=20

&pi=0013FF74, pi=0013FF7C, *pi=10

&d1=0013FF6C, &d2=0013FF64

&pd=0013FF60, pd=0013FF64, *pd=200

&pd=0013FF60, pd=0013FF6C, *pd=100

&c1=0013FF5C, &c2=0013FF58

&pc=0013FF54, pc=0013FF58, *pc=B

&pc=0013FF54, pc=0013FF59, *pc=

上述结果中，地址的前 4 位 0013 表示段地址，因不同机器而异，主要比较分析后 4 位。整型变量 i1 和 i2 的地址之差为 4，双精度实型变量 d1 和 d2 的地址之差为 8，字符型变量 c1 和 c2 的地址之差为 4，注意 c1 和 c2 的地址之差并不是 1，这与 VC++ 编译环境有关。指针变量 pc，使用自增运算后，其值变为 0013FF59，并不是变量 c1 的地址，因此无法输出字符 c1 的值。

【易错分析】

(1) 对于字符串(字符数组)或字符型变量，输出地址时，如果直接输出，会输出字符串或乱码，需要使用 static_cast<const void*>对字符地址进行强制类型转换。

(2) 对指针变量采用强制类型转换时，可能输出不正确的结果。运行以下代码：

```
float f1 =10; int *pi; pi=(int *)&f1; cout <<*pi;
```

不能正确输出结果 10，因为 float 内部数据格式无法自动转换成整数数据。

练习题

将例 9.1 进行修改，并对修改后的程序运行结果进行分析。

(1) 仿照题目增加 long 型数据的测试，并与已有的结果进行对比分析。

(2) 对指针变量采用强制类型转换时，对于以下代码：

```
int i1 =100; short int *psi; psi=(short int *)&i1; cout <<*psi;
```

程序运行后，可以输出正确结果 100。试分析当 i1 的取值范围在什么情况下这个结论是成立的。

【例9.2】 编写函数，将两个字符串进行连接(要求使用指针实现，不能使用 strcat 函数)。

```cpp
#include <iostream>
using namespace std;
char *concat(char *source, char *dest)     //形参为指向字符串的指针变量
{
    char *p;
    p=source;
    while(*p!='\0') p++;                    //将 p 指向 source 所指向的字符串的末尾
    while(*p++=*dest++);                    //将 dest 所指向的字符依次复制到 p 的当前位置
    *p='\0';
    return(source);
}
void main()
{
    char str1[80], str2[80];
    cout<<"input first string: ";
    cin.getline(str1, 40);
    cout<<"input second string: ";
    cin.getline(str2, 40);
    cout<<"the concat string is:"<<concat(str1, str2)<<endl;
}
```

【运行结果分析】

在正确运行程序后输入如下数据：

```
input first string: 2+3          <回车>
input second string: =5          <回车>
```

则程序的输出结果为

```
the concat string is:2+3=5
```

主函数使用 cin.getline 读入两个不超过 39 个字符的字符串，将字符串的地址传给 concat 函数。函数 concat 首先使用指针变量 p 定位到 source 所指向字符串的末尾，然后再将 dest 所指向的字符串逐一复制到字符串 source 的尾部。语句 while(*p++=*dest++); 等价于语句序列 *p=*dest; p++; dest++; while(*p); 。

【易错分析】

将函数 concat 中第 2 个 while 写成如下形式：

```
while(*p++==*dest++);
```

该语句使用==在 while 循环中进行字符的比较，违背了原题中字符串复制的初衷。为了不引起混淆，可将原题中的 while 语句修改为

```
while((*p++=*dest++)!='\0');
```

即采用显式的字符串结束判断，增加程序的可读性。

练习题

将例 9.2 分别进行修改，并对修改后的程序运行结果进行分析。

(1) 函数 concat 中的 *p='\0'; 用来设置字符串的结束标志。按照程序的功能要求，该语句是否正确？省略后的程序是否正确？

(2) 将函数 concat 的形参改用数组类型重新实现。

【例 9.3】 统计出字符串中子字符串出现的次数。

```cpp
#include <iostream>
#include <cstring>
using namespace std;
int cntstring(char *source, char *substr);
void main()
{
    char str1[50], str2[20];                // srt1 为原字符串，srt2 为子字符串
    cout<<"input source string: ";
    cin.getline(str1, 50);
    cout<<"input sub string: ";
    cin.getline(str2, 20);
    cout<<"Occurs :"<<cntstring(str1, str2)<<endl;
}
int cntstring(char *source, char *substr)
{
    int sum=0;                              //统计子字符串初值为 0
    char *p1=source, *p2=substr;
    while(*p1!='\0')                        //原字符串没结束
    {
        if(*p1==*p2)                        //第一个字符相同
            while(*p1==*p2&&*p2!='\0')      //循环比较后续字符
            {
                p1++; p2++;                 //子字符串没结束，两字符串同时后移一个字符
            }
```

```
        else
            p1++;                    //原字符串后移，重新比较
        if(*p2=='\0')    sum++;
        p2=substr;                   //子字符出现一次，指针重新指向子字符串
        }
        return sum;                  //输入统计结果
    }
```

【运行结果分析】

在正确运行程序后输入如下数据：

input source string: This is a c++ program.　　<回车>

input sub string: is　　<回车>

则程序的输出结果为

Occurs :2

主函数使用 cin.getline 读入被查找主字符串和查找子字符串。函数 cntstring 对于被查找主字符串和查找子字符串从第一个字符开始逐一向后比较。第二个 while 循环表示当主字符串的当前字符与子字符串的第一个字符相同时，循环比较后续的字符是否相同，若循环完毕且指向子字符串的指针移到子字符串末尾，则认为完成一次成功匹配，否则主字符串后移一个字符，再重新比较。

【错误分析】

重新运行程序后，输入如下数据：

input source string: aaabc <回车>

input sub string: aabc　　<回车>

则程序的输出结果为

Occurs: 0

而实际上子字符串 aabc 在主字符串 aaabc 中出现 1 次。在进入子函数 cntstring 的第二个 while 中后，如果不能成功匹配子字符串，则主字符串的指针不能回退到正确的位置。

练习题

对例 9.3 分别进行修改，并对修改后的程序运行结果进行分析。

(1) 对于错误分析中提出的问题，采用单步调试技术，分析程序出错的原因，修改程序使其正确。

(2) 修改程序使其能够同时输出子字符串在主字符串中出现的每一个位置。

实验 10　结构体和共用体及其应用

一、实验目的

(1) 熟练掌握结构体类型定义方法以及结构体类型变量、结构体类型数组的定义和引用。

(2) 掌握指向结构体类型变量、结构体类型数组的指针变量的应用。

(3) 掌握运算符 "." 和 "->" 的应用。

(4) 掌握共用体类型的简单应用。

(5) 理解使用枚举型的意义。

二、实验内容

(1) 熟练使用结构体数组访问结构体成员，掌握函数参数为结构体指针的实现方法。

(2) 熟练使用嵌套结构体实现复杂应用。

(3) 理解共用体中字符和整型数据的转换特性，使用枚举类型定义符号常量。

(4) 完成实验报告。

三、实验范例

【例 10.1】　调用系统函数计算并输出每个学员的年龄，学员信息表见表 10.1。

表 10.1　学员信息表

num	name	birthday		
		year	month	day
3010	张格丽	1963	12	23
1020	李思林	1972	6	4
2030	王一霖	1946	11	9
3040	胡笑笑	1956	9	21
1050	卢西雨	1990	2	2

```
#include<iostream>
#include<iomanip>
```

```cpp
#include<ctime>                //包含系统时间函数
/*struct tm {                  // ctime 中定义的日期时间结构
    int    tm_sec;             //秒，0～59
    int    tm_min;             //分，0～59
    int    tm_hour;            //时，0～23
    int    tm_mday;            //天数，1～31
    int    tm_mon;             //月数，0～11
    int    tm_year;            //自 1900 的年数
    int    tm_wday;            //自星期日的天数 0～6
    int    tm_yday;            //自 1 月 1 日起的天数，0～365
    int    tm_isdst;           //是否采用夏时制，若采用，则为正数
}; */
//typedef long time_t;         // ctime 中时间值
using namespace std;
#define N 5
struct birthday                //定义出生日期结构  birthday
{
    int year;   int month;   int day;
};
struct
{
    long num;                  //学号
    char name[20];             //姓名
    struct birthday bir;       //出生日期
}stu[N];
int cntage(struct birthday *pd1, struct tm *pd2)
{   //根据日期计算年龄
    int dyear = pd2->tm_year+1900-pd1->year;
    int dmonth = pd2->tm_mon + 1 - pd1->month;
    int dday = pd2->tm_mday -pd1->day;
    if(dmonth<0||dmonth==0&&dday<0)
        dyear--;
    return dyear;
}
void main()
{
    int i;
    struct tm *ptm;            //定义一个日期时间结构的指针
    time_t timer;
```

```
        timer=time(0);                 //调用系统函数 time，返回值是当前系统时间
        ptm=localtime(&timer);         //将 time_t 类型的时间转换成 tm 结构化时间
        for (i=0; i<N; i++)            //输入 n 个学员信息
        {
            cout<<"请输入第"<<i+1<<"学员的学号:"<<endl;
            cin>>stu[i].num;
            cout<<"请输入第"<<i+1<<"学员的姓名:"<<endl;
            cin>>stu[i].name;
            cout<<"请输入第"<<i+1<<"学员的出生日期(例如：1991 1 21):"<<endl;
            cin>>stu[i].bir.year>>stu[i].bir.month>>stu[i].bir.day;
        }
        cout<<setw(10)<<"学号"<<setw(10)<<"姓名"<<setw(10)<<"年龄"<<endl;
        for(i=0; i<N; i++)            //输出学员学号  姓名   年龄
        {
            cout<<setw(10)<<stu[i].num;
            cout<<setw(10)<<stu[i].name;
            cout<<setw(10)<<cntage(&stu[i].bir, ptm)<<"岁"<<endl;
        }
    }
```

【运行结果分析】

在正确运行程序后输入表 10.1 的数据，则程序的输出结果为

学号	姓名	年龄
3010	张格丽	47 岁
1020	李思林	39 岁
2030	王一霖	65 岁
3040	胡笑笑	55 岁
1050	卢西雨	21 岁

程序中的计算结果假定当前日期为 2011-12-18，而张三的出生日期是 1963-12-23，所以他的年龄为 47 岁而不是 48 岁，年龄的计算使用 cntage 函数实现。

【易错分析】

采用结构体数组元素引用结构体成员时，必须用 "."，而不能使用 "->"。而使用结构体指针访问时，如果使用 "." 方式访问时，必须加( )明确其优先级，如 pd1->year 需要写成(*pd1).year，而不能写成 *pd1.year。

练习题

将例 10.1 分别进行修改，并对修改后的程序运行结果进行分析。

(1) 扩展学员结构体，增加性别和籍贯，重新实现程序。

(2) 将程序中结构体指针的访问方式由 "p->" 改成 "(*p)."，重新实现程序。

【例 10.2】 显示键盘按键的键值。

```cpp
#include<iostream>
#include<iomanip>
using namespace std;
#include <conio.h>
enum keyvalue {F1=0x3b00, LeftArrow=0x4be0, ReturnKey=0x0d, \
                              ESC=0x1b, BackSpace=0x08};
short int getkey()
{
    union key {
        unsigned short int value;
        unsigned char ch[2];
    } key1;
    key1.value =0;
    while(kbhit())          //清空缓冲区
        getch();
    while(!kbhit());        //等待按键
    if (kbhit())
    {
        key1.ch[0]=getch();
        if (kbhit())
            key1.ch[1]=getch();
    }
    return key1.value;
}
void main(){
    short int key=0;
    cout<<"输出键盘按键，键入 ESC 终止"<<endl;
    cout <<setiosflags(ios::showbase)<<hex;
    do {
        key=getkey();
        switch(key)
        {
            case F1: cout <<"您按下键 F1";   break;
            case LeftArrow: cout <<"您按下键 LeftArrow";   break;
            case ReturnKey: cout <<"您按下键 ReturnKey";   break;
            case ESC: cout <<"您按下键 ESC";   break;
            case BackSpace: cout <<"您按下键 BackSpace";   break;
```

```
        }
            cout<<"当前按键值:"<<key<<endl;
        }
        while(key!=ESC);
    }
```

【运行结果分析】

在正确运行程序后依次按键 F1、F2、BackSpace、ESC，则程序的输出结果为

　　您按下键 F1 当前按键值: 0x3b00

　　当前按键值: 0x3c00

　　您按下键 BackSpace 当前按键值: 0x8

　　您按下键 ESC 当前按键值: 0x1b

函数 getkey 使用系统函数 kbhit 测试当前是否有键按下，对于功能键需要调用两次 getch 函数得到键值，而对于普通按键只需要调用一次 getch()函数。输入的键值保存在共用体的字符数组 ch 中，而主函数对其自动转换的短整型 value 进行判断。由于 switch 分支没有对按键 F2 的判断，所以只输出了其键值 0x3c00。

练习题

将例 10.2 分别进行修改，并对修改后的程序运行结果进行分析。

(1) 对枚举类型增加 F2 和 Home 的键值，改写程序并进行功能测试。

(2) 将枚举类型的键盘按键值改为使用 #define 定义，重新实现程序。

实验 11　文 件 操 作

一、实验目的

(1) 了解文件和文件指针的概念。

(2) 掌握文件打开和关闭以及简单的文件操作函数的调用方法。

(3) 学会使用缓冲文件系统对文件进行简单操作。

二、实验内容

(1) 使用字符读写函数实现文件复制功能。

(2) 使用数据读写函数实现结构型数据的文件写入和读取。

(3) 完成实验报告。

三、实验范例

【例 11.1】 编写函数 filtercopy，功能是将一个文件中的英文字符和数字复制到另外一个文件。

```cpp
#include <iostream>
using namespace std;
int filtercopy(char *sfile, char *tfile)
{   //sfile 指向源文件的指针，tfile 指向目标文件名的指针
    FILE *fp1, *fp2;
    int ch;
    if((fp1=fopen(sfile, "rb"))==NULL)
    {
        cout<<sfile<<"无法读取!\n";
        return -1;
    }
    if((fp2=fopen(tfile, "wb"))==NULL)
    {
        cout<<tfile<<"无法写入!\n";
        fclose(fp1);
        return -2;
```

```
        }
        do {
            ch=fgetc(fp1);
            if(ch>='0'&&ch<='9'||ch>='A'&&ch<='Z' \
                    ||ch>='a'&&ch<='z')              //只复制字母和数字
                fputc(ch, fp2);
        }while(!feof(fp1));                          // fp1 指向的文件不是文件尾则循环
        fclose(fp1);
        fclose(fp2);
        return 1;
    }
    void main()
    {
        char *source="c:\\source.dat";
        char *target="d:\\target.txt";
        int rc;
        rc=filtercopy(source, target);
        if(rc>0)
            cout<<"文件"<<target<<"成功生成! ";
    }
```

【运行结果分析】

程序运行前在 C 盘下准备文件 source.dat，内容如下：

　　abc=!1+(2*3)%4

程序正确运行后在输出屏幕上显示：

　　文件 d:\target.txt 成功生成!

此时使用文本文件编辑器查看 d 盘下文件 d:\target.txt，其内容如下：

　　abc1234

程序采用二进制模式对文件操作，从源文件中逐字符读入，然后对于满足条件的字符，将其写到目标文件中，直到源文件结束。

【易错分析】

由于文件名采用字符串表示，所以当使用带多级目录的文件名时，其分隔符需要使用转义字符"\\"进行分隔，比如 d:\\zhang\\ex11-1.cpp 写成 d:\zhang\ex11-1.cpp，则不能正确打开文件进行读写，因为后者被理解成 d:zhangex11-1.cpp。

在对文件进行写操作时，必须保证用户对文件有可写权限。例如将文件 d:\target.txt 的属性修改为只读属性(可通过 windows 属性对话框修改)，重新运行程序，在输出屏幕上显示：

　　d:\target.txt 无法写入!

练习题

将例 11.1 分别进行修改，并对修改后的程序运行结果进行分析。

(1) 修改程序使得在运行时从键盘上输入源文件名和目标文件名。

(2) 修改程序，再增加一些新的过滤字符(如 C 的运算符)。

【例 11.2】 使用数据读写函数编写程序实现将表 10.1 的数据写入文件，并按指定记录范围在屏幕上显示。

```cpp
#include<iostream>
#include<iomanip>
using namespace std;
#define N 5
struct birthday {            //定义出生日期结构  birthday
    int year;   int month;   int day ;
};
struct {                     //学员信息结构、学号、姓名、出生日期
    long num;   char name[20];   struct birthday bir;
}stu[N];
void main(){
    int i, spos, epos;
    FILE *fp;
    char *filename ="c:\\student.dat";
    for (i=0; i<N; i++) {        //输入 n 个学员信息
        cout<<"请输入第"<<i+1<<"学员的学号:"<<endl;
        cin>>stu[i].num;
        cout<<"请输入第"<<i+1<<"学员的姓名:"<<endl;
        cin>>stu[i].name;
        cout<<"请输入第"<<i+1<<"学员的出生日期(例如：1991 1 21):"<<endl;
        cin>>stu[i].bir.year>>stu[i].bir.month>>stu[i].bir.day;
    }
    if((fp=fopen(filename, "wb+"))==NULL)      {
        cout<<filename<<"无法写入!"<<endl;   return ;
    }
    if (fwrite(stu, sizeof(stu[0]), N, fp)!=N)   {
        cout<<filename<<"写入失败!"<<endl;   fclose(fp);   return ;
    }
    cout<<"输入显示的起始记录号<="<<N<<"(例如: 1 5):"<<endl;
    cin>>spos>>epos;
    fseek(fp, (spos-1)*sizeof(stu[0]), 0); //从文件开始处定位到第 spos 条记录
    if(fread(stu, sizeof(stu[0]), epos-spos+1, fp)!=epos-spos+1)      {
        cout<<filename<<"读取失败!"<<endl;   fclose(fp);   return ;
    }
```

```
        cout<<setw(10)<<"学号"<<setw(10)<<"姓名"<<setw(14)<<"出生日期"<<endl;
        for(i=0; i<epos-spos+1; i++)
        {        //输出学员学号  姓名  年龄
            cout<<setw(10)<<stu[i].num<<setw(10)<<stu[i].name;
            cout<<setw(10)<<stu[i].bir.year<<"-";
            cout<<stu[i].bir.month<<"-"<<stu[i].bir.day<<endl;
        }
        fclose(fp);
    }
```

【运行结果分析】

程序运行时，从键盘上按照表 10.1 学员信息表定义的数据输入，在 C 盘根目录下生成数据文件 c:\student.dat，文件含有 5 个学员的基本信息。此时根据屏幕提示输入数据如下：

输入显示的起始记录号<=5(例如：1 5)：

　　1 5

则程序的输出结果如下：

学号	姓名	出生日期
3010	张格丽	1963-12-23
1020	李思林	1972-6-4
2030	王一霖	1946-11-9
3040	胡笑笑	1956-9-21
1050	卢西雨	1990-2-2

此时使用文本文件编辑器查看 c 盘下文件 c:\student.dat，会出现乱码，用户可以使用二进制编辑器查看数据内容。

【易错分析】

对于文件操作，文件只有在正常打开后才能进行数据读写，因此必须判断文件是否能够按照读写格式成功打开。每次读写操作后都应该判断操作的正确性，即数据是否成功写入或读取。程序中对 fwrite 和 fread 的操作进行合法性验证，增强了程序的健壮性。

练习题

将例 11.2 分别进行修改，并对修改后的程序运行结果进行分析。

(1) 将主函数中输入表 10.1 数据的代码独立为录入函数 inputdata。

(2) 将主函数中把数据写入文件的代码独立为存储函数 savedata。

(3) 将主函数中从文件中读取数据的代码独立为装载函数 loaddata。

(4) 将主函数中显示结构体数据的代码独立为显示函数 showdata。

实验 12　C 编译预处理

一、实验目的

(1) 熟悉 C 预处理程序的主要用途。

(2) 掌握宏替换、文件包含和条件编译的用法。

二、实验内容

(1) 熟练使用宏替换定义数学公式。

(2) 使用文件包含分离宏定义，减少主程序的代码长度。

(3) 使用条件编译避免文件的重复包含。

(4) 完成实验报告。

三、实验范例

【例 12.1】 定义宏实现功能，求 4 个数的最大值。

```
#include <iostream>
using namespace std;
#define max2(a, b)    (((a)>(b))?(a):(b))
#define max3(a, b, c)    max2(max2(a, b), c)
#define max4(a, b, c, d)    max2(max3(a, b, c), d)
void    main()
{
    int inum1, inum2, inum3, inum4;
    double dnum1, dnum2, dnum3, dnum4;
    cout<<"输入 4 个整数(示例: 1 2 3 4):"<<endl;
    cin>>inum1>>inum2>>inum3>>inum4;
    cout<<"最大值是："<<max4(inum1, inum2, inum3, inum4)<<endl;
    cout<<"输入 4 个实数(示例: 1.1 2.2 3.3 4.4):"<<endl;
    cin>>dnum1>>dnum2>>dnum3>>dnum4;
    cout<<"最大值是: "<<max4(dnum1, dnum2, dnum3, dnum4)<<endl;
}
```

【运行结果分析】

程序运行后按照交互方式从键盘输入数据，其输出如下：

输入 4 个整数(示例：1 2 3 4)：

　　100 10 20 1 <回车>

　　最大值是：100

　　输入 4 个实数(示例：1.1 2.2 3.3 4.4)：

　　100.2 21.2 323.2 23.2 <回车>

　　最大值是：323.2

程序使用宏的嵌套定义实现求 4 个数的最大值，由于参数宏中的参数没有数据类型，因此对于整数和实数其调用格式相同。参数宏调用 max4(inum1, inum2, inum3, inum4)展开为

((((((((((inum1) > (inum2)) ? (inum1): (inum2))) > (inum3)) ? ((((inum1) > (inum2)) ? (inum1): (inum2))): (inum3))) > (inum4)) ? ((((((inum1) > (inum2)) ? (inum1): (inum2))) > (inum3)) ? ((((inum1) > (inum2)) ? (inum1): (inum2))): (inum3))): (inum4))

【易错分析】

使用参数宏时要注意其定义是否会有副作用，从而决定其正确的调用格式。例如：

　　#define max2(a, b)　　a>b?a:b

当采用调用格式 c=max2(max2(1, 2), max2(3, 4))求 4 个数的最大值时，按照预处理展开后，如下所示：

　　c=1>2?1:2>3>4?3:4?1>2?1:2:3>4?3:4;

上述表达式的计算结果为 c=2，主要是由于运算符 ?: 具有右结合性，宏展开后表达式的计算顺序发生改变。

如果将调用格式改成 c=max2((max2(1, 2)), (max2(3, 4)))，即对每个参数均加上()保证其计算优先级，则程序的计算结果为 c=4。其对应的宏展开如下：

　　c=(1>2?1:2)>(3>4?3:4)?(1>2?1:2):(3>4?3:4);

练习题

对例 12.1 分别进行修改，并对修改后的程序运行结果进行分析。

(1) 采用函数定义的方法重新实现求 4 个整数和实数的最大值。

(2) 定义宏求 2 个数的绝对值的最大值，并验证宏的正确性。

【**例 12.2**】　将例 12.1 中的宏定义存储到头文件 max.h 中，使用 #include 指令包含该头文件，重新实现求 4 个数的最大值。

头文件 max.h 内容如下：

```
#define max2(a, b)   (((a)>(b))?(a):(b))

#define max3(a, b, c)   max2(max2(a, b), c)

#define max4(a, b, c, d)   max2(max3(a, b, c), d)
```

主程序 ex12-2.cpp 内容如下：

```
#include <iostream>

using namespace std;

#include "max.h"

void    main()
```

```
        {
            int inum1, inum2, inum3, inum4;
            double dnum1, dnum2, dnum3, dnum4;
            cout<<"输入 4 个整数(示例: 1 2 3 4):"<<endl;
            cin>>inum1>>inum2>>inum3>>inum4;
            cout<<"最大值是：  "<<max4(inum1, inum2, inum3, inum4)<<endl;
            cout<<"输入 4 个实数(示例: 1.1 2.2 3.3 4.4):"<<endl;
            cin>>dnum1>>dnum2>>dnum3>>dnum4;
            cout<<"最大值是：  "<<max4(dnum1, dnum2, dnum3, dnum4)<<endl;
        }
```

【运行结果分析】

运行方式和运行结果与例 12.1 的分析相同。

【例 12.3】　使用条件编译避免头文件的重复包含。

头文件 max2.h 内容如下：

```
    #ifndef MAX2_DEFINED
    #define MAX2_DEFINED
    int max2(int x, int y)
    {
        return (x>y)?x:y;
    }
    #endif   /* MAX2_DEFINED */
```

主程序 ex12-3.cpp 内容如下：

```
    #include <iostream>
    using namespace std;
    #include "max2.h"
    #include "max2.h"              //重复包含一次
    void    main()
    {
        int inum1, inum2;
        cout<<"输入 2 个整数(示例: 1 2 ):"<<endl;
        cin>>inum1>>inum2;
        cout<<"最大值是: "<<max2(inum1, inum2)<<endl;
    }
```

【运行结果分析】

程序运行后按照交互方式从键盘输入数据，其输出如下：

```
    输入 2 个整数(示例: 1 2 ):
    10 20
```

最大值是：20

　　程序中使用条件编译指令 #ifndef 判断宏符号 MAX2_DEFINED 的合法性，保证函数 max2 不会被重复包含。

　　【易错分析】

　　删除头文件 max2.h 中含有#的语句行，重新编译程序，错误信息如下：

　　　　max2.h(2) : error C2084: function 'int __cdecl max2(int, int)' already has a body

表示函数 max2 已经存在一个函数体，即函数重复定义。

　　练习题

　　对例 12.3 进行修改，并对修改后的程序运行结果进行分析。

　　在文件 max2.h 中使用宏定义的方式实现 max2，并且删除文件中原来的 # 指令，重新编译本例程序，是否会产生编译错误？

附录 A 实验报告参考样本

实验名称 数组的使用和项目文件的建立

实验日期   **班 级**

姓 名

一、实验目的

(1) 学会在 C++ 中建立项目文件，掌握多文件的编译、连接和运行。

(2) 掌握数组的概念和在实际问题中的应用。

二、实验内容

1. 实验题目

统计期中测验成绩。要统计的内容包括测验的最高分、最低分、平均分，以及在 90～100，80～89，70～79，60～69 和 60 分以下各分数段的人数。要求用多个文件实现上述功能，每个文件完成一种功能，通过主程序进行调用。各功能模块可参考下面的函数说明。

```
void input(float score[ ]);        //输入成绩
float maxscore(float score[ ]);    //统计最高分
float minscore(float score[ ]);    //统计最低分
float avescore(float score[ ]);    //统计平均分
void count(float score[ ]);        //统计各分数段的人数
void output(float score[ ]);       //输出成绩
```

2. 程序设计

(略)

3. 测试数据

(略)

4. 实验中存在的问题和解决的方法

(简述)

附录 B　　常见错误信息

一、语法类信息

1. fatal error C1083: Cannot open include file: 'iosteam': No such file or directory

【解释】　不能打开文件 iosteam:找不到指定文件或目录。

【举例】　#include <iosteam>

【原因】　iostream 错误拼写为 iosteam。

2. error C2001: newline in constant

【解释】　常量中含有换行。

【举例】　cout<<"Hello<<endl;

【原因】　字符串的双引号应该成对出现。

3. error C2018: unknown character '0xa3'

【解释】　不能识别字符'0xa3'。

【举例】　int a，b;　　　//a 和 b 之间的逗号为全角字符

【原因】　半角逗号录入成全角。

4. error C2043: illegal break

【解释】　非法的 break。

【举例】　if(num1<num2)

　　　　　　　{ max=num2;break;}

【原因】　break 只能出现在循环或 swtich 结构中。

5. error C2065: 'area' : undeclared identifier

【解释】　未定义的标识符。

【举例】　cout<<area<<endl;

【原因】　area 拼写错误或者前面没有类型定义。

6. error C2078: too many initializers

【解释】　过多的初始化数据。

【举例】　int array[3]={1, 2, 3, 4};

【原因】　数组初始化元素个数大于数组的原始定义大小。

7. error C2082: redefinition of formal parameter 'array'

【解释】　形参变量被重复定义。

【举例】　int order(int array[], int n)

　　　　　　　{　int array[20];

【原因】　函数体中定义的 array 与形参中的 array 重名。

8. error C2146: syntax error : missing ';' before identifier 'cout'

【解释】　标识符前面缺少分号。

【举例】　area = length * width
　　　　　　　　cout<<area<<endl;

【原因】　cout 的上一行语句的末尾缺少分号。

9. error C2181: illegal else without matching if

【解释】　没有与 else 匹配的 if。

【举例】　if(num1<num2)
　　　　　　　{　max=num2;} ;
　　　　　　　else

【原因】　else 前面出现一个多余的分号，使得 else 成为孤立语句。

10. error C2196: case value '0' already used

【解释】　case 值为 0 的分支已经存在。

【举例】　enum color{ RED, BLUE, BLACK}color1;
　　　　　switch(color1){
　　　　　　case RED:
　　　　　　case RED:　　　　　　　//再次出现
　　　　}

【原因】　switch 结构不允许出现两个取值相同的 case 分支。

11. error C2440: '=' : cannot convert from 'int [3][4]' to 'int *'

【解释】　赋值运算时不能实现数据类型的转换。

【举例】　int array[3][4], *p[3];
　　　　　p[0]=array;

【原因】　p[0]的类型是 int *，而 array 的类型是 int [3][4]，不能实现赋值运算。

12. error C2447: missing function header (old-style formal list?)

【解释】　缺少函数头(旧式形参列表？)。

【举例】　int max2(int num1, int num2);
　　　　　　　{　}

【原因】　函数定义时，在函数头的末尾多了 1 个分号。

13. error C4716: 'max2' : must return a value

【解释】　函数必须有一个返回值。

【举例】　int max2(int num1, int num2)
　　　　　　　{　}

【原因】　函数返回值定义为 int，但函数体内缺少语句 return 表达式;。

14. fatal error LNK1168: cannot open Debug/ex1.exe for writing

【解释】　不能写入文件。

【原因】　上次运行的程序 ex1.exe 没有正常关闭，如果再次从 VC++ 环境中运行程序，会出现上述错误。

15. error LNK2001: unresolved external symbol _main

【解释】　找不到指定的外部符号。

【举例】　void mian()
　　　　　　　{　　}

【原因】　主函数 main 名字拼写错误。

二、警告类信息

1. warning C4060: switch statement contains no 'case' or 'default' labels

【解释】　switch 语句不含有 case 和 default 标号。

【举例】　switch(choice);
　　　　　　　{　case 1:

【原因】　swtich 末尾多余的分号使得 switch 与下面的复合语句不再是一个整体。

2. warning C4101: 'num1' : unreferenced local variable

【解释】　局部变量没有被引用过。

【举例】　int num1;
　　　　　　// 以后部分从未引用过 num1

【原因】　定义的变量没有被引用，该种变量可以删除。

3. warning C4305: 'initializing' : truncation from 'const double' to 'float'

【解释】　从常量双精度实型到单精度实型的转换会丢失精度。

【举例】　float pi=3.14159;

【原因】　常量小数默认是双精度实型。

4. warning C4508: 'main' : function should return a value; 'void' return type assumed

【解释】　函数没有返回值，返回值类型被假定为 void 类型。

【举例】　main(){ }

【原因】　主函数前面缺少数据类型 void。

5. warning C4553: '==' : operator has no effect; did you intend '='?

【解释】　运算符'=='无效，是否应该为'='？

【举例】　int num1;
　　　　　　num1==1;

【原因】　赋值号写成等号。

6. warning C4700: local variable 'array' used without having been initialized

【解释】　局部变量没有初始化就被引用。

【举例】　int array[3], num1;
　　　　　　num1=array[0];

【原因】　数组元素 array[0]没有被初始化或赋值就被引用。

参 考 文 献

[1]　谭浩强. C 程序设计. 2 版. 北京：清华大学出版社，1999.

[2]　谭浩强. C++ 程序设计. 北京：清华大学出版社，2008.

[3]　吕凤翥. C++ 语言基础教程. 北京：人民邮电出版社，2006.

[4]　陈雷. C/C++ 程序设计教程. 2 版. 北京：清华大学出版社，2007.

[5]　迟成文. 高级语言程序设计. 北京：经济科学出版社，2007.

[6]　王盛柏. C 程序设计. 北京：高等教育出版社，2008.

[7]　徐世良. C++ 程序设计. 北京：机械工业电出版社，2006.

[8]　钱能. C++ 程序设计教程. 2 版. 北京：清华大学出版社，2005.

[9]　黄维通. Visual C++ 面向对象与可视化程序设计. 北京：清华大学出版社，2002.

[10]　李春葆. C++ 程序设计. 北京：清华大学出版社，2006.

[11]　吴文虎. 程序设计基础. 2 版. 北京：清华大学出版社，2004.

[12]　张树粹. C++ 程序设计. 北京：清华大学出版社，2010.

[13]　苏小红. C 语言程序设计. 2 版. 北京：高等教育出版社，2013.